U0192647

A BRIEF HISTORY OF THE UNIVERSE

ENCYCLOPEDIA OF THE AMAZING UNIVERSE

宇宙简史

（图解版）

高文芳　张祥光

主编

海峡出版发行集团

THE STRAITS PUBLISHING & DISTRIBUTING GROUP

福建科学技术出版社

本书编委（依姓氏笔画顺序排序）

- 卜宏毅 加拿大圆周理论物理研究所博士后研究员
- 江瑛贵 台湾清华大学天文研究所教授
- 叶永烜 台湾“中央大学”天文研究所教授
- 巫俊贤 台湾东吴大学物理系副教授
- 李沃龙 台湾师范大学物理系副教授
- 张光祥 台湾“中央大学”天文研究所技士
- 张祥光 台湾清华大学天文研究所与物理系教授
- 陈文屏 台湾“中央大学”天文研究所教授
- 陈江梅 台湾“中央大学”物理系教授
- 周　翊 台湾“中央大学”天文研究所教授
- 林世昀 台湾彰化师范大学物理系教授
- 林宏钦 台湾“中央大学”鹿林天文台台长
- 林忠义 台湾“中央大学”天文研究所博士后研究员
- 林俐晖 台湾“中央研究院”天文及天文物理研究所副研究员
- 林彦廷 台湾“中央研究院”天文及天文物理研究所副研究员
- 林贵林 台湾交通大学物理研究所教授
- 胡佳伶 台北市立天文馆解说员
- 饶兆聪 台湾“中央大学”天文研究所副教授
- 高文芳 台湾交通大学物理研究所教授
- 高仲明 台湾“中央大学”天文研究所教授
- 黄崇源 台湾“中央大学”天文研究所教授
- 赖诗萍 台湾清华大学天文研究所教授
- 潘国全 台湾清华大学天文研究所教授
- 颜吉鸿 台湾“中央研究院”天文及天文物理研究所OIR计划支援科学家

序

文 / 高文芳、张祥光

在晴朗的夜晚，我们可以看到满天的星斗在似有若无的规律下运行。于是早期的哲学家开始思考天象和人的关系，探讨天上的规律和地面上的自然现象是否相关，奇异的天象是否可以解开生命存在的意义。

夜观天象可以说是人类文明进展的重要里程碑。为了观察天象、解开天体运行的规律，科学家用尽洪荒之力，运用所有科学知识，创造了出人意表的仪器和工具，把人类的智慧发挥到了极致。宇宙、天文的研究，不但是人类文明活动的启蒙，也是充满挑战的科学。

我们的宇宙

太阳系有八个行星和几个矮行星，还有无数的小行星和彗星。水星、金星、地球、火星、木星、土星、天王星及海王星，八个行星组成了太阳系的大家庭。太阳系外还有很多像太阳一样会发光的恒星，这些恒星聚集成星系。

像银河系这样的螺旋星系，是由数千亿（10^{11}）颗恒星组成的星系，而我们看得到的宇宙里又有数千亿个以上的星系。比邻星是离太阳最近的恒星，距离地球大约是 4.2 光年；邻近的仙女星系，则是距离地球大约 250 万光年的大型星系。

恒星是星际空间里的气体分子因为彼此的万有引力聚集而成的，其中很大一部分气体分子是早期宇宙就已经存在的氢和氦。随着气体越聚越多、温度也越来越高。当核心的平均温度高达 1000 万摄氏度时，氢原子核开始融合成氦原子核，就会开始稳定地发出耀眼光芒，宣告自己即将成为恒星，开始进入新的生命旅程。恒星的演化过程非常戏剧化，像太阳这样的恒星从开始演化至今已经接近 50 亿年，大约还要经过 50 亿年才会褪去光华，变成一颗白矮星。比太阳重很多的恒星，最后则会经过超新星爆炸演化成中子星或黑洞等非常吸引人的奇异天体。这些有趣的天文现象，也是这本书的精彩剧情。

南半球的灿烂夜空

视力不错的朋友，在晴朗的晚上，还可以看到三四千颗像太阳一样的小星星。以前的人以为满天的小星星都不太爱运动，老是在天上向我们眨眼睛，因此被称为“恒星”。虽然儿歌唱着“一闪一闪亮晶晶，满天都是小星星”，但是眼睛可以看到的，都是离我们比较近的恒星，再远一点的恒星就变成了一片光晕，不容易看清楚。

拿一张白纸，试着在上面点出 3000（50 × 60）个点。要点完这 3000 个点还真不轻松。但以前就有很多天文学家，每个晚上都很认真地在天球（假想球体）上记录着几千颗恒星的一动一静，想想就知道这是很辛苦的工作，值得我们为这些伟大的天文学家点一个赞。

银河系的恒星多数在一个扁平的盘面上绕着核心旋转，这个盘面的厚度多半只有几千光年，直径则在 10 万光年左右。太阳在盘面的位置离银河系的核心大约 2.5 万光年，但是银河系恒星的分布规律是越往外侧越稀疏，因此太阳可以说是住在银河系比较偏僻的郊区。银河系的盘面从地球上看过去，就像一条淡白的银色河流盘绕整个夜空。

七夕的北半球夜空，能看到织女星和牛郎星在银河的两岸深情对望，令人神往。更棒的是，由于银河系中心俯视南半球的天空，因此在南半球还可以看到银河系中心附近难以形容的壮观景象。

大爆炸

1929 年，美国天文学家哈勃发现宇宙正在膨胀，于是有科学家推测，早期宇宙应该非常拥挤、温度非常高，并提出“大爆炸理论”。虽然大爆炸理论一开始不受重视，但 1948 年科学家根据这个理论解释了宇宙冷却的过程：为什么氢、氦的元素数量比值会自然形成为 12 ：1？这个预测成为支持大爆炸理论的一个重要证据。随后在 1964 年，彭齐亚斯和威尔逊发现大爆炸理论中预测的宇宙微波背景辐射，大爆炸就此成为现代宇宙学中最有影响的理论。

根据大爆炸理论的预测，我们的宇宙年龄大约是 138 亿年。但科学家在 1998 年进一步发现我们的宇宙正在加速膨胀，估算出我们所能观察到的最早期宇宙，已经距离我们大约 460 亿光年。

科学家观测银河系里的物质，发现数量最多的元素是氢，再来就是氦，两者的数量比大约是 12 ：1。这个比例乍看之下平凡无奇，却有惊人的巧合——不但在银河系是如此，整个宇宙也是如此，连木星大气层目前的氢氦数量比也是如此。1948 年，三位科学家根据大爆炸理论的推演，终于完全解释了宇宙中氢氦数量比形成的原因。这段有趣的故事，也让宇宙学的发展充满热情与乐趣。

这本书分成五个部分：宇宙大家庭、宇宙摇篮曲、宇宙追梦人、宇宙望远镜及宇宙狂想曲。除了丰富精彩的天文知识，还会向大家介绍一些有趣的天文学家和天文故事。本书邀请了 24 位从事天文科普教育的朋友一起合作，希望通过一篇篇文章，和大家一起分享我们探索宇宙的欢乐与喜悦，同时传达科学家对生命、自然、地球及宇宙的真情与关怀。

CONTENTS 目录

I 宇宙大家庭

1 欢迎光临牛奶大道：我们的银河家族 / 2
2 太阳系的冰雪奇缘：彗星 / 7
3 黑色恐怖来袭！吃不饱的黑洞 / 21
4 大大小小的时空怪兽：黑洞面面观 / 28
5 来自星星的我们：超新星爆炸 / 35
6 来自星际深处的闪光密码：中子星 / 43
7 宇宙中的巨无霸部落：星系团 / 50
8 破除永恒不变的神话：忽明忽暗的变星 / 57
9 热闹的恒星出生地：星团 / 64

II 宇宙摇篮曲

1 身世侦查全公开：宇宙有多大、多老 / 74
2 秘密追踪行动：宇宙要往哪里去 / 80
3 历史悠久的行星芭蕾舞：太阳系的起源 / 86
4 无中生有的艰难任务：恒星的诞生 / 96
5 星星电力公司：恒星演化与内部的核聚变反应 / 102
6 宇宙级交通事故：星系碰撞 / 110
7 浪迹天涯的星际漫游者：宇宙射线 / 115
8 苍茫星空的轮回：星际物质 / 124
9 遮掩天文学发展的两朵乌云：暗物质与暗能量 / 133

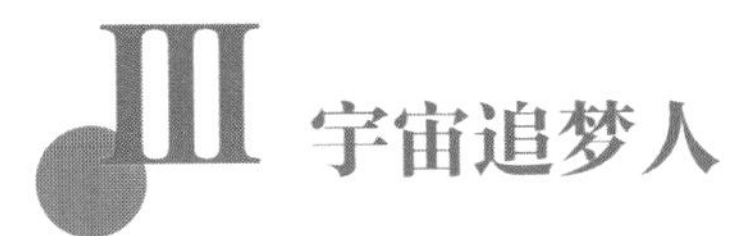

III 宇宙追梦人

1 科学巨擘们的传承故事：伽利略、牛顿与爱因斯坦 / 140

2 解放无限苍穹的想象：哈勃定律 / 148

3 余韵未绝的创世烟火：大爆炸 / 155

4 早期宇宙的目击证人：宇宙微波背景辐射 / 163

IV 宇宙望远镜

1 星夜集光者：光学望远镜 / 174

2 苦尽甘来的深空观察者：哈勃太空望远镜 / 182

3 宇宙收音机：射电望远镜 / 190

4 远近有谱：多普勒效应和宇宙学红移 / 197

5 上帝的望远镜：引力透镜 / 204

6 化不可能的观测为可能：X 射线望远镜 / 212

7 宇宙事件的行光记录器：伽马射线望远镜 / 224

8 缉拿通行无阻的穿透者：中微子与中微子望远镜 / 232

V 宇宙狂想曲

1 遥远的邻居：系外行星 / 238

2 行星的呼啦圈：行星环 / 243

3 太空旅行的矛盾：孪生子的疑惑 / 252

4 宇宙的时空旅行：虫洞 / 263

5 另一个世界存在吗？平行宇宙 / 268

6 生死与共的伙伴：双星 / 273

7 能量爆棚！奇特的 X 射线双星 / 284

8 内在强悍的闪亮暴走族：活动星系 / 292

9 宇宙大胃王的身世之谜：超大质量黑洞 / 303

I

宇宙
大家庭

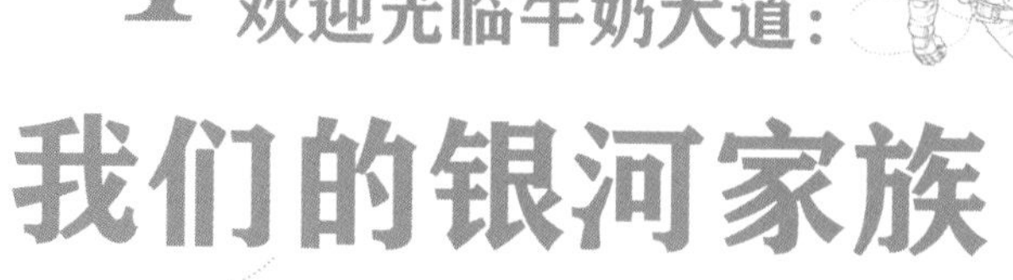

1 欢迎光临牛奶大道：我们的银河家族

在知道人类所处的地球是围绕着太阳运行的一颗行星之后，我们除了惊讶人类居然是站在一颗会动的大球上，还会好奇：那太阳呢？太阳也会动吗？太阳是绕着天上的某颗星星运行吗？太阳是宇宙的中心吗？这么难的问题，居然已经被聪明的天文学家给解决了呢！

夜晚的天空，有许多看起来亮亮的星星。这些星星绝大部分都是类似太阳的恒星。它们有些很亮，有些较暗。而彼此靠得较近的一群，被看成是同一组星星。古时候的人，将一组组星星排成的形状，想象成各式各样的伟大天神，并直接以天神的名字来称呼各组星星，这就是**星座**的由来。

不过，也有很多并不属于任何星座的恒星散落在天空的各个方向，其中朝人马座的方向上有特别多恒星。它们不仅多得数不清，还连成一片，看起来像一片云，这就是**银河**。亮亮的星星绵延不绝，看起来确实像是一条银色的长河。古希腊人想象这是某位天神把满满一桶牛奶往某

▲图 1　朝人马座的方向上有特别多恒星，形成了一条银河（Credits: Shutterstock）。

个方向用力泼洒，洒出去的牛奶直接贴在天上，变成了银河。银河的英文“Milky Way”翻译成中文就是“牛奶铺成的路”；而银河的另一个英文“Galaxy”，则源于希腊文的“牛奶”一词。

为什么会有这条众多恒星组成的银河呢

为了知道这个问题的答案，光靠眼睛观察还不够，必须知道银河内外的恒星在数量上的差别才行。古代的天文学家经过一番努力，精确地测量出了各个恒星的位置以及和我们的距离。他们发现，大部分的恒星都位于同一个盘面上，而这个盘面就像是浮在空中的飞盘，只是这个飞盘不是塑料做的，而是由恒星组成的。我们的太阳，就是这个飞盘里的一颗恒星。

在这个超大型的飞盘里，太阳和地球都只是盘面上的一个小黑点，而我们人类就像是黑点上的超小蚂蚁。当我们这群超小蚂蚁拿着望远镜从盘面上的某个位置往四面八方看，会看到什么呢？假如是往盘子的正上方及正下方看，自然看不到盘子本身；如果是朝着与盘面平行的方向看过去，将会看到组成盘身的许多恒星。这个方向就是我们观测到银河的方向，也就是银河在天空中呈现带状分布的原因。

换个角度想，假设这些恒星是一个冰激凌球内的许多小黑点，从内到外到处都有，而太阳也是其中一个小黑点。那么，位于太阳附近的我们，不管朝着哪个方向看，都会看到很多恒星，而不会看到一条带状的银河出现在天上。因此，我们可以确定太阳是在一个由许多恒星组成的飞盘里，而这个飞盘被称为**银河系**。

太阳位于银河系的中心吗

一开始，古代的天文学家确实是这样认为的，就如同人类一开始以为地球是太阳系的中心一样。但是随着越来越多恒星的位置以及和我们的距离被精确地测量出来后，开始有少数的天文学家认为太阳可能不在银河系的中心。那么，银河系的中心点在哪儿呢？美国天文学家沙普利（Harlow Shapley）注意到银河盘面上下有很多的球状星团[1]，每个球状星团里都有数十万颗恒星，从内到外就像是一个冰激凌球内的许多小黑点。这些恒星有的大、有的小，有些颜色偏蓝，有些颜色偏红，还有一些会变亮又变暗，然后再变回原来的亮度[2]。虽然不同的恒星各有特色，但是天文学家认为，同一个球状星团内的各个恒星，应该是由同一块云气形

1. 详情请参 I-9《热闹的恒星出生地：星团》篇。
2. 亮度会变化的恒星称为“变星”。详情请参 I-8《破除永恒不变的神话：忽明忽暗的变星》篇。

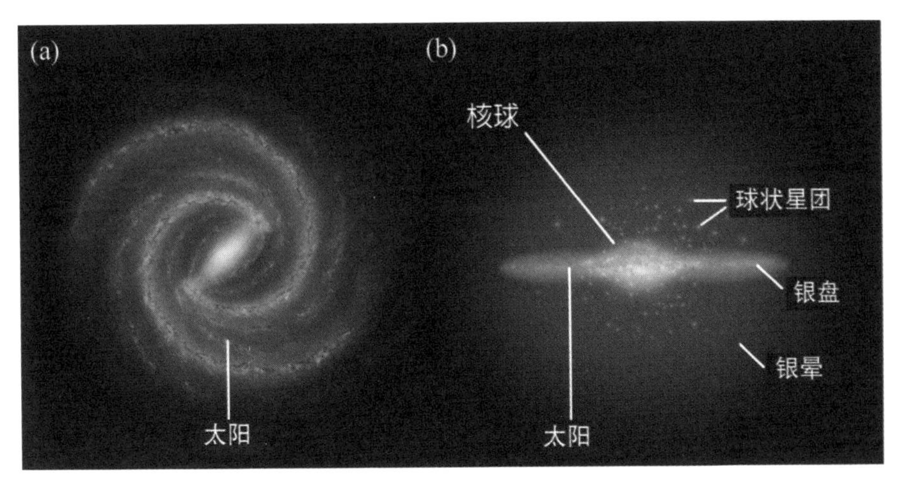

▲图 2　银河系的（a）俯视图；（b）侧视图（Credits: ESA）。

成的。于是，当这些球状星团形成时，整个银河系也正在成形，各个方位的云气数量应该差不多。

于是沙普利把这些球状星团在天空上的位置以及和我们的距离，精确地测量了出来。他认为：所有球状星团在三维空间分布的中心点就是银河系的中心。得到所有球状星团的三维坐标后，他算出了中心点，然而这个点并不在太阳附近，且离太阳很远。于是太阳不是银河系中心的观念就此建立，之后天文学家们也确定了银河系的中心是在人马座方向上的一个点。

那个中心点有什么特别的东西吗

天文学家发现，虽然银河系的恒星大都排列在一个漂浮的飞盘上，但是位于银河系中心附近的恒星，却组成了一个球。这个球镶在飞盘中央，使得银河系的外观就像是外星人乘坐的飞碟！后来随着天文观测技术的进步，天文学家成功监测到银河系最中心区域的核星团的运动，还把它们的运行轨道描绘了出来。从这些核星团中的恒星的轨道大小和运

▲图 3　仙女星系（Credits: NASA/JPL-Caltech）。

行速度，可以计算出它们所围绕的中心点的质量。令人惊讶的是，这个中心点的质量比一百万个太阳相加起来的总质量还要大，证实银河系的中心是一个超大质量的黑洞！

事实上，在浩瀚的宇宙里有许多类似银河系的东西，它们被通称为**星系**。有的星系比银河系还大，有些则是叫作**矮星系**的迷你型星系。至于形状更是五花八门，除了飞碟状的**螺旋星系**、橄榄球状的**椭圆星系**，还有奇形怪状的**不规则星系**。这些星系常常成群结队，比方说比银河系稍微大一点点的仙女星系就离我们不远，它和银河系一样是盘状星系；围绕着银河系的人马座矮星系及麦哲伦云矮星系离我们更近，它们与银河系共同组成了一个家族。

2 太阳系的冰雪奇缘：彗星

源远流长的彗星历史

古时不论中外，彗星皆被当作不祥之物。人们认为它是国家衰亡或天灾人祸的预兆，这从中国古代民间对彗星的其他称呼：孛星、星孛、妖星、异星、蓬星、长星……便不难看出。中国对于彗星的记载历史悠久而且详细，在《淮南子 • 兵略训》一书中的"武王伐纣……彗星出而授殷人其柄。"便记载着公元前 11 世纪的一次彗星天象；《春秋》当中鲁文公十四年（公元前 613 年）的彗星记录"秋七月，有星孛入于北斗。"这不但是有确切年代可考的记载，更是世界上关于哈雷彗星的最早史料；《晋书 • 天文志》所写的"史臣案，彗体无光，傅日而为光，故夕见则东指，晨见则西指。在日南北，皆随日光而指。"则是首次对彗星的性质、形态和彗尾的成因有比较详细且正确的描述。古人对彗星之戒慎，更可以从湖南省长沙马王堆三号西汉古墓出土的帛书看出——帛书内有 29 幅不同形态的彗星图，记录古代所观测到的各种形状的彗核与彗尾。

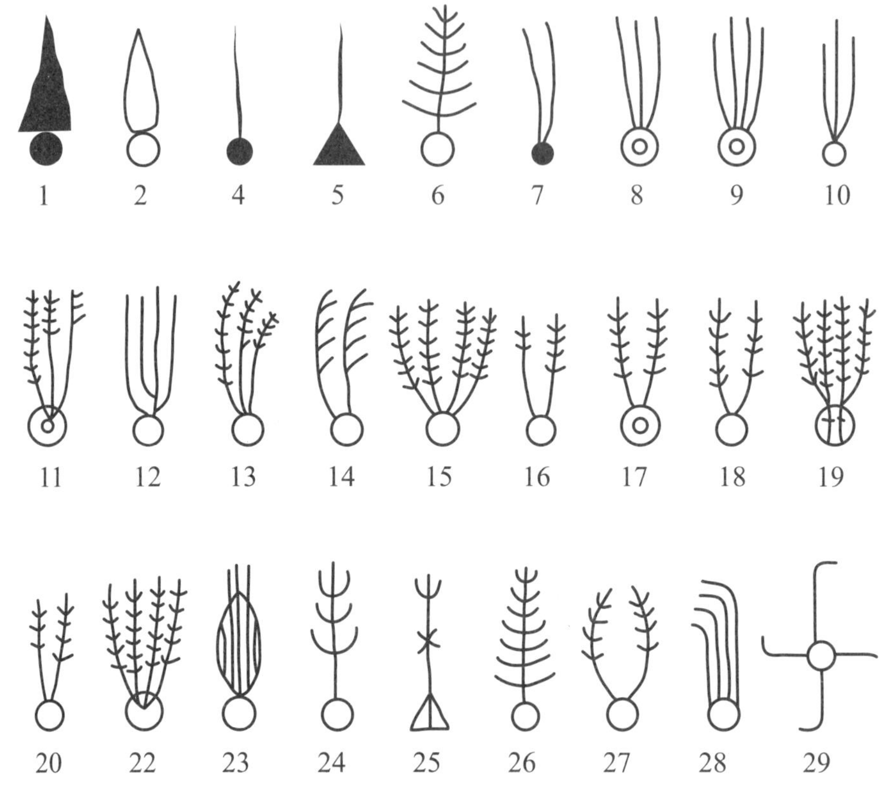

▲图 1　马王堆出土的西汉古墓帛书中的彗星临摹图（Credits: S. Lachinov）。

西方对彗星本质的解释，始于亚里士多德的“宇宙论”，他认为彗星是种大气现象。1543 年，哥白尼（Nicolaus Copernicus）出版《天体运行论》提出日心说，却未对彗星提出新见解。直到 16 世纪末期，麦可•麦斯特林（Michael Maestlin）及第谷•布拉赫（Tycho Brahe）观测 1577 年出现的大彗星时，才首次注意到彗星在天空移动的角速度比月亮慢很多，证明彗星比月球距离我们更远；也就是说，彗星并非属于亚里士多德主张的地球领域，而是在以太[1]构成的天域之中。

1. 亚里士多德认为水、气、火、土四种元素属于地球，而以太（ether）则是构成日月星辰的第五元素。

▲图 2　贝叶挂毯上有哈雷彗星经过的景象，当时人们认为彗星经过会带来厄运！（Credits: S. Lachinov）。

西方历史中，彗星与灾难联系的记述也不少见。著名的贝叶挂毯记载着哈雷彗星来访的公元 1066 年，英格兰正发生王位争夺战争。即使到了现代，彗星仍常被部分媒体或宗教渲染成灾难和世界末日的征兆。然而，每年前来拜访地球的彗星有数十颗之多。只要对这个太阳系小天体稍有了解，应该就会觉得能遇到大彗星造访这样难得的天象并非灾难，反而是一件幸运的盛事！

彗星的发现与命名

彗星是极少数可以用发现者名字命名的天体。截至 2015 年，由中国人发现的彗星共 14 颗。最近一颗是 2015 年来访的斯万 - 星明彗星（编号 C/2015 F5），由孙国佑、高兴发现。然而在彗星的命名规则被修订之

▲图 3　鹿林彗星（Credits: R. Richins）。

前，曾用以下几种方式命名。

（1）以彗星出现的年份（或加上月份）命名

20 世纪前，大部分的彗星仅简单地以出现的年份或加上月份为名，像是 1680 年大彗星（编号 C/1680 V1）[1]、1882 年 9 月大彗星（The Great Comet of September 1882，编号 C/1882 R1）和 1910 年白昼大彗星（The Great Daylight Comet of 1910）[2] 等。

（2）以计算出彗星轨道的天文学家命名

在哈雷（Edmond Halley）计算出 1531 年、1607 年、1682 年造访的彗星其实是同一个天体，并成功预测它在 1759 年的回归之后，这颗彗星就被命名为**哈雷彗星**（Comet Halley）。第二颗和第三颗被确认的周期彗星——恩克彗星（Comet Encke）和比拉彗星（Comet Biela），也同样是

1.1680 年大彗星是第一颗由望远镜发现的彗星，也有人以发现者的名字称之为“基尔希彗星”（Kirch's Comet）。

2. 又称为 1910 年 1 月大彗星（The Great January Comet of 1910）。

以计算出轨道的天文学家，而非当初的发现者命名。

▲图 4　1986 年拍摄到的哈雷彗星（Credits:NASA/W. Liller）。

（3）以彗星的发现者命名

至 20 世纪早期，以发现者的名字为彗星命名已非常普遍，直至今日皆然。彗星的名称至多可以列入三位独立发现者的名字，像海尔—波普彗星（Comet Hale-Bopp，编号 C/1995 O1）就是以两位独立发现者海尔（Alan Hale）与波普（Thomas Bopp）命名的；另外，以著名的彗星猎人麦克诺特（Robert H. McNaught）命名的彗星已经超过 50 颗（共发现 82 颗彗星）。近年来，许多彗星皆由大型巡天计划发现，因此以计划名称命名的彗星也处处可见，比如 Pan-STARRS **彗星**即是由泛星计划（Panoramic Survey Telescope and Rapid Response System，简称 PanSTARRS）发现的。

▲图 5　海尔一波普彗星（Credits:Shutterstock）。

（4）以发现彗星的年份加上代表顺序的英文字母暂时命名

1995 年以前，除了以发现者的姓名为彗星命名之外，也会以发现的年份加上代表当年发现顺序的小写英文字母，给予彗星暂时性的名称。像班尼特彗星曾被暂时命名为“1969i Bennett”，就是 1969 年第九颗被发现的彗星。

（5）以彗星通过近日点的年份加上代表顺序的罗马数字永久命名

一旦轨道确定之后，则以通过近日点的年份和代表顺序的罗马数字给予彗星永久名称。像班尼特彗星是1970年第二颗通过近日点的彗星，因此它的永久命名就是“1970 II”。

如果一年当中被发现的彗星（暂时命名者）超过26颗，这时便会在英文字母后面加上阿拉伯数字继续编号。以1989年为例，当年的彗星编号就到了“1989h1”。但这套命名系统存在一些缺陷，比如历史上有些彗星缺乏确切的轨道纪录，因而在永久命名上造成困扰。为了解决这种困扰，国际天文联合会（International Astronomical Union，简称IAU）于1994年8月24日在荷兰海牙举行的大会中，决议修改旧的彗星命名规则，并自1995年开始使用新的彗星命名规则。

一年之中，以半个月为单位，使用英文大写字母表示发现彗星的时间（略过字母I和Z），再加上数字表示该时段内被宣布发现的顺序（和小行星的命名规则类似），另外还会依彗星的性质在名字前加上前缀字母标示。

如C/2012 S1（ISON彗星）就是在2012年9月下半月第一颗被发现的非周期性彗星。

▼表1　发现彗星的时间与英文大写字母的对照表

月份	1	2	3	4	5	6	7	8	9	10	11	12
上半月	A	C	E	G	J	L	N	P	R	T	V	X
下半月	B	D	F	H	K	M	O	Q	S	U	W	Y

▼表 2 彗星命名时加上前缀字母表示的意义

前缀字母	意义
P/	周期性彗星（周期小于200年或确认不止一次通过近日点）
C/	非周期性彗星
X/	无法计算出有意义的轨道，但常见于历史上的彗星
D/	已消失的周期性彗星
A/	被误认为彗星的小行星

彗星的构造

彗星的构造大致可分为彗核（nucleus）、彗发（coma）与彗尾（tail）三部分。

（1）彗核

彗核曾经被称为“脏雪球”，在远离太阳时是个又小又黑[1]的冰尘结合体，直径从几百米到十几千米不等，其主要成分为水冰[2]、尘埃、石块和一些有机物质[3]。在宇宙飞船造访彗星之前，天文学家一直认为彗核的样貌就如同雪地中滚出的雪球一样。然而就在 1986 年“乔托号”（Giotto）宇宙飞船近距离探访哈雷彗星后，发现彗核表面其实是岩石及尘埃所覆盖的薄壳，不像雪球的表面覆满冰尘，因此以“脏泥球”这个新称号来称呼彗核似乎更加贴切！

（2）彗发

当彗星靠近太阳时，固态的水冰开始升华，从彗核喷出，并带出彗

1. 彗核的反射率非常低，大约只有 4%，几乎不会反射光。
2. 固态的水、二氧化碳、甲烷、氨等。
3. 甲醇、氰化氢、甲醛、乙醇、乙烷等。

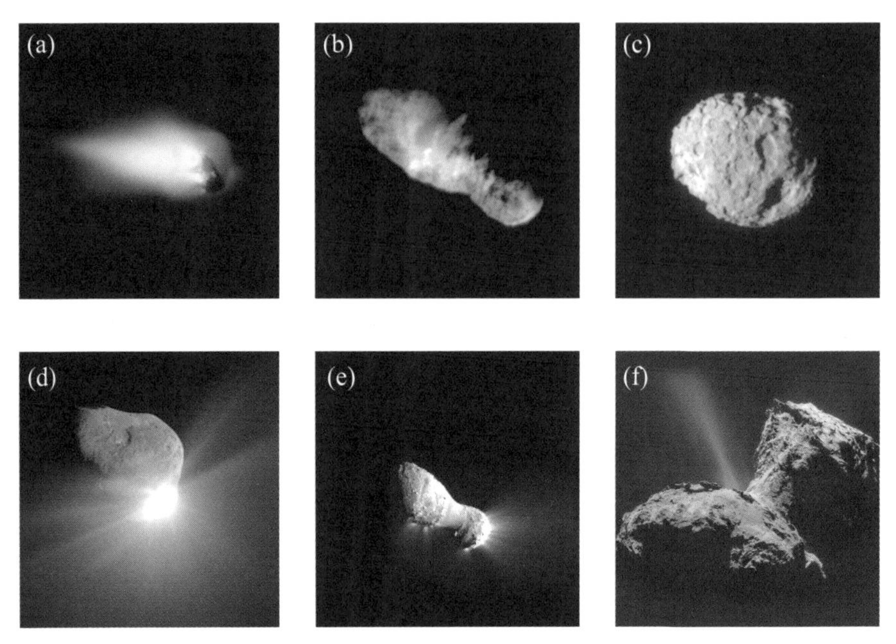

▲图 6　1986 年以来，宇宙飞船已经造访并近距离观测彗星的形状与大小。[Credits:（a）Halley Multicolor Camera Team/Giotto Project/ESA;（b）NASA Planetary Photojournal;（c）NASA;（d）（e）NASA/JPL-Caltech/UMD;（f）ESA/Rosetta/NAVCAM]。

核表面的尘粒，形成稀薄的云气。这些云气和灰尘将彗核包围起来，形成球形的雾化物，称为彗发。彗星与太阳的距离会影响从彗核喷出物质的多少，继而影响彗发的大小，彗发的直径可达数十万甚至数百万千米。

彗发中包含中性分子及灰尘，彗核中的气体母分子（CH_4、CO_2、NH_2、H_2O）在接近太阳时被释放出来，因为生命周期短暂，所以不易观测。当这些母分子因光解离作用[1]产生第二代和第三代的分子（OH、CN、C_2、C_3、NH_2），生命周期可长达数十万甚至数百万秒。有的彗发外围还环绕着由氢原子所构成的巨大云气，称为氢云或彗云（hydrogen envelope）。由于氢原子很轻、扩散速度快，因此这团氢云的大小可达到数千万千米。其光谱的波长极短，仅有太空望远镜的紫外线波段可以观测到。

1. 光解离作用：指分子吸收光的能量而发生解离的现象。

（3）彗尾

当彗星持续靠近太阳，彗尾就慢慢出现了。彗尾通常有两条，一条是宽而弯曲的尘埃彗尾，一条是窄而笔直的离子彗尾。尘埃彗尾因尘埃颗粒反射、散射太阳光而呈现黄白色，形貌弥散。另一方面，充斥在彗星中各种不同大小的尘埃会受太阳的引力与光压[1]影响而弯曲，所以尘埃彗尾并非恰好在彗星与太阳的反侧，而是会略微弯向太阳。

蓝色[2]的离子彗尾狭长且笔直，方向永远背向太阳。离子彗尾的成因是彗发的中性物质经过太阳风的光解离作用，形成气体离子（H_2O^+、CO^+、N_2^+、CO_2^+、OH^+，这些离子会和电子共存，呈等离子状态，因此也被称为离子彗尾（plasma tail）。当太阳风接触到这些带电的气体离子时，会将这些气体离子推离太阳。又因这些气体离子的质量很小，所以加速度非常大，使得离子彗尾的长度可达 $10^7 \sim 10^8$ 千米。不过这些气体离子也会受到太阳磁场的影响，因而也会产生轻微的弯曲、分岔与断裂现象。

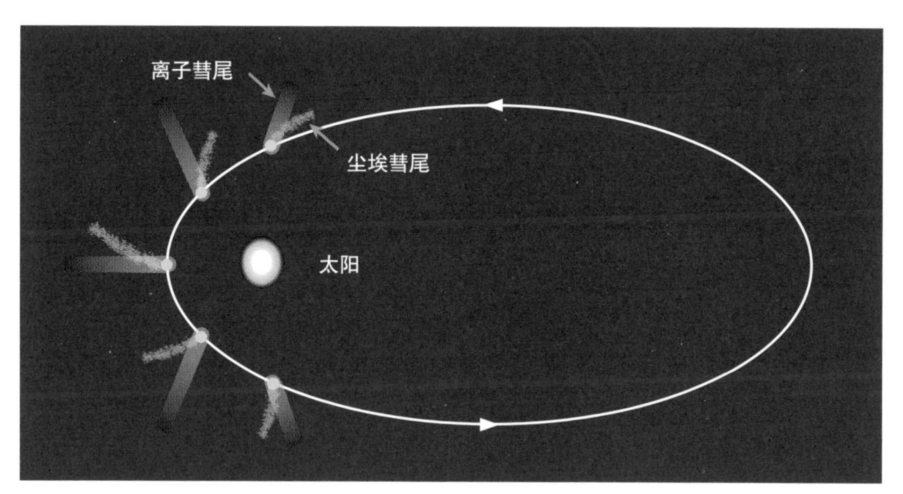

▲图 7　彗星接近太阳时，会出现背向太阳的彗尾。

1. 当太阳辐射的光子碰撞到物体表面时会产生压力，称为光压。
2. 离子彗尾在可见光波段的主要发光物质是波长约 4273 Å（埃，1 Å $=10^{-10}$m）的一氧化碳离子（CO^+），这也是离子彗尾常呈蓝色的原因。

彗星的来源与分类

一般会将公转周期大于200年的彗星归类为长周期彗星，短于200年的归类为短周期彗星。长周期或非周期彗星的来源是距离太阳5万到10万天文单位[1]处，球壳状的奥尔特云（Oort Cloud）[2]。奥尔特云的概念是1950年由荷兰天文学家奥尔特（Jan Oort）提出的。天文学家普遍认为，奥尔特云是50亿年前形成太阳系的星云的残余物，在大行星的引力扰动下产生的[3]。当巨大的分子云或恒星经过太阳系附近，或是受到银河盘面潮汐作用的影响时，会使奥尔特云中的天体受到扰动，进入太阳系内部，形成可能是椭圆轨道的长周期彗星，或是双曲线、抛物线轨道的非周期彗星。

因为这些长周期或非周期彗星的轨道倾角平均散落在各个方向，才使得科学家推测出奥尔特云为球壳状分布的区域。近年来，随着望远镜的口径变大与侦测技术的提高，相继发现许多奥尔特云的天体，如2003年发现的海王星外天体赛德娜[4]、2012年发现的2012VP$_{113}$[5]等，显示奥尔特云这个假设性的区域可能存在。

---

1. 天文单位：天文学上使用的长度单位，英文缩写为A.U，1天文单位约为1.5亿千米。
2. 奥尔特云目前仍然只是假设性的学说，并未有任何直接证据证明其存在。
3. 详情请参II-3《历史悠久的行星芭蕾舞：太阳系的起源》篇。
4. 赛德娜：Sedna，编号2003 VB12，近日点距离太阳约76天文单位，远日点距离太阳约937天文单位，公转周期约10500年。
5. 2012 VP$_{113}$的周期长达4590年，近日点和远日点分别是80天文单位与472天文单位，是第二个在奥尔特云内侧区域发现的天体。

短周期彗星可能来自位于海王星外围 35～100 天文单位的**柯伊伯带**（Kuiper Belt）。由于这些彗星的轨道倾角几乎集中在黄道面[1]30° 内，因此科学家推测柯伊伯带的形状为扁平圆盘状。从第一个柯伊伯带天体（1992 QB1）被发现至今，天文学家已经发现了 1000 多个柯伊伯带天体，故柯伊伯带的存在已经被确认。而在木星与火星之间以带状分布的小行星带（asteroid belt），天文学家预测有数十万个直径大于 100 千米的冰质天体及上兆个小彗核散布在此处。

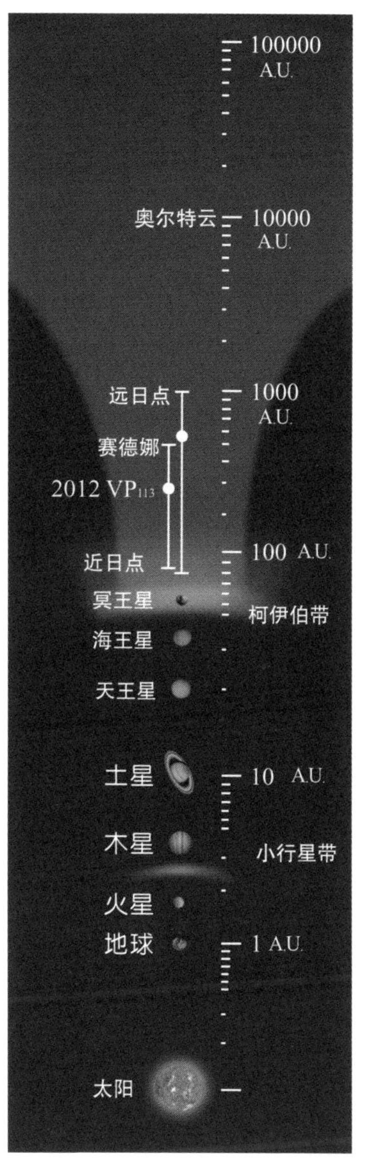

▲图 8　存在于内奥尔特云的赛德娜、2012VP$_{113}$ 天体与柯伊伯带、奥尔特云的相对位置图（Reference: M. E. Schwamb）。

短周期的彗星依其周期与位置，可粗略分类如下。

（1）木星族彗星（Jupiter Family Comets）

周期短于 20 年、低倾角（不超过黄道面 30°）的彗星。

（2）哈雷族彗星（Halley Family Comets）

周期在 20～200 年、轨道倾角从 0° 到超过 90° 的彗星。

（3）掠日彗星族（Sungrazing Comets）

近日点很接近太阳是掠日彗星族的轨道特性之一。在太阳强大的潮汐力影响下，小彗星可能蒸发殆尽，大彗星也

1. 黄道面：太阳与行星轨道主要集中的平面。

难逃粉身碎骨的命运。轨道上类似的掠日彗星，可能是由同一颗大彗星分裂而成的。德国天文学家克罗伊策(Heinrich Kreutz)首度注意到1843年、1880年及1882年的掠日彗星具有共同点，指出这些彗星可能来自1066年一颗大彗星解体的碎片，称为**克罗伊策掠日彗星**（Kreutz Sungrazers）。1965年明亮的池谷•关彗星（编号 C/1965 S1），以及2011年掀起许多惊呼的洛夫乔伊彗星（Comet Lovejoy，编号 C/2011 W3）都是克罗伊策掠日彗星的成员。太阳和日球层探测器 SOHO 卫星在1995年升空后历经20多年的观测，使得克罗伊策掠日彗星的数目增加了3000多颗！除此之外，SOHO 卫星还发现了科里切特族（Kracht）、科里切特2A族、马斯登族（Marsden）及迈耶族（Meyer）等新的掠日彗星。

（4）主带彗星（Main Belt Comets）

顾名思义，这一类的彗星就位于木星与火星之间以带状分布的小行星带内，也因此有另一个称谓——活跃的小行星。不同于多数彗星的轨道，主带彗星的轨道接近圆形，离心率和轨道倾角都与小行星带相似。近年来，天文学家逐渐认识到主带彗星的重要性，除了因为它是第三个彗星的来源地之外（前两个是奥尔特云和柯伊伯带），更重要的是，主带彗星与其他两个彗星来源地之间没有明确的动力学演化路径，因此主带彗星中的水冰可能与其他彗星中的水冰有不同的历史起源[1]，加以探究将有助于了解地球海洋的起源。

彗星的科学研究

正如文章前面所提到的，彗星不同于其他的天体，除了从古至今一直为人类带来不同的惊喜外，在科学研究上也很有价值。例如观察离子彗尾的变化有助于了解彗星附近的太阳风特性；而通过研究彗发中的化

1. 主带彗星：在3 A.U.附近，形成温度约150开尔文；奥尔特云：在5～30 A.U.之间，形成温度为50～100开尔文；柯伊伯带：大于30 A.U.，形成温度是50开尔文或更低。

学成分与比例，则可以帮助我们了解彗星在原始太阳系生成的环境，尤其是从奥尔特云来的长周期彗星。因为它受太阳辐射的影响小，故能保留更多太阳系形成之初的样貌。除此之外，彗星与地球上的水及生命起源是否相关，也是科学家一直想回答的问题！

目前关于水的起源，在科学界有一种说法是：地球上的水实际上来自地球外部，也就是外太空。而把水从外太空带到地球的源头被认为是彗星和一些小行星。在地球诞生之初，由于引力的存在，使得漂浮在地球周围的彗星和一些小行星撞击了地球。而这些彗星和小行星中含有一定量的水，也正是因为这些外来天体降落到地球成为陨石，使得其中冰封的水资源跟着被带到地球。

为了追踪地球水的来源，科学家研究水的同位素比值，特别是氘氢比（又称 D/H）。然而到目前为止，大部分被测量到的彗星 D/H 比值都是地球海洋的 2～3 倍，这意味着彗星只输送给地球大约 10% 的水。然而却有 3 颗超级活跃的彗星[1]（45P，46P，103P）呈现与地球海洋相同的氘氢比值，而这个数值与彗星的活跃程度有关[2]，表示先前在彗发中侦测到的数据与彗核中的水冰并无一定的关联。也就是说，彗星里的水冰其实跟地球上的水非常相似！

另一个与彗星有关的问题是：地球上的生命是如何诞生的？这道千古谜题至今仍未得到统一的说法。科学家曾经通过宇宙的模拟实验，发现地球上的生命很有可能是几十亿年前由彗星带来的。科学家们根据实验得出了结论，在宇宙行星之间存在着一种能够产生复杂结构的化学物

1. 超级活跃的彗星是指当彗星接近太阳时，释放出来的水量比用彗核表面积预测的还多的彗星。
2. 彗星活跃程度与水蒸气的 D/H 比值呈反比例关系：彗星越趋向过度活跃（即活跃度超过 1），D/H 比值下降得越多，并且越接近地球的 D/H 比值。

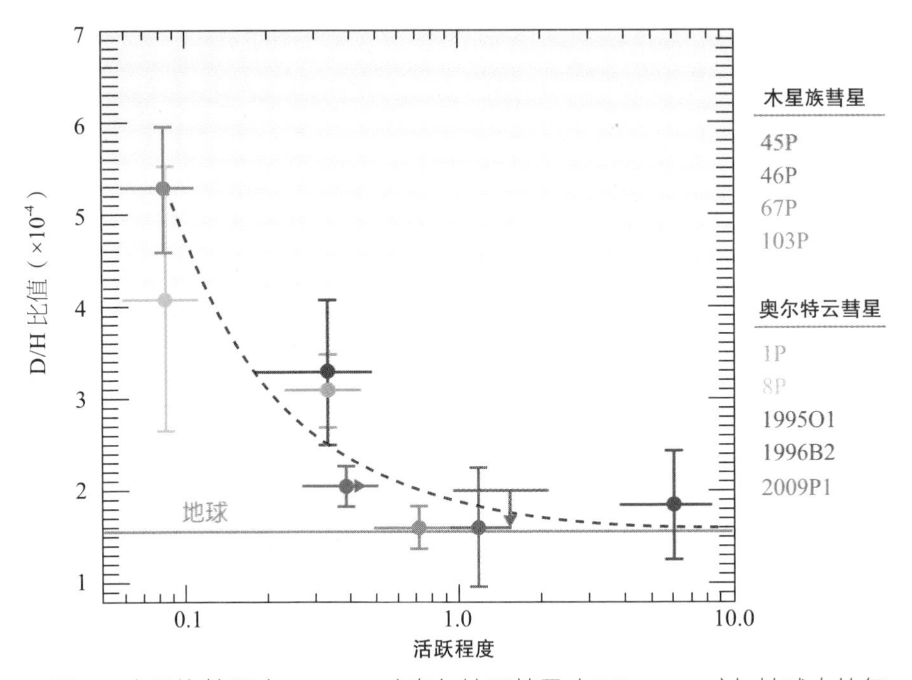

▲图 9　木星族彗星（JF comets）奥尔特云彗星（OC comets）与地球水的氘氢比值比较 [Reference: Dariusz C. Lis et al.（2019）. *Astronomy* & *Astrophysics*, Vol. 625 (L5), p.8, reproduced with permission © ESO.]。

质二肽[1]。这些二肽借助彗星撞击留在了地球上，为地球播下生命的种子。

不论是地球上的水与生命起源，还是太阳系形成之初样貌的研究，科学家将继续观测这天外飞来的访客——彗星，累积大量的观测数据将使这些刚被解开的谜题更有说服力，也能佐证这些推论是否正确。

1. 二肽（缩二氨酸）是一个肽链，由两种氨基酸组成，既能够在地球的自然环境中找到，也能够在实验室的环境中被创造出来。新的发现证明了构成生命本质成分的化学分子也许是通过“搭载”彗星或陨石这样的“运载工具”抵达地球的。这些外星中的生命分子在地球环境中激活了蛋白质、酶和其他复杂的分子，最终促使生命在地球诞生。

3 黑色恐怖来袭！吃不饱的黑洞

你现在是坐着、站着，还是躺着看这本书呢？不管是哪种情形，都要感谢椅子、地板或床把你支撑住，不然你现在就在自由落体，往地心掉下去。

抵抗坍缩的命运：原子不团结力量大

从地面以下一直延伸到地球中心，所有的物质基本上都是靠原子间的电磁作用力及费米子[1]不相容的特性，彼此排斥来撑住地球，以让物质不至于一路坍陷至地心。甚至连你身体的结构，也是通过这些组成原子彼此间的相互作用来抵抗原子彼此间的引力，使你不至于坍缩成一团肉酱。但是，对于像太阳这种比地球重很多又大很多的星体，光靠原子之间的作用力，是无法抵抗自己本身的引力的。

1. 费米子包含电子、夸克等基本粒子。完全相同的费米子不能处于相同的量子状态（比如处于同一原子轨道的电子自旋方向必定相反），此即费米子不相容原理，或称泡利不相容原理。

那太阳要怎么抵抗自己的引力呢？太阳内部的核聚变反应会产生高温与高压，这会让原子无法维持原来的形态。由于电子和离子的动能太大，双方都抓不住对方，因而无法结合，只能以等离子体[1]状态存在。这样一来，内部高温粒子的动能很大并互相推挤，太阳就能撑住本身的结构。

可是这并非长久之计，因为核聚变的燃料总有一天会烧完。烧完以后会发生什么事呢？很简单，失去支撑力之后，星球本身的引力会把自己压垮，称为**引力坍缩**（gravitational collapse）。如果星体的质量小于1.3倍的太阳质量[2]，当燃料用完时，星体内部电子之间因泡利不相容原理而互相排斥所产生的力会抗拒引力坍缩，最终形成白矮星。

倘若星体质量在太阳质量的1.3～3倍之间，那么电子之间的力将无法抵挡引力坍缩，这时就轮到中子挺身而出了。中子之间的力和星球自身的引力平衡后的产物，就是中子星[3]。

至于质量比3倍太阳质量还大的星体，当燃料全都烧完之后，自然界就没有任何已知的作用力可以抵抗星体本身的引力。假如基本粒子标准模型没有出错，那么这颗恒星就没救了——它会无止境地往核心坍陷，变成所谓的**黑洞**（black hole）。我们之所以叫它“黑洞”，不只是因为觉得这两个字的组合很酷，或是1960年代发明这个名词的惠勒（John Wheeler）很伟大，而是这个名字够贴切。

1. 等离子体：当电子的能量超过原子核对电子的束缚能时，电子就会脱离原子成为自由电子，而原子就变成带正电的离子。如果一团物质中的自由电子和离子平均动能都超大，它们就很难再结合成原子，于是整团物质便成为一堆自由电子和自由离子的混合物，称为等离子体。

2. 太阳质量：天文学上常用来表示巨大天体所含质量大小的单位。

3. 中子星：neutron star，详情请参I-6《来自星际深处的闪光密码：中子星》篇。

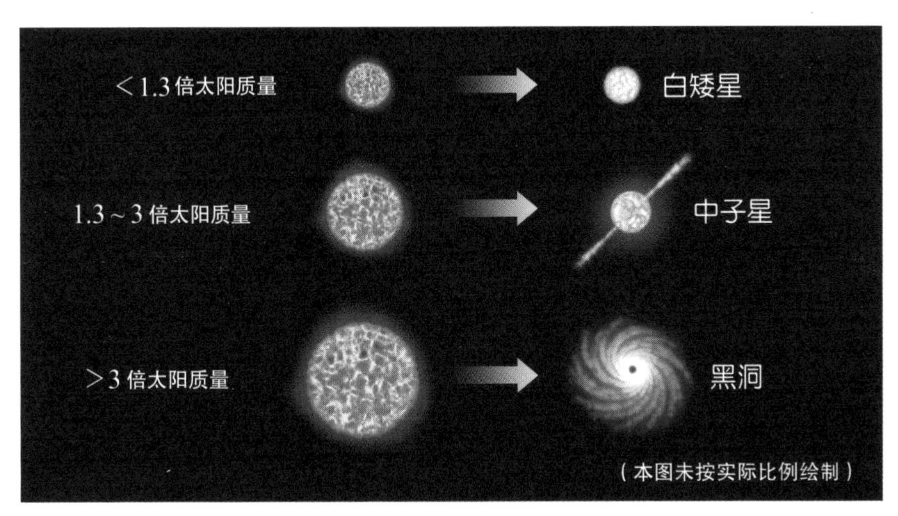

▲图 1　不同质量的恒星引力坍缩后形成的星体（Illustration design: Shutterstock）。

要是恒星没有自转、外形是完美的球体，发生引力坍缩时，又以球对称的方式坍陷，那么所有的质量应该会坍陷到球心，变成一个密度无限大的点，也就是所谓的**奇点**（singularity）。如果恒星会自转的话，则会崩成奇环。所以黑洞虽然不是真正的无底洞，但确实像是一个所有东西都会掉进去的“洞”。

但是！最重要的就是这个“但是”！不是每个渺小的局域观察者所看到的图像都是这样的。不管是奇点还是奇环，你都得跟着星体物质一起掉进去，才有希望观察到它——虽然在这之前，你应该已经被强大的潮汐力拉成面条了。假如你能在黑洞外头撑住，不跟星体物质一起掉进去，而是在一个和它距离固定的地方观察它，那么根据广义相对论，正常的状况下（恒星的总电荷不太大或自转不太快的话），你不但没办法看到黑洞中心的奇点或奇环，在你眼里，连星体物质都**不会**一路崩崩崩……崩进这个“洞”里。

若你有幸目击一个无自转的恒星坍陷，你会发现：一开始构成恒星的物质表面会迅速坍陷，也就是球面的半径会很快缩小，但当坍陷到接近某个特别的半径时，坍陷速度就会慢下来。最后，星球的表面看起来会停在那个特别半径的球面外，不再变小，我们将这个球面称为**视界幻影**（illusory horizon），而这个半径则被称为**施瓦西半径**（Schwartzschild radius）。在“黑洞”这个名词尚未出现的1960年代前，同样的东西被称为**冻星**（frozen star）——比起黑洞，这个名字就没那么酷了，对吧？

黑洞的事件视界

对于前述与坍陷星球距离固定的观察者而言，施瓦西半径约和星球质量成正比。200多年前，英国科学家米歇尔（John Michell）就知道这个半径很特别了。假设星球是一个质点，这就是粒子欲从星球脱离时，所需速度恰为光速的半径；也就是说，从视界幻影的半径以内向外发射的古典粒子[1]，若初速度不超过光速，不可能脱离这个星球引力场的束缚，只要等得够久，那个古典粒子终会掉回来。

自从相对论诞生以来，大家都知道不可能有任何东西的速度能超过光速。因此很明显地，在施瓦西半径之内的任何东西（包括光和所有的物质），无论如何都无法抵达无限远处——引力场真正为零的地方，也就是完全摆脱这个星体的引力束缚之处。广义相对论更进一步阐明，其实不用到无限远处，只要观察者位于此半径外，就永远无法收到由此半径内出发的物质或信号。在此半径以内发生的任何事件，外界不但无从

1. 在古典物理学中，粒子的概念是很具体的颗粒；量子力学出现后，粒子与波动成为一体两面。这里将古典物理学中提及的粒子称之为古典粒子，以此和近代物理所描述的粒子作区分。

得知，也不会被影响，于是我们将以此为半径的球面称为**事件视界**（event horizon）。

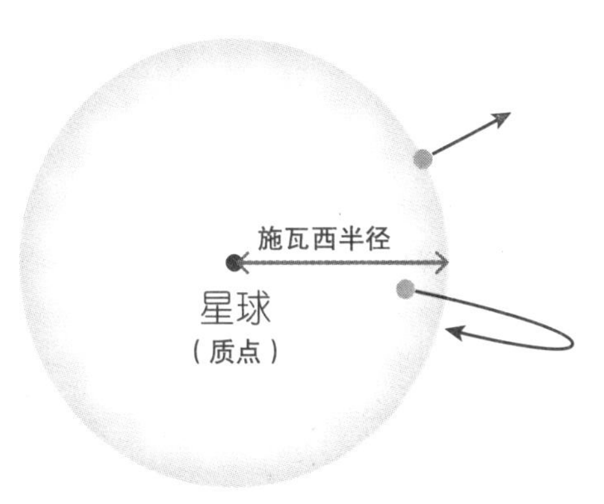

▲图 2　施瓦西半径内的粒子，初速度需大于光速才能脱离星球重力场的束缚。

但“永远”是什么？观察者怎么能肯定自己未来绝对不会耗尽动能，坠入这个泡泡般的半径之内呢？又或者，当黑洞的质量随着吞噬的物质增加而越来越大，这个泡泡的半径也会越来越大，观察者怎么知道自己会不会在未来的某个时刻，不知不觉就身处事件视界之内了呢？的确，事件视界是宇宙时空的整体概念，要在未来的尽头——宇宙结束的刹那——才能凭它完整的历史来决定。而始终都没有掉进黑洞的局域观察者，无论在任何时刻沿着他们的**过去光锥**都是看不到事件视界的。

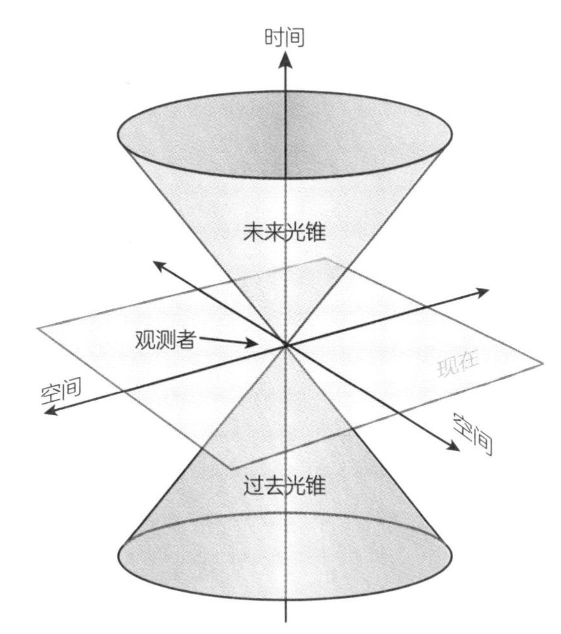

▲图 3　狭义相对论中描述一束光所经历的时空变化，光速以内的区域构成光锥，某个时刻在观察者的过去光锥之外即是观察者无从观察、也不会对此刻的观察者造成影响的时空。

因此事件视界只是理论物理学家的纸上谈兵，和视界幻影的定义有很大的不同。尽管事件视界存在，自由落向黑洞的局域观察者也看不到视界幻影。只有在坍陷后的星球保证不再吸入更多质量的情况下，对于前述与坍陷星球距离固定的局域观察者来说，两者才凑巧一样。

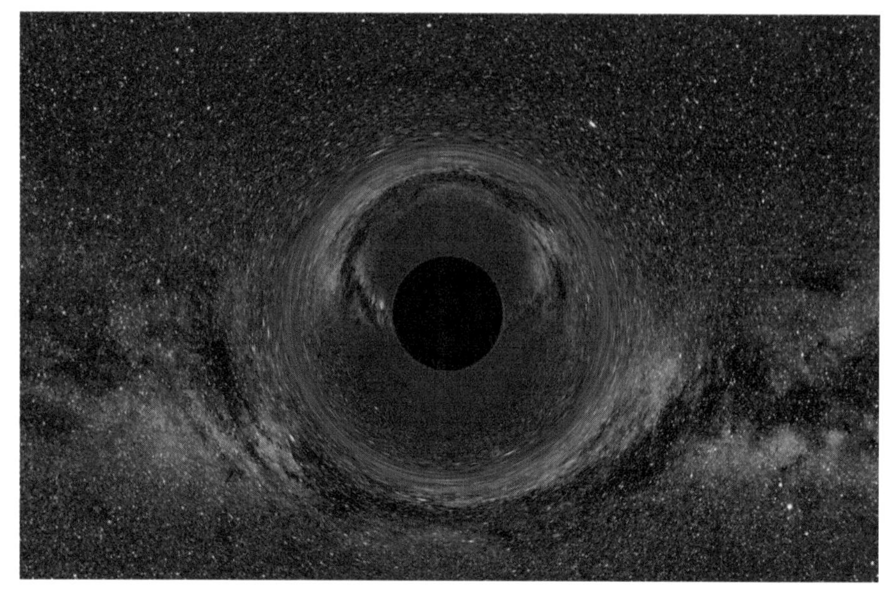

▲图 4　从远处看到的黑洞视界幻影想象图（Credits: A. Hamilton）。

黑洞为什么是黑色的

前面解释了黑洞是个东西会掉进去的“洞”，那我们为什么说它“黑”呢？“黑”意味着观察不到亮光，也就是不发光也不反光。精确一点说，有两个层面：

（1）事件视界内的光永远出不来，所以从外部来看，“洞”会黑暗无光。
（2）事件视界之外、从黑洞表面附近爬出来的光，大部分的能量都消耗在克服引力势能上，所以幸运脱逃的光，在远处被观察到时已经奄奄一息，能量比起当初在黑洞表面附近时低了很多。

由于光的能量和光的波长成反比，光的能量变低意味着光的波长被引力拉伸到远比可见光或微波更长的尺度，即光谱往红外光的方向偏移，所以在引力坍陷后，你的眼睛很快就看不见坍陷星球最后的余晖了。你看到的亮光（如果有的话）其实都是黑洞外的其他物质发出来的[1]。

1. 详情请参 I-4《大大小小的时空怪兽：黑洞面面观》篇。

以前的人以为，只要等得够久，黑洞将会完全黑掉，最后自身完全不发光。直到 1970 年代，霍金（Stephen Hawking）研究弯曲时空中的量子场论，才发现黑洞在生命的晚期还是会不甘寂寞，散发出能量。而观察者在无限远处收到的黑洞辐射，其光谱所对应的温度和黑洞的质量成反比；也就是说，放进黑洞的能量越多或质量越大，黑洞的温度反而越低[1]。

黑洞辐射的产生其实源自量子效应[2]，难怪以前研究古典广义相对论的聪明学者们都没能知晓。而霍金之所以会往这方面想，本来是想理解、反驳黑洞的另一个怪异性质：**黑洞的熵[3]和事件视界的表面积成正比，而非和黑洞的体积成正比。**当初以色列物理学家贝肯斯坦（Jacob Bekenstein）提出这个性质时，已经觉察到要加入量子效应才能使他的推论圆满。霍金一开始不认同贝肯斯坦的理论而想推翻它，不料最后不仅反过来证明贝肯斯坦是对的，还把在热力学里和熵配对的物理量——**温度**也给推导出来，再次示范理论物理“互相吐嘈，共同进步”的优良传统。

吃人不吐骨头的黑洞，吃得越多温度将越低、越稳定，听起来就很恐怖。如果一直这样下去，黑洞最后会不会把宇宙中所有的东西吃光光呢？是有这个可能。不过别太担心，也许等到人类都灭绝了，离地球最近的黑洞还在数光年之外。而且宇宙还在持续膨胀，就算全宇宙剩下你和一个黑洞，只要离黑洞够远，你还是有机会顺着宇宙的膨胀趋势逃出它的魔掌！

---

1. 所以黑洞的比热是负值。
2. 量子效应：quantum effect，在比原子更小的微观尺度下，物质、波、能量等事物所呈现的物理现象或性质。
3. 熵：热力学中用于度量热能的一种物理量，用以描述整个系统内的温度变化和分布情况。

4 大大小小的时空怪兽：黑洞面面观

黑洞是一种奇怪的天体，有着让人好奇又感觉怪异的时空特性。如果我们在很靠近黑洞的地方背对着黑洞用手电筒照出一道光，将会惊讶地发现，连光线都会被黑洞的引力弯曲，甚至可能会被黑洞“捕捉”回来！

黑洞不像日常生活中可以摸到的任何物体，它的“表面”是一个摸不着，而且还能穿过去的时空结构。我们可以把黑洞表面想象成一个单行道入口，一旦进去就再也无法出来，这个入口称为**事件视界**。

我们对黑洞的主要认识，来自一个描述时空结构和引力的理论——**广义相对论**（general relativity）。自 1916 年起，黑洞的时空结构性质就被广义相对论描述且持续推演，但是直到 1960 年代之后，天文学家慢慢发现某些天体的观测结果可以用黑洞的特性做出恰当的诠释，才逐渐接受黑洞真实存在于宇宙之中的事实[1]。

1. 反观其他广义相对论所允许的时空结构，例如白洞、虫洞等，至今都没有被天文学家发现与证实；而人类史上第一张黑洞事件视界尺度的影像则在 2019 年发表。

黑洞的特异之处

当大量物质被天体的引力吸引，会形成一个旋转的结构，称为**吸积流**（accretion flow）。分析吸积流所发出的光线特征，可以辨识出天体的身份。除此之外，吸积流的部分物质也有可能在掉落到天体前被向外甩出，形成**喷流**（jet）。了解吸积流和喷流的物理机制是天文学中重要且有趣的研究主题，目前理论上认为磁场在这两种构造中都扮演着重要的角色。那么相较于其他天体，黑洞有什么特别且可以被辨识的性质和特征呢？

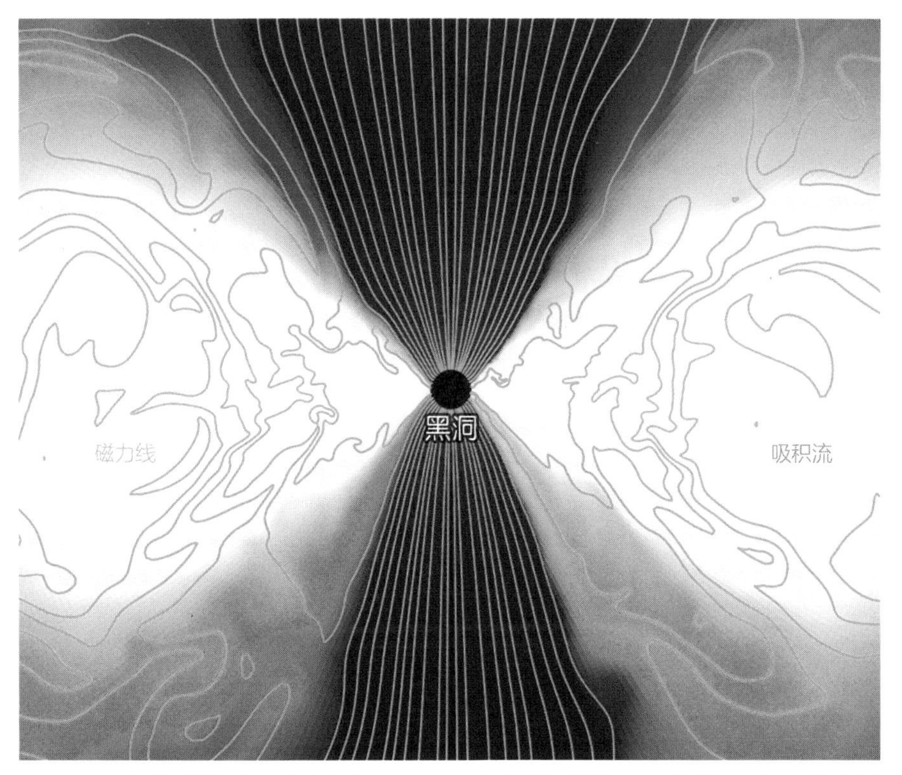

▲图 1　电脑模拟黑洞吸积流的其中一种可能类型。在黑洞（中央黑色圆圈）—吸积流（橘白色区域）的系统中，沿着黑洞旋转轴方向（在图中为垂直方向）的物质分布较少，且磁力线（绿色线条）有规律地分布。黑洞喷流有可能在此区域产生（Credits：卜宏毅）。

（1）黑洞吸积流能释放出大量的辐射能量

相对于其他同样质量的天体，黑洞显得特别致密。以一个与太阳质量相当的黑洞为例，其事件视界半径大小约只有 3 千米，大约是太阳半径的十万分之一！换句话说，比较相同质量的黑洞与其他种类的天体，前者的半径远小于后者的半径，因此让黑洞吸积流物质接近黑洞的过程更加漫长。越靠近黑洞，吸积流绕行黑洞的速度越快，温度越高，并因释放出辐射能量而更加明亮。高温吸积流产生的 X 射线让黑洞在 X 射线波段呈现的天空变得特别显眼[1]。

（2）黑洞喷流[2]能够被加速到接近光速

理论上，吸积物质在掉入黑洞前，有机会沿着大致和吸积流方向垂直的开放磁力线向外运动，形成上下两束喷流而逃离黑洞。借由磁场的帮助，喷流的速度能逐渐增加到接近光速。观察者所观测到的喷流形态则与观察者方向以及喷流方向的夹角有关。这些宏伟壮观的黑洞喷流结构能将吸积黑洞系统的能量与角动量向外传播。

超大黑洞！发挥超大影响力

天文学家发现宇宙中有大大小小的黑洞。根据质量来分类，黑洞的质量可以是太阳质量的数倍到数十亿倍。几乎所有星系的中心区域都存在着一个**超大质量黑洞**[3]。我们所在的银河系中心也有一个约 400 万倍太阳质量的大黑洞，并影响着银河系中心附近恒星的运动。

1.X 射线无法用肉眼直接观测到。详情请参 IV-6《化不可能的观测为可能：X 射线望远镜》篇。

2. 根据目前的天文观测结果，只有少数的黑洞系统具有喷流。

3. 超大质量黑洞：supermassive black hole，质量约为太阳的数百万到数十亿倍；一个数十亿倍太阳质量的黑洞，其事件视界大小约为太阳系的大小。详情请参 V-9《宇宙大胃王的身世之谜：超大质量黑洞》篇。

超大质量黑洞在结构上可看成是**恒星质量级黑洞**[1]的放大版。天文学家观测到的恒星质量级黑洞通常与另一个伴星互相绕行，借由伴星提供吸积流的物质来源。居住在星系中心的超大质量黑洞，其吸积流的物质来源则可能是周围受黑洞引力影响而逐渐掉落的气体，或是被扯碎的恒星。

黑洞需要有源源不断的吸积物质，才会在其周围形成吸积流与喷流，并且足够明亮。这样，黑洞才可以被观测到。例如当超大质量黑洞有足够的吸积物质“喂食”时，经由吸积结构所释放的辐射，会让它所居住的星系中心特别明亮，形成**活动星系核**[2]。黑洞加上其周围的吸积流就像是一个极有效率的能量产生器，而越大的黑洞就像是一座越大型的辐射工厂。正因为这样，虽然有些超大质量黑洞离地球很远，但因为其足够明亮而可以被观测到，这类黑洞称为**类星体**。当超大质量黑洞没有足够的吸积物质“喂食”时，黑洞就显得死气沉沉不再明亮，像是进入了“冬眠”。根据宇宙不同时期表现活跃的类星体数量，我们可得知黑洞吸积的历史与当时宇宙中星系的状态。

近来天文学家也发现，超大质量黑洞借由吸积流或喷流，能与黑洞所居住的星系（甚至星系团[3]）相互影响，使黑洞的特性和其所居住星系的特性产生关联。正因如此，黑洞的存在让宇宙风景更加精彩有趣！

---

1. 恒星质量级黑洞：stellar-mass black hole，质量约为太阳的数十倍；事件视界大约为70千米。详情请参II-5《星星电力公司：恒星演化与内部的核聚变反应》篇。
2. 活动星系核：active galactic nuclei，简称AGN。详情请参V-8《内在强悍的闪亮暴走族：活动星系》篇。
3. 详情请参I-7《宇宙中的巨无霸部落：星系团》篇。

▲图 2　活跃星系武仙座 A（Hercules A）与它的喷流。喷流源自位于星系中心（图片中央）的超大质量黑洞，其能蔓延到比星系还要大的范围！这张图片是由不同频率的电磁波观测叠加而成的：X 射线观测结果以紫色呈现；无线电波观测结果以蓝色呈现；大部分可见光观测结果则用白色呈现（Credits: X-ray: NASA/CXC/SAO, optical: NASA/STScI, radio: NSF/NRAO/VLA）。

此外，黑洞也可能互绕形成**双黑洞系统**。双黑洞周围的动态时空变化可以有效地产生引力波[1]。当双黑洞因为引力波带走系统能量而绕行得越来越近，最终碰撞并合二为一时，就是整段过程中最大能量释放的瞬间。根据观测到的引力波特性，天文学家可以分别推测合并前与合并后的黑洞特性；引力波观测也诉说着关于黑洞如何能够通过合并的方式而"逐渐长大"的精彩故事。

1. 引力波：gravitational wave，根据广义相对论，当具有质量的物体互绕时，能让时空变形并把系统的部分能量带走，就有如将石头扔进水里时出现往外传播的涟漪。人类首次探测到由双黑洞系统产生的引力波信号发表于 2016 年。引力波也能由黑洞与中子星互绕或中子星与中子星互绕的系统有效地产生。这两种系统在碰撞时也会产生文中提到（但时间长度较短）的伽马射线暴。关于中子星的介绍，请参 I-6《来自星际深处的闪光密码：中子星》篇。

▲图 3 钱德拉（Chandra）X 射线观测卫星对大熊座附近的天空观测 23 天后的影像（Chandra Deep Field-North）。此区天空的大小稍大于满月时月亮所占天空面积的一半。图中可见 500 多个天体，大多都是位于非常遥远的星系中心的超大质量黑洞（Credits: NASA/ESA/CXC/Penn State/D. M. Alexander, F. E. Bauer, W. N. Brandt et al.）。

除了上述的黑洞双星以及超大质量黑洞之外，还有许多天文学家观测到的剧烈事件也被认为和黑洞相关。例如：当恒星坍缩形成黑洞时，所释放的高能量是产生**伽马射线暴**（gamma-ray burst）的其中一种可能。几乎每天都有一次伽马射线暴被观测到，但每次事件发生的方向和距离没有特定。平均伽马射线暴的时间长度约为 30 秒。

除了广义相对论之外，我们对黑洞的了解还有赖另一个理论的帮助——量子力学。物理学家霍金发现，如果考虑量子效应，每个黑洞其实都能发出辐射并具有温度的特性，而此辐射后来被称为**霍金辐射**（Hawking radiation）。但是越大的黑洞，本身的温度越低，霍金辐射的效应也越不明显。对超大质量黑洞以及恒星级质量的黑洞而言，霍金辐射的效应太小，因此无法被观测或验证。

然而，非常早期的宇宙密度扰动可能造成局部质量直接坍缩，形成**太初黑洞**（primordial black hole）。这类黑洞的质量范围不确定，因此有可能产生质量远比恒星小的黑洞。这些小黑洞如果真的存在，也许能通过上述的霍金辐射产生可被观测到的效应，然而目前天文学家还没有发现足够的证据来证实这个臆测。

5 来自星星的我们：超新星爆炸

“落红不是无情物，化作春泥更护花。”

——龚自珍《己亥杂诗》

新星（nova）一词在拉丁语中代表“新”的意思，也就是天空中突然出现的新的星星；中国古代则称之为“客星”，因为一段时间（几天至几周）过后这颗星就会慢慢消失不见。超新星（supernova），顾名思义就其内在的亮度远高于新星，也来自不同的物理机制的星体。

在古代，不管是东方还是西方，许多国家历史上都有多次超新星的观测记录。其中最早的观测记录来自中国《后汉书》在公元 2 世纪时对南门客星的记录，目前猜测当时观测到的超新星就是南门二附近疑似超新星残骸的“SN 185”。最亮的超新星则是公元 1006 年在许多国家都有观测到的超新星“SN 1006”，文献中甚至描述超新星的光芒可以让物体在夜晚也投射出影子。

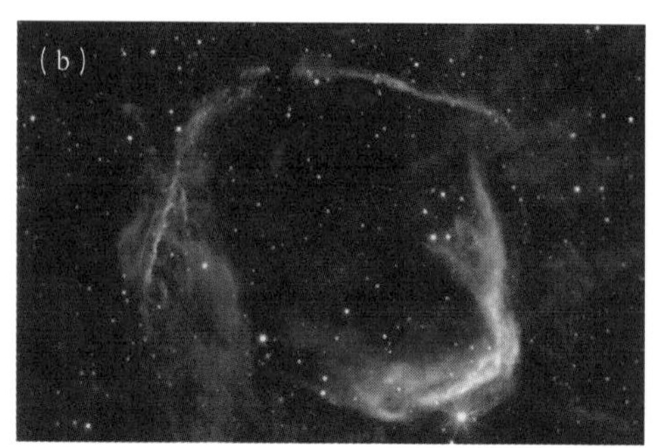

▲图 1　超新星爆炸的残骸：（a）仙后座 A；（b）SN 185；（c）SN 1006[Credits:（a）NASA/JPL-Caltech;（b）X-ray: NASA/CXC/SAO/ESA, Infared: NASA/JPLCaltech/B. Williams（NCSU）;（c）radio: NRAO/AUI/NSF/GBT/VLA/Dyer, Maddalena & Cornwell, X-ray: Chandra X-ray Observatory/NASA/CXC/Rutgers/G. Cassam-Chenaï, J.Hughes et al., visible light: 0.9-metre Curtis Schmidt optical telescope/NOAO/AURA/NSF/CTIO/Middlebury College/F. Winkler & Digitized Sky Survey]。

每个星系平均每 100 年都会发生一次以上的超新星爆炸。随着观测技术越来越先进，加上超新星本来就非常明亮，每年都可以观测到非常多的超新星，其中也包括距离我们非常远的超新星，有些甚至远在几十亿光年之外。通过比较不同超新星之间的光谱，天文学家可以仔细观察不同超新星的相似之处和相异之处。

超新星的分类

公元 1941 年，美籍德裔天文学家闵可夫斯基（Rudolph Minkowski）与德国天文学家巴德（Walter Baade）共同研究超新星，将超新星的光谱依照有无氢的谱线分为 I 型和 II 型。公元 1965 年，瑞士天文学家兹威基（Fritz Zwicky）更进一步依据超新星光谱的其他特性，将超新星分成五大类型。但在了解更多超新星的形成机制后，天文学家发现这样的分类其实有些累赘，因为很多超新星的爆炸机制非常相近，只是环境略有不同。现代天文学主要将超新星分为 I 型超新星（type I supernova）和 II 型超新星（type II supernova），而两者皆可依据有无特殊谱线或亮度曲线的变化，再细分为 Ia、Ib、Ic 与 IIP、IIL 等类型。

如图 2 所示，超新星除了可依光谱的类型进行分类，也可依爆炸的物理机制分为两类：**热核超新星**（thermonuclear supernova）和**核心坍缩超新星**（core-collapse supernova）。这两种超新星散发的能量数量级差不多[1]，但却有完全不同的爆炸机制。热核超新星皆为 Ia 型的超新星，没有氢，但光谱中有明显的硅吸收谱线，其爆炸来自不稳定的**碳氧白矮星**（carbon-oxygen white dwarf）；其余光谱类型的超新星爆炸则是大质量恒星（大于 8 倍太阳质量）在演化末期核心坍缩所引发的，故称为核心坍

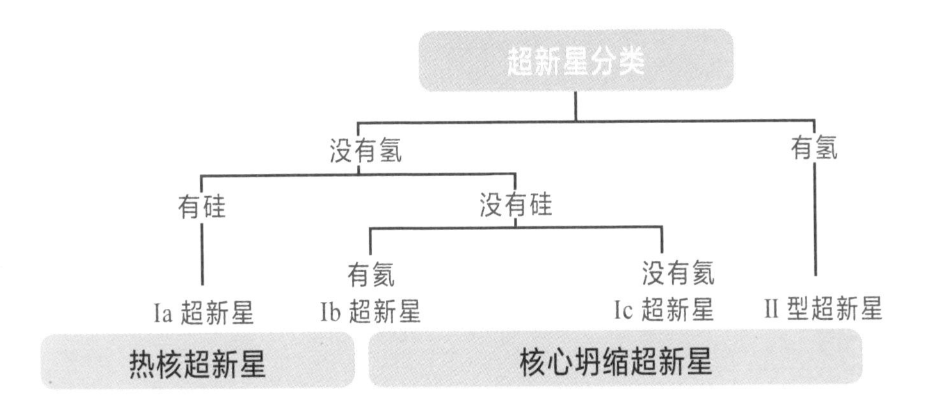

▲图 2　超新星的类型。

1. 约为 10^{44} 焦耳，或称为 1 贝特，以纪念物理学家贝特。

缩超新星[1]，至于属 I 型还是 II 型则视恒星演化时是否失去外层的氢[2]而定。

热核超新星

小质量恒星（小于 8 倍太阳质量）在演化末期时，会形成行星状星云，并在内部留下一颗简并[3]的白矮星。白矮星依质量不同可分为**氦白矮星**（helium white dwarf）、**碳氧白矮星**或**氧氖镁白矮星**（oxygen-neon-magnesium white dwarf）。单一白矮星是非常稳定的，它只会慢慢冷却，但如果有一个碳氧白矮星处在双星系统[4]之中，这个白矮星就有机会与其伴星交换物质，并使其质量达到电子简并的压力上限，从而变成热核超新星。此质量上限约为 1.4 倍太阳质量，也称作**钱德拉塞卡极限**（Chandrasekhar limit）。

由于热核超新星爆炸时，白矮星的质量都差不多是 1.4 倍太阳质量，因此爆炸时所产生的能量非常相近。美国天文学家菲利普斯（Mark M. Phillips）发现 Ia 型超新星（热核超新星）光谱的最大亮度与之后的亮度演化有一定的关系，称作**菲利普斯关系**（Phillips relationship）。有了菲利普斯关系，只要观测超新星的亮度变化，就可以反推其最大亮度。这个重大发现让天文学家可以用反推得到的绝对星等[5]和观测得到的视星等来推算超新星和我们的距离。这个方式就像我们已知一根蜡烛在眼前时有多亮，当蜡烛被移到比较远的位置时，可以用变暗的烛光推断出蜡烛和我们之间的距离，因为亮度与距离平方成反比。超新星非常亮，就好比是夜空中的一盏蜡烛，所以可以靠观测 Ia 型超新星来估算遥远星系

---

1. 详情请参 II-5《星星电力公司：恒星演化与内部的核聚变反应》篇。
2. 可能被恒星风吹走，或是被伴星吸收。
3. 简并：将两个或多个较精细的物理状态视为同一种粗略的物理状态。
4. 详情请参 V-6《生死与共的伙伴：双星》篇。
5. 绝对星等：假设天体距离我们 10 秒差距时的视星等。

的距离。随着越来越多的星系距离被估算出来，更让天文学家进一步发现：**我们的宇宙正在加速膨胀**[1]！而这个发现也获颁了2011年的诺贝尔物理学奖。

然而菲利普斯关系的运用也有其缺陷：每个Ia型超新星其实还是略有不同的，甚至有部分Ia型超新星根本不遵守菲利普斯关系。此外，天文学家在探讨宇宙早期的情况时，是以假设当时的超新星都满足一样的菲利普斯关系作为前提，因此若要准确地将此关系运用到宇宙学，我们还必须要先了解Ia型超新星内部本质的变化。

前文提到热核超新星是白矮星在双星系统中爆炸后的产物，然而一连串的问题随后有如雨后春笋般冒出，如：白矮星的伴星是什么？不同的伴星是否可以解释菲利普斯关系的差异？白矮星爆炸时，其质量是否可以大于或小于钱德拉塞卡极限？天文学家试图建立模型来解决这些问题，目前主流的模型有两种：第一种是**单简并模型**（single degenerate scenario），第二种则是**双简并模型**（double degenerate scenario），以下分别作简单的介绍。

（1）单简并模型

理论上认为白矮星的伴星是一颗非简并的恒星，可能是一颗主序星、次巨星或红巨星。在这个系统中，如果双星之间的距离适当，白矮星可以稳定地吸积伴星的物质来增加自己的质量，最终达到钱德拉塞卡极限并爆炸。单简并模型的优点在于白矮星是慢慢吸积的，所以爆炸时的质量都很接近钱德拉塞卡极限，可以简单地解释菲利普斯关系，而且核合成的元素比例也接近观测的比例。但单简并模型并非毫无缺陷，因为大部分的非简并恒星都含有氢，可是Ia型超新星在定义上是没有氢的，要

1. 详情请参II-2《秘密追踪行动：宇宙要往哪里去》篇。

怎么隐藏这些氢是一大问题。而且目前的理论模拟显示，单简并模型中的伴星其实在爆炸后仍然可以存在，但这些理论上可存在的伴星目前尚未被实际观测到。

（2）双简并模型

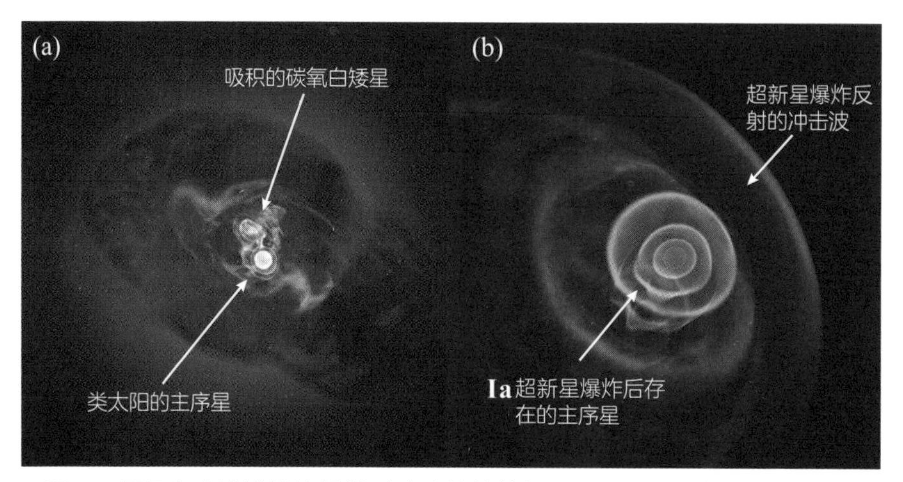

▲图 3　超级电脑模拟单简并模型造成的热核超新星：（a）爆炸前白矮星吸积伴星的质量；（b）热核超新星爆炸后对其伴星的冲击（Credits：潘国全）。

在双简并模型中，白矮星的伴星也是一颗白矮星。两颗白矮星互相绕行，靠散发引力波损失其角动量，最终使两颗白矮星相撞而形成热核超新星。这个模型可以简单地解释为什么 Ia 型超新星没有氢，但麻烦的是这样的系统有多少？够不够解释观测数据中的 Ia 型超新星发生频率？目前的研究显示，大部分的双白矮星系统只有约十分之一超过钱德拉塞卡极限。这意味着除非低于钱德拉塞卡极限的双白矮星也有机会成为热核超新星，不然双简并模型无法完整解释热核超新星。

目前单简并模型和双简并模型都存在的说法是天文学界的主流，只是哪个模型所形成的热核超新星比较多？两个模型存在的比率如何？这些谜底仍未被揭晓。

核心坍缩超新星

大质量恒星在演化末期会形成洋葱状的结构，最内部是一个铁核[1]。如同白矮星，这个铁核也是靠电子简并的压力维持的，因此也受限于钱德拉塞卡极限；不同的是，因为铁核的电子比率比碳氧或硅还低，因此铁核的钱德拉塞卡极限比白矮星的还低。再加上铁核的密度非常高，其中的电子有机会与质子结合变成中子，并释放出中微子，使其电子比率下降，加速降低钱德拉塞卡极限，最终因电子简并的压力无法抵挡引力而使核心坍缩，直到内部达到核子密度，让物质再反弹，形成往外的冲击波。

早期天文学家认为，这样的冲击波足以摧毁整个星球而成为超新星，但后来发现要摧毁整个星球其实没那么容易。因为当冲击波要穿透外围的铁时，需要消耗巨大的能量来分离铁，这会使冲击波减速；再加上前文描述过，内部的自由电子可能与质子（或正电子与中子）结合并产生中微子（反中微子），也会带走能量，使冲击波更容易减速。

公元 1966 年，美国物理学家高露洁（Stirling A.Colgate）与怀特（Richard H.White）则提出**中微子[2]促成机制**（neutrino driven mechanism）：**恒星坍缩过程中所释放出的大量中微子，只要有一小部分中微子的能量能被物质吸收就可以促使星球爆炸**。一般来说，在低密度的情况下，中微子与物质几乎不会发生相互作用；但是当密度提高，中微子就有机会再被物质吸收并把能量传回物质，使星球爆炸。中微子促成机制是目前公认造成核心坍缩超新星的主要机制。另外，冲击波所引发的乱流、磁场变化、星球旋转等都有机会促成超新星爆炸。如图 4，通过超级电脑模拟中微子辐射转移促成的超新星爆炸，显示出复杂的乱流现象。

---

1. 详情请参 II-5《星星电力公司：恒星演化与内部的核聚变反应》篇。
2. 详情请参 IV-8《缉拿通行无阻的穿透者：中微子与中微子望远镜》篇。

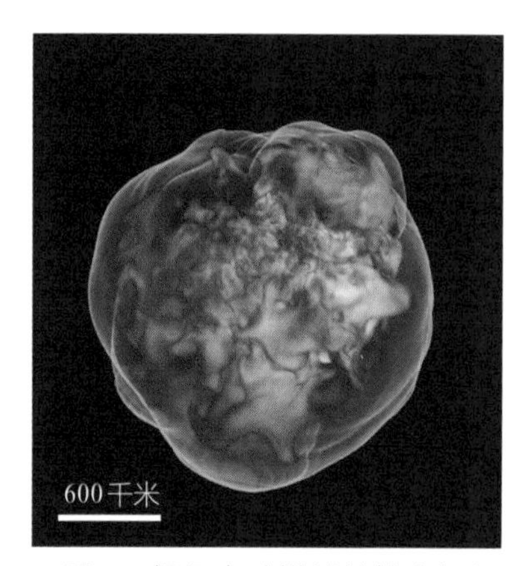

▲图 4　超级电脑模拟的核心坍缩超新星爆炸，黄色的区域代表该处的熵值（Credits：潘国全）。

核心坍缩超新星依其质量与内部密度分布，其爆炸后会遗留下一颗中子星或黑洞。另外一种特别的超新星介于热核超新星与核心坍缩超新星之间，称为**不稳定对超新星**（pair-instability supernova）。不稳定对超新星是在大质量（介于 130～250 倍太阳质量之间）但低金属量的恒星演化末期形成的。在此期间因产生不稳定的自由电子与正电子使其坍缩，造成完全的热核爆炸，内部不会留下黑洞或中子星。理论上这类超新星只会发生在宇宙早期的第一代恒星演化过程中，目前也还没有被实际观测到。

结语

宇宙大爆炸合成的元素从氢到锂，星球演化再使之进一步合成铁。而所有比铁还重的元素都来自超新星爆炸的核合成，或是在类似的高能量反应（比如说两颗中子星相撞）中形成的。超新星爆炸后所留下的残骸更是下一代恒星起源所需的云气，我们的太阳就是第二代（或更后的世代）的恒星。地球上所蕴藏的重金属、飞机中使用的钛、货币中使用的镍，甚至是人体内所含有的锌、钴等元素都来自星星和超新星爆炸。如果没有超新星，可能就没有现在的这些文明，没有手机，没有电脑，甚至连智慧生命都无法成形。因此就某种程度来说，我们都来自超新星——**所有生命都是星空之子**。

6 来自星际深处的闪光密码：中子星

爱因斯坦（Albert Einstein）在1915年发表了《广义相对论》，用时空结构来描述引力的作用。广义相对论也预测了引力波的存在，但是直到100年后，引力波才被美国的LIGO（激光干涉引力波天文台）和意大利、法国及荷兰、波兰、匈牙利合作的VIRGO（室女座干涉仪，引力波探测器）团队侦测到。2017年，世界瞩目的诺贝尔物理学奖颁给美国麻省理工学院的韦斯（Rainer Weiss）以及加州理工学院的巴里什（Barry C. Barish）和索恩（Kip S. Thorne），以表扬他们对LIGO、VIRGO团队侦测到引力波的重大贡献。

就在同年10月初，瑞典皇家学院诺贝尔奖委员会公示这个消息之后两周，LIGO、VIRGO团队又宣布侦测到另一个引力波事件。这次事件有别于过去，它也被许多地面上以及太空中的天文望远镜在无线电波、红外线、可见光、紫外线、X射线以及伽马射线等不同的电磁波波段中观测到。种种迹象都显示，这是由两个中子星合并爆炸所造成的短伽马射线暴事件。这样一来，除了证明这次引力波事件的真实性之外，也解答了困扰天文学界已久的短伽马射线暴成因——它的确是由两个中子星合并爆炸所造成的。

先撇开伽马射线暴不谈，中子星是什么

原子由电子与中心的原子核组成，而原子核里则是质子与中子。“中子星”的概念最早在 1931 年由苏联的物理学家朗道（Lev D. Landau）提出。中子星是一个致密星体，主要由中子组成，因为密度和原子核一样或更大，整个星球内缩的引力被极高密度的大量中子产生的**简并压力**所平衡，因此得以维持稳定的星球结构。简并压力是量子物理中的概念，而量子物理与狭义相对论是近代物理的两大支柱，在 20 世纪初的 30 年间非常快速地发展起来。被称为**费米子**[1]的粒子在密度很大的时候速度极快，高速撞击造成很大的压力，这就是所谓的简并压力。

一般恒星（例如太阳以及夜空中的满天星斗，行星除外）则是靠物质热运动[2]形成的压力与引力平衡来维持稳定的结构。1933 年，同在美国加州威尔逊山天文台（Mount Wilson Observatory）工作的德国天文学家巴德（Walter Baade）以及瑞士天文学家兹威基（Fritz Zwicky）也提出类似的概念，创造了**中子星**这个名词，并指出大质量恒星演化末期，经过超新星爆炸后可能会产生一个中子星。

中子星的外貌与内在

这样的致密星体，假如质量与太阳相近，半径就只有 10 千米左右，相当于把整个太阳压缩到你所居住的城市里，甚至更小。太阳的质量大

1. 中子与电子都是费米子。详情请参 I-3《黑色恐怖来袭！吃不饱的黑洞》篇。
2. 物质热运动：构成物质的分子、原子等微观粒子所进行的不规则运动。

约是地球的 30 万倍，而星球表面的引力强度与质量成正比、与半径平方成反比。因此一小匙 10 毫升的水在地球表面约 10 克重，但是在中子星表面会变成约 100 万吨重！那的确是个很难以想象的世界。

中子星刚形成的时候温度很高，即使经过几十万年的冷却，表面可能都还有百万摄氏度的高温。一般的理论模型计算结果指出：在中子星内部密度极高的状态下，原子核的界线已不存在，物质是以中子的形式存在的。而这些中子物质（掺杂少量的质子与电子）很可能具有完全缺乏黏性（超流），而且电阻为零（超导）的特性。在表层一点的地方，密度相对不高，铁元素的原子核还能以致密的晶格形式存在，形成薄薄的一层中子星壳；更表面的地方可能会有其他元素，主要是氢与氦。在中子星内部的核心处，密度已经比单个的中子还大。凭借我们目前的物理知识，还不能解释清楚这样的物质状态，很可能连中子的界线也不存在了，物质是以夸克[1]的形式出现，或许中子星也可以被称为“夸克星”呢！

宇宙中真的存在这么神奇的致密星体吗

公元 1054 年 7 月 4 日清晨，在北宋京城开封的上空出现了一颗极亮的星星，它就像太白金星一样亮，日出后仍然看得见，而且这样的亮度维持了 23 天。约 700 年后，在欧洲有一团弥散的星云在相同位置被观测到，因为形状的关系，天文学家称之为**蟹状星云**（Crab Nebula）。1774 年，它被收录到有名的**梅西耶星表**（Messier Catalog）中，而且排序在第一个，简称 M1。1968 年，一个无线电脉冲星[2]在蟹状星云里被发现，天文学家

1. 夸克：quark，组成质子、中子等的基本粒子。
2. 脉冲星，也称为波霎。

▲图 1　欧洲南天天文台八米望远镜所拍摄的蟹状星云。这张照片的视野大小约为月球直径的四分之一（Credits: ESO）。

相信那就是自 1930 年代以来，大家寻找了 30 多年的中子星。

第一个无线电脉冲星是在 1967 年 11 月 28 日被发现的。当时英国剑桥大学的研究生贝尔（Jocelyn Bell）和她的指导教授休伊什（Antony Hewish）正在研究无线电波穿越星际介质时发生的闪烁现象，无意间发现从天上的某个位置传来有规律、周期性的无线电信号。之后他们又陆续在天上不同的位置发现几个类似的无线电波源，各自有其固定的周期，例如第一个无线电脉冲星的周期是 1.33 秒。那么这些有规律、周期性的无线电信号是谁传来的呢？难道是外星人吗？尽管当时有许多人这样认为，贝尔和休伊什却不认为这些信号来自外星人，它们更像来自某种新发现的天体。虽然如此，他们最初仍以“小绿人”（LGM ，Little Green Man）加上编号来称呼他们发现的无线电波源，休伊什也因为发现脉冲星而在 1974 年获得诺贝尔物理学奖。

同样发生在 1967 年，就在发现无线电脉冲星前不久，当时在美国康奈尔大学做博士后研究的意大利天文学家帕西尼（Franco Pacini）刚发表一篇论文，指出一个快速旋转且带有强磁场的中子星会释放出很大的能量。次年，康奈尔大学的戈尔德（Thomas Gold）也提出类似的模型，指出中子星的旋转就像灯塔一样，会让我们看到强弱变化呈周期性的信号，这正是无线电脉冲星的本质——原来它们就是中子星，快速旋转而且带

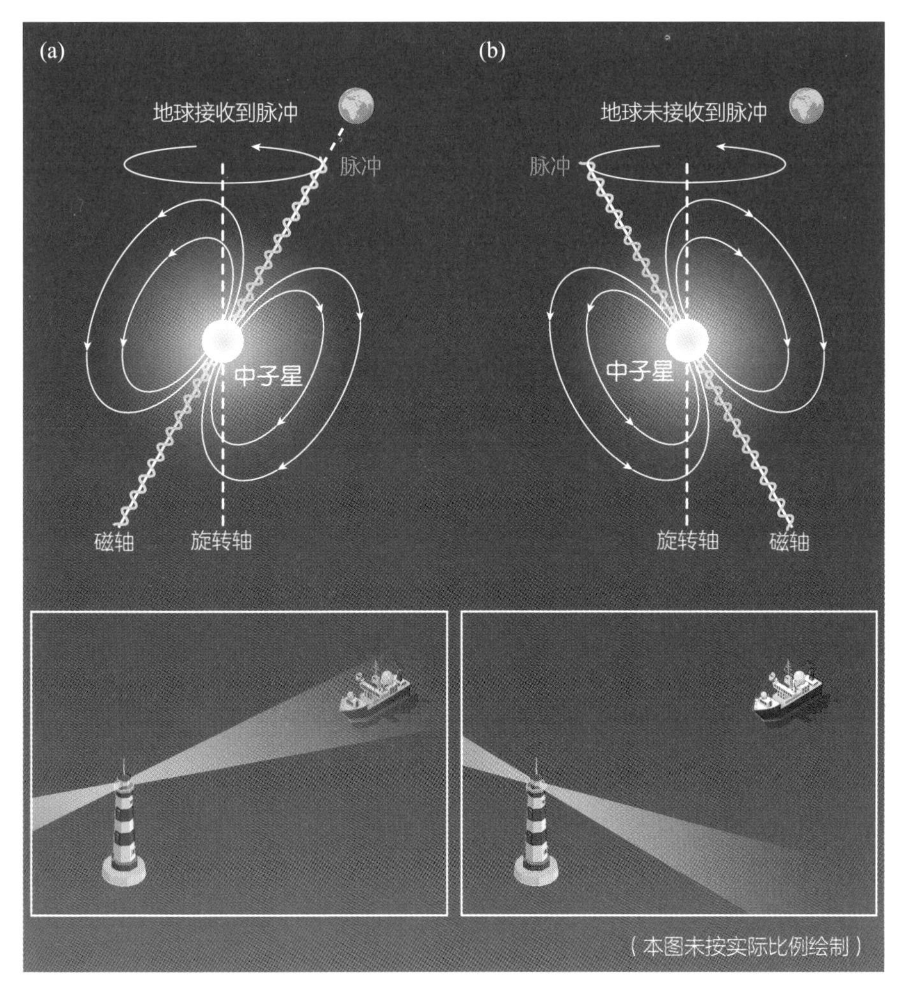

▲图 2　无线电脉冲星示意图。快速旋转且带有强磁场的中子星在其磁层中发射出无线电波。一般来说磁轴与自转轴之间会有个夹角，所以中子星旋转时就像是灯塔一样，远方的观测者如果处在光束可以扫描到的范围内，就会看到强弱变化呈周期性的信号（Illustration design: macrovector/Freepik）。

有强磁场——这个观点在发现蟹状星云中的脉冲星之后就被广泛接受了。从发现脉冲星到现在已经超过半个世纪，虽然脉冲星的中子星模型大致上解释得通，但有许多观测到的重要现象仍未被真正了解，其中包括脉冲星无线电辐射的强度、个别脉冲的变化，以及无线电波段之外的高能辐射等。

有些脉冲星是双星系统的成员。第一个脉冲星双星系统（编号 PSR B1913+16）是美国的赫尔斯（Russell Hulse）和他的指导教授泰勒（Joseph Taylor）于 1974 年发现的。他们同时观测到这个系统的双星互绕轨道周期逐渐变短，完全符合爱因斯坦的广义相对论对双星互绕会释放出引力波的预测，也间接证实了引力波的存在。因为这个发现，赫尔斯和泰勒在 1993 年获得诺贝尔物理学奖。

中子星的不同面貌

除了无线电脉冲星之外，中子星也以许多不同的面貌出现。1960 年代，美国国家航空航天局（NASA）为了登陆月球，做了很多的研究，其中一项是了解月球的 X 射线有多强。1962 年，出生于意大利的贾科尼（Riccardo Giacconi）领导他的团队制作出一个 X 射线侦测器，放在火箭探测器上，飞到 200 多千米的高空测量月球的 X 射线。结果他们没有测到月球的 X 射线，反而在天蝎座的方向上意外发现一个很强的 X 射线源。这是太阳系之外第一个被发现的 X 射线源，天文学家称它为**天蝎座 X-1**（Scorpius X-1）。其实贾科尼在 1961 年就做过一次相同的尝试，但那次任务因为火箭探测器没能顺利打开舱门而宣告失败。由此可见，永不放弃的确是成功的重要因素。

天蝎座 X-1 的 X 射线是怎么来的呢？经过多次观测与理论的探讨，天文学家发现天蝎座 X-1 是一个有中子星的双星系统，伴星的物质被致密的中子星吸引而流向中子星，并在过程中环绕中子星四周，形成一个盘状结构[1]，越靠近中子星的部分温度越高，因此发出以 X 射线为主的热辐射。后来有许多类似的 X 射线双星陆续被发现，其中有的包含中子

1. 天文学家称之为吸积盘。

星，有的包含黑洞[1]。贾科尼也因为在 X 射线天文学方面的先驱性贡献，于 2002 年获得诺贝尔物理学奖。

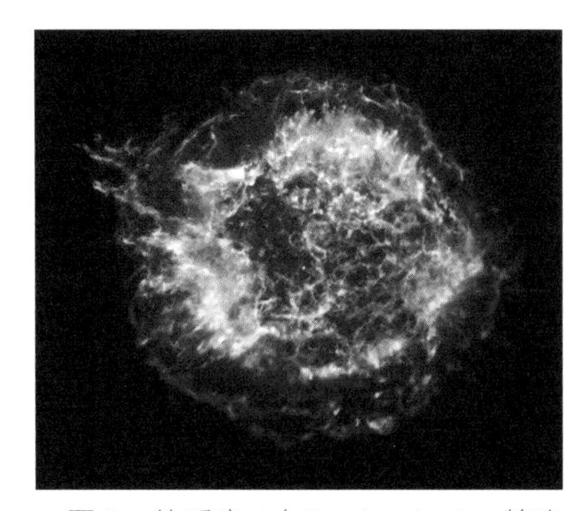

▲图 3　仙后座 A（Cassiopeia A，简称 Cas A）的 X 射线照片。仙后座 A 是一个超新星残骸，最中央的白色亮点是一颗中子星。这张照片是钱德拉 X 射线观测卫星所拍摄，照片视野大小约为月球直径的三分之一，其中红绿蓝三色分别代表较低能量到较高能量的 X 射线（Credits: NASA/CXC/SAO）。

中子星除了表面引力很强之外，表面磁场也很强，大约 1 亿特斯拉。地球表面赤道附近的磁场强度约 3.5×10^{-5} 特斯拉，而太阳表面大约 7×10^{-5} 特斯拉，太阳黑子区域的磁场虽然较强，但也只有 7×10^{-2} 特斯拉。不过，1979 年 3 月 5 日首次被发现的**软伽马射线再暴体**（soft gamma repeaters，简称 SGRs）以及后来发现的**反常 X 射线脉冲星**（anomalous X-ray pulsars，简称 AXPs）则被认为是具有更强磁场的中子星，其磁场强度大约 1000 亿特斯拉，这样的中子星被称为**磁星**（magnetar）。

在观测上，中子星有许多不同的面貌，也有一些并非脉冲星而单独存在的中子星，它们有些还在超新星残骸中，有些则在星际空间中完全孤立。中子星是大质量恒星演化到末期，经过超新星爆炸后留下的产物，其高密度、强引力与强磁场的极端环境为我们提供了一个验证人类物理知识的绝佳实验室。

1. 详情请参 V-7《能量爆棚！奇特的 X 射线双星》篇。

7 宇宙中的巨无霸部落：星系团

星系团是众多星系形成的大集团，是宇宙中经历引力坍缩的系统之中最大的自引力束缚体系。从观测的角度来说，星系团的质量至少为 10^{14} 倍的太阳质量。星系团内包含成百上千个星系，以及会发出 X 射线的高热气体，这种气体名为**星系团内物质**（intracluster matter），质量约 10^{13} 倍太阳质量。不过，星系团中至少有八成的质量是由暗物质[1]贡献的，因此星系团是研究暗物质性质的绝佳目标，也是了解星系在致密环境下如何演化的理想实验室。以下将针对星系团的组成与物理性质、探测方法以及星系团研究的重要性，分别作简要介绍。

星系团的组成与物理性质

依据目前的宇宙学标准模型[2]，所有的星系都是在暗物质所构成的暗物质晕中形成的，小至矮星系，大至星系团皆如此。由于暗物质支配了

1. 详情请参 II-9《遮掩天文学发展的两朵乌云：暗物质与暗能量》篇。
2. 冷暗物质模型，“冷”代表暗物质的速度远低于光速；“暗”代表不参与电磁相互作用。

▲图 1 星系团 ACT-CLJ0102-4915 是目前已知最庞大的天体之一，它有个西班牙文的昵称“El Gordo”，中文译为“胖子”。中间的蓝色区域是星系团中的 X 射线热气聚集处（Credits: ESO/SOAR/NASA）。

星系团的质量，因此星系团的一些基本性质，如它们的质量函数（mass function）、空间中的分布、随时间的演化等，都取决于暗物质的性质，以及暗物质在宇宙总质能密度中所占的比例。

占星系团中质量比重第二位的是星系团内物质。这些气体会在坠入星系团的过程中被加热到 1000 万摄氏度以上，通过制动辐射[1]发出强烈的 X 射线。另外，星系团内物质的高热电子会跟宇宙微波背景辐射[2]的光

1. 制动辐射：bremsstrahlung，又称为刹车辐射，广义上泛指所有带电粒子因速度改变而产生的辐射。
2. 详情请参 III-4《早期宇宙的目击证人：宇宙微波背景辐射》篇。

子进行逆康普顿散射[1]，也就是电子的动能会转换为光子的能量，因而稍微扭曲微波背景原本的黑体辐射能量频谱，这就是所谓的**苏尼阿耶夫·泽尔多维奇**（Sunyaev-Zel'dovich，简称 SZ）**效应**。

星系团中的星系，它们的总质量仅占星系团质量的 5% 左右，在星系团的动力学或演化上几乎无足轻重。但星系团中的星系颜色大多呈红色[2]，形态以椭圆星系为主，这跟在宇宙普通环境中的星系构成相当不同[3]。因此，了解星系团中的星系构成为何跟普通环境中的星系相差这么多，便是一个重要的课题。

依据目前的了解，宇宙中的结构是由下而上演化形成的，即小质量的暗物质晕会先出现，接着再相互合并，产生更大的暗物质晕。要形成如星系团这么大的结构，势必要经历漫长的时间，在宇宙演化的过程中算是相当晚期才出现的现象。星系团在距今 80 亿～100 亿年前开始成长，时至今日，已经进入完全成熟的时期。

如何探测星系团

（1）通过引力透镜效应[4]，侦测巨大质量密集分布之处

首先，我们知道星系团是非常巨大的暗物质晕，因此可以通过引力透镜效应，侦测巨大质量密集分布之处，该处便应是星系团的所在。不

1. 康普顿散射是 X 射线或伽马射线的光子跟物质发生相互作用后，失去能量导致波长变长的现象；反之，若低能光子从高温物质或高能粒子获得能量导致波长变短则为逆康普顿散射。
2. 天文学家称之为红星系序列（red sequence）。
3. 在星系群（通常指质量在 10^{13}～10^{14} 倍太阳质量的暗物质晕）中，椭圆星系的比例下降，到了非星系团也非星系群的“普通”环境（也就是所属暗物质晕都属 10^{13} 倍太阳质量以下的小系统）中，则以漩涡星系为主。
4. 引力透镜效应：gravitational lensing。详情请参 IV-5《上帝的望远镜：引力透镜》篇。

过，若将不相关的大尺度结构的质量一起叠加计算，也有可能得到相当于星系团等级质量的计算结果，造成视线上的误判。因此这个方法虽然能够侦测到在不同动力状态（dynamical state）下的星系团，但也可能会出错，误把不相关的结构视为星系团。昴星团望远镜（Subaru Telescope）的“超广角主焦点相机巡天计划”是首次大规模以引力透镜效应侦测星

▲图 2　位于美国夏威夷的昴星团望远镜（Credits: R. Linsdell）。

系团的观测计划。

（2）利用 X 射线来侦测星系团

深太空中的 X 射线源，除了致密星体、活动星系核之外，便是星系团。由于星系团内物质会发出强烈的 X 射线，所以利用侦测 X 射线来辨识星系团并进行研究与分析，成为一种有效率的侦测方式。但用 X 射线侦测的缺点是它的辐射通量（flux）会随红移量[1]增加而急剧下降，增加观测的难度。

1. 详情请参 IV-4《远近有谱：多普勒效应和宇宙学红移》篇。

另外，X 射线卫星的观测时间相当宝贵，因而可以说 X 射线探测是比较昂贵的方式。1990 年代的伦琴卫星（Röntgensatellit，简称 ROSAT）进行了大规模的巡天观测，许多研究团队都利用这份资料发表星系团的目录。2019 年德国与俄罗斯合作发射的 eROSITA 卫星，将会进行极深的全天观测，预期将会产生非常完整的星系团样本。

（3）通过苏尼阿耶夫·泽尔多维奇（SZ）效应来侦测星系团

SZ 效应也是侦测星系团的有效方法之一。SZ 效应的信号不受红移影响，只要星系团的质量够大，有足够的星系团内物质，我们便能观测到 SZ 效应，因此算是最可信赖的侦测方法。2000 年代是 SZ 效应观测的开端，不过直到 2010 年代，南极望远镜（South Pole Telescope，简称 SPT）、阿塔卡马宇宙望远镜（Atacama Cosmology Telescope，简称 ACT）及普朗克（Planck）卫星这三大巡天计划开始后，上千个的星系团样本才开始产出。

▲图 3　南极望远镜（Credits: Amble）。

（4）最古老的侦测方法：通过星系的丛聚来辨识星系团

除了上述几种方式，还可以通过星系的丛聚来辨识、寻找宇宙中的星系团，这是最古老的侦测方法。不过，直到 1950 年代，经由兹威基、阿贝尔（George O. Abell）等人的工作，才首度出现大规模、有系统的星系团目录。2000 年"斯隆数字化巡天计划"（Sloan Digital Sky Survey，简称 SDSS）开始后，科学家利用红星系序列产生的星系团样本（如 maxBCG、redMaPPer 等），大规模地进行星系团的侦测工作。

一般来说，以可见光或近红外线资料来找星系团，可以找到质量范围最广，以及远到红移 2 的星系团[1]。但这样的方法也有美中不足之处，其很可能将视线上不相干的星系误认为是同一个星系团中的成员，找到假的星系团。

研究星系团的重要性

星系团的研究，有助于我们了解许多天文物理现象，其在暗物质、暗能量等宇宙学领域都扮演着相当重要的角色。如前文所述，星系团的质量函数及演化，主要由暗物质在宇宙总质能密度中所占的比例来决定。若我们能准确量测不同红移星系团在空间中的数量（空间密度），便能估计暗物质的比例以及暗能量的性质（是否随时间变化）。

在许多大规模的巡天计划中，利用星系团来确定宇宙学的参数，是相当重要的一环。此外，暗物质除了跟普通物质通过引力（可能也包含弱作用力）进行相互作用外，暗物质之间可能也有**自我交互作用**（self-interaction）。由于在星系团中心暗物质的密度相当高，我们可以通过星系团中心物质密度分布的量测，来验证这个假设。

1. 红移量越大代表该天体远离我们的速度越快，距离我们越遥远。红移 2 约是距今 100 亿年前的宇宙。

▲图 4　距离我们约 40 亿光年的星系团 Abell 370 [Credits: NASA/ESA/J. Lotz/the HFF Team (STScI)]。

另外，由于星系团的质量很大，能够放大并扭曲处于星系团背后的遥远天体发出的光，因此它们可以作为宇宙中天然的引力透镜。若要观测宇宙最早期的天体，通过系统性地检验被巨大星系团引力放大过的天体便是一种有效率的方式。通过这种方式，天文学家发现了许多红移 9 以上的早期星系。

至于星系团中的星系组成为何跟宇宙普通环境里的星系差别这么大，目前科学家认为星系团是宇宙初始密度场中高密度的区域，比其他环境中的星系更早开始演化，因此星系团中的星系整体来说比较年老，颜色偏红。另外，星系团中的高热介质以及星系团内的强大潮汐力，都让星系团中的星系比宇宙普通环境中的星系更容易失去它们的盘状结构，并且还会对新星体的形成产生抑制作用。因此，星系团中主要以红色、椭圆星系为主。

8 破除永恒不变的神话：忽明忽暗的变星

在晴朗的夜晚，抬头望向天空就可以看到满天恒星。为什么中国古人把星星称为恒星呢？那是因为他们认为除了东升西落之外，星星在天上会永远保持同样的亮度，所以就称它们为恒星。无独有偶，古希腊学者亚里士多德也认为镶在天球上的星星只会随着天球作规律的圆周运动，是永恒不变的。但这个观点后来却因为“变星”的出现而被颠覆了！究竟变星和一般的恒星有什么不同呢？

变星的发现

公元 1006 年，有一颗新星出现在天空上，它的亮度甚至比金星还要亮。到了中世纪，著名的天文学家布拉赫（Tyiho Brahe）和开普勒（Johannes Kepler）也分别在 1572 年和 1604 年观测到两颗不同的新星[1]。1596 年，天文学家法布里奇乌斯（David Fabricius）发现在鲸鱼座的 o 星（刍藁增二）在亮度上有所变化。这颗星有时肉眼可见，有时却会消失。

1. 目前已知这 3 颗新星其实是超新星；而新星和超新星在本质上是不同的天体。详情请参 I-5《来自星星的我们：超新星爆炸》篇。

到了 1638 年，另一名天文学家霍华德（Johannes Holwarda）观测到这颗星的变化以 11 个月为周期，并把它命名为“米拉星”，意为“奇异的星“。而这颗星也是近代天文学上第一颗被发现亮度有周期性变化的变星。从此以后，天上的星星不再被认为是永恒不变的。

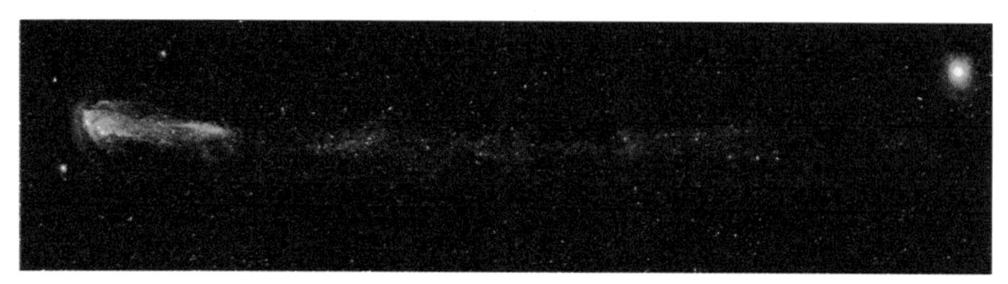

▲图 1　紫外线波段拍摄到的米拉星有一条长尾巴（Credits: NASA）。

第二颗被记载的变星是英仙座的大陵五，也称为“恶魔之星”，由蒙坦雷（Geminiano Montanari）在 1667 年提出。此后就有越来越多的变星被发现，其中值得一提的是由古德里克（John Goodricke）在仙王座发现有亮度变化的 δ 星（造父一），这颗变星就是脉动变星家族内的一大分支——**造父变星**的原型。

▲图 2　造父一在红外线波段的影像（Credits: NASA/JPL-Caltech/Iowa State）。

回顾 1850 年，共有 18 颗变星被记录；大约 14 年后，变星的数量增加到 100 颗以上；到了 20 世纪初，变星的数量正式超过 1000 颗；而且之后过了不到 3 年便翻倍为 2000 颗以上；直到今天，由美国变星观测者协会（American Association of Variable Star Observers，简称 AAVSO）管理的变星数据库已经收录超过 54 万颗变星的资料！如此快速增长的数字主要归功于望远镜的发明以及光学探测方法的发展（比如说从感光底片发展为 CCD 相机），天文学家因而能够找到更多更暗的变星。无论如何，只要某颗恒星在一定的时间范围内有亮度变化[1]，就可以把这颗恒星归类为变星。

变星的分类

虽然变星的数量很多，但可以细分为不同种类。有些变星的亮度变化有一定的周期，这些变星的周期长短不一，短至数分钟，长达数十年。现今记录到最短的周期大约只有 2 分钟，而最长的周期可长达 96 年，将近一个世纪！这一类的变星如果只有单一周期的变化，那么它们的亮度变化会非常有规律，呈现从亮变暗再变亮的周期性循环。但可不是所有的变星都这么好捉摸，有些变星可能会同时拥有数个，甚至数十个不同的变化周期[2]；另外还有一些变星的亮度呈现半规则或不规则，甚至是随机性或爆发性的变化，这一类的变星通常没有明显的周期，或者根本没有周期。

早期变星以亮度变化（如有无周期、有无规律的变化等）来作为分类依据；随着观测资料的累积和理论模型的建立，现在则以变星本身的物理性质作为分类依据。大致上，变星的家族可分为两大类：

（1）因为变星本身固有的物理性质而造成亮度变化的变星，如脉动变星。

（2）因为某些外在因素造成亮度变化的变星，如食双星。

1. 更准确地说，是在统计多次观测资料后发现有亮度变化。

2. 星震学针对此类变星进行过许多研究。

而这两大家族最具代表性的变星就是之前提到的**造父一**和**大陵五**。值得一提的是，这两颗变星都和古德里克（John Goodrike）有关。他发现了造父一的亮度变化，并正确地解释了大陵五亮度变化的原因。如果再对这两大家族内的变星做更进一步的分析和分类，变星的种类可达 100 多种，不过这里不会讨论得那么详细，只选这两个比较具有代表性的变星种类来加以说明。

（1）脉动变星

由于恒星内部的结构和物理条件，脉动变星的表面呈现有规律性或半规律性的膨胀和收缩现象，有如脉动一般，它们的亮度也随之出现规律性或半规律性的变化。

▲图 3　猎户座中的参宿四是一颗半规则变化的脉动变星 [Credits: Betelgeuse: ALMA（ESO/NAOJ/NRAO）/E. O’Gorman/P. Kervella; Orion: Shutterstock]。

造父变星就被归类于脉动变星底下的一大分支，属于年轻的变星，而它们的周期从数天到 3 个月不等。造父变星常被作为测量天体距离的**标准烛光**，因为它们的平均亮度和脉动周期成正比关系，这就是著名的**周光关系**，是勒维特（Henrietta Leavitt）在 1890 年代观测小麦哲伦星云内的造父变星时发现的。

要怎么运用造父变星的周光关系来测量天体距离呢

只要测量到某颗造父变星的周期，就可利用周光关系得知这颗造父变星应该有多亮——也就是它的绝对星等。有了绝对星等，再通过观测造父变星得到视星等，就可以带入天文学上的“距离模数公式”，推算出这颗造父变星距离我们有多远。

哈勃（Edwin Hubble）就利用在仙女星系（M31）内的造父变星求得 M31 的距离，从而得知它其实不是银河系里的星云，而在另一个“星系”。此外，哈勃也利用在邻近星系内的造父变星求得这些星系的距离，加上当时测量到的红移，继而发现我们的宇宙正在膨胀，这就是著名的**哈勃定律**[1]。哈勃定律的发现为宇宙大爆炸理论提供了非常有力的证据，而当中的哈勃常数也是现代宇宙学中一个非常重要的常数。

除了造父变星外，脉动变星还包含其他的分支，如周期短于一天的天琴座 RR 型变星和周期超过 100 天的米拉变星等，有些白矮星也属于脉动变星。

1. 详情请参 III-2《解放无限苍穹的想象：哈勃定律》篇。

（2）食双星

就如人类的世界有恋人或夫妻，恒星的世界也有成双成对的双星系统，两颗星被彼此的引力束缚，因而绕着它们的质量中心转动。而食双星就是从地球的角度看时，双星系统中的两颗星互相把对方的光挡住，形成所谓的“食”，类似月球把太阳的光挡住形成日食的情况。当双星系统内的第一颗恒星把第二颗恒星的光挡住时，可以观测到它们的总亮度会变暗；同理，当第二颗恒星把第一颗恒星的光挡住时，它们的总亮度也会变暗（只是程度会有些微差异）。所以食双星也被归类为变星的一种，和脉动变星不一样的是，它们的亮度变化和恒星本身内部的结构无关。

食双星是变星内的一大家族。除了数量众多[1]之外，双星系统内两颗星的组合也五花八门：有的两颗星都是主序星；有的只有其中一颗是主序星，伴星则是巨星或是致密天体，如白矮星或中子星等。食双星的两颗星可以分隔得很遥远，大陵五就是其中之一，而它们互绕的周期可以很长（数天到数年不等）；但有的食双星系统内两颗星距离得很近，有些近到可以交换彼此的物质，有时甚至会产生吸积盘[2]。在天体物理学上，食双星是很重要的一种天体，因为天体物理学家可以利用开普勒第三定律求得恒星的质量。

变星的重要性

这里虽然只大致介绍了变星和其中两个主要的家族，但变星的世界可说是多姿多彩、变化多端。例如有一种变星是食双星系统，系统中的

1. 在太阳系邻近的星域，有大约一半的恒星属于双星系统。
2. 详情请参 V-6《生死与共的伙伴：双星》篇。

伴星却是一颗脉动变星。这种变星就同时承续了之前介绍的两大家族的特点。变星在天文学的研究中是不可或缺的重要角色，例如 Ia 型的超新星也是变星的一种，这种变星就对宇宙暗能量的发现有重要的贡献，而这种类型的超新星在爆发前就是其中一颗伴星为白矮星的双星系统。

9 热闹的恒星出生地：星团

太空中的恒星相距疏密不一，其中有些聚集在一起，彼此的引力让它们互相绕行，这些就是“星团”。

▲图 1　昴宿星团也称 M45，或七姊妹星团，是个年轻的疏散星团（Credits: NASA/ESA/AURA/Caltech/Palomar Observatory）。

星团的种类

位于金牛座的昴宿星团，肉眼可见六七颗亮白的星星，所以也被称为“七姊妹”星团，用望远镜则可以看到超过数百颗星。类似这样外观不规则的星团，称为**疏散星团**，一般包含了数十颗到数百颗恒星成员。其中常有外观呈蓝白色的恒星，它们的寿命较短，这类星团本身也很年轻，像昴宿星团距离我们约 440 光年，成员集中在数光年的直径之内，年龄大约 1 亿年，跟已经形成约 50 亿年的太阳比起来，算是处于婴儿期。肉眼可见的疏散星团，除了昴宿星团以外，还有同样位于金牛座、距离地球最近（约 150 光年）的毕宿超星团，以及位于巨蟹座的蜂巢星团（也称鬼宿星团）。疏散星团都绕着银河系的银心，在银盘上运动。

▲图 2　M15 是个球状星团。核心左上方的蓝点是个行星状星云，处于恒星演化晚期，因为温度高而呈现蓝色。另外有些蓝点是蓝离散星。[1]星团当中还有大量 x 射线源（Credits：NASA/ESA）。

另外还有一种星团，外观紧实且呈球形，越往中央星球数量越多，一般在十几光年的直径范围内，包含了数十万颗甚至上百万颗恒星，称为**球状星团**。例如位于飞马座的 M15 就属于球状星团，它距离我们约 34000 光年，年龄已经超过 120 亿年。M15 星团的半径约 175 光年，估计拥有超过 10 万颗成员星，空间极度

1. 蓝离散星：Blue stragglers，指星团中与其他恒星成员有相同亮度，但表面温度较高的蓝色恒星。这类恒星应该已经演化到晚期，目前尚无定论为何这些恒星仍处于主序阶段。

拥挤，接近中央的部分，个别恒星即使用最先进的望远镜也无法分辨。

星团的空间分布

目前已知银河系有数千个疏散星团，绝大部分距离太阳在数千光年之内，且多分布在银盘上，尤其集中在旋臂附近。受限于银盘的严重消光[1]，距离较远的疏散星团不易观测。银河系另有 100 多个球状星团绕着银心运动，它们分布在银盘上下方，成为银晕的一部分。银河系以外的其他星系也存在星团。

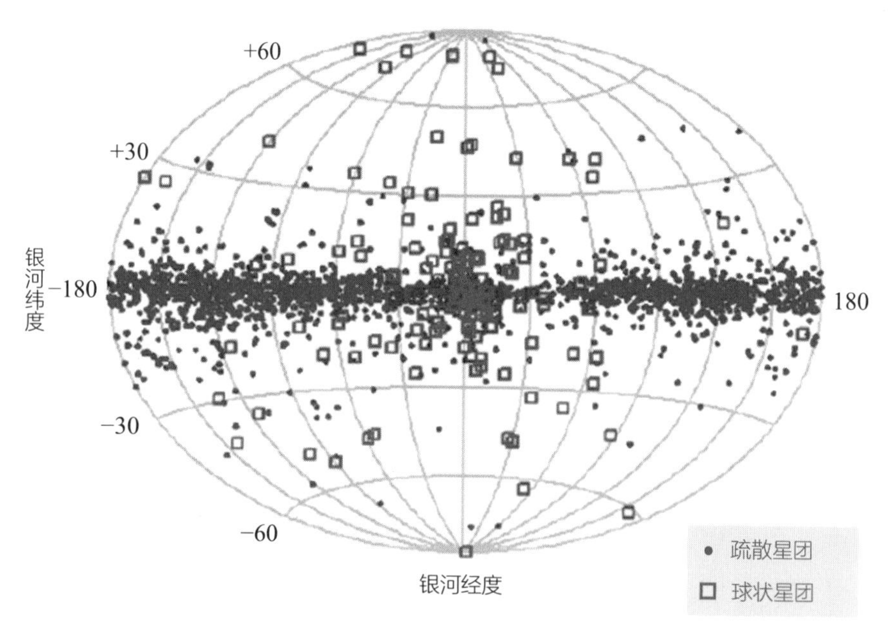

▲图 3　星团的银河系坐标分布，疏散星团（蓝）集中在银盘，而球状星团（红）的位置看起来多在银心附近，且银纬分布广（Credits：陈文屏）。

1. 消光：天体发射的电磁辐射被太空中以及地球大气中的气体和尘埃吸收、散射，以致强度减弱的现象。

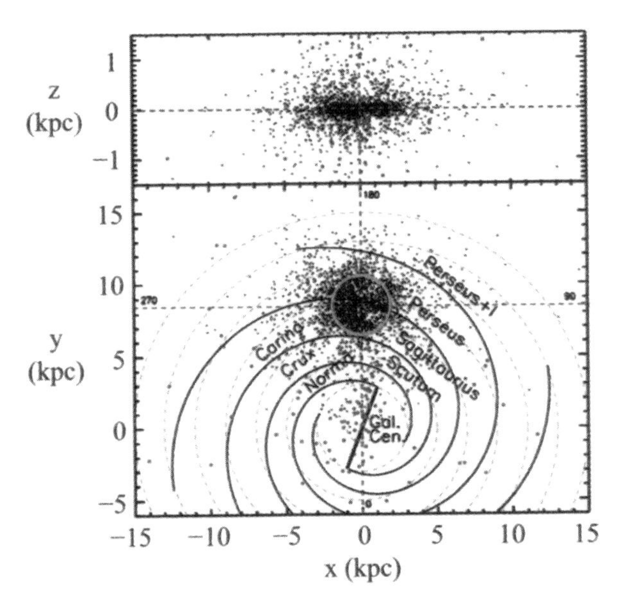

▲图 4 银河系中星团位置的三维分布，其中 x 轴从太阳指向银心，y 轴沿着银盘与 x 轴垂直，z 轴则垂直银盘，单位为 kpc（1 kpc 相当约 3260 光年）。（上）x-z 为银河系侧视图，显示疏散星团（黑）集中于银盘，而球状星团（红）则离银盘较远，以银心为中心散布在银晕中。（下）x-y 为银河系俯视图，显示已知的疏散星团都在太阳系方圆数千光年以内，且邻近旋臂。中央的粗线代表银河中心的棒旋结构，螺旋实线代表旋臂，并标示出旋臂名称。蓝色圆圈中央为太阳位置（Credits：林建争）。

星团的形成与演化

星球与星球之间并非空无一物。这些星际物质分布稀疏，压力小，因此无法以液态存在，而由气体与尘埃组成，称为**星际云气**。有种云气的温度只有零下 250 摄氏度左右，主要由氢分子组成，在每个小指指尖大小的范围里，包含了数万个分子，这些云气称为**分子云**。它们又冷又浓，一旦向外膨胀的热压抵挡不住向内收缩的引力，便会持续收缩并升温。当温度达到数百万摄氏度，氢原子便进行核聚变，所产生的能量维持气体高速运动、产生高压，借此平衡内缩的引力，一颗结构稳定并且自行发光的恒星就此诞生[1]。

1. 详情请参 II-4《无中生有的艰难任务：恒星的诞生》篇。

星系当中的巨分子云，其质量为太阳的数十万倍，当密度高的区域发生分裂、各自收缩，就形成恒星群聚。一般认为恒星都在星团的环境中诞生，每个星团刚开始可能包含了上万颗甚至更多成员星，其中大质量恒星的数量极少，质量越小的恒星数量越多。年龄只有百万年的年轻星团，区域中仍残存大量云气，气体会散射星光使其呈现蓝色，就如地球大气散射阳光形成蓝色的天空，这些称为**反射星云**。在明亮高热的恒星周围，氢气吸收紫外线，受到激发而发出红色光芒，称为**发射星云**。若星光或是发射星云受到尘埃遮挡，则称为**暗星云**[1]。

▲图 5　初生的星团四周仍存在大量云气，明亮蓝白色的大质量恒星发出的紫外线使周围的氢气游离，从而发出红色光芒 [Credits: NASA/ESA/the Hubble Heritage（STScI/AURA）-ESA/Hubble Collaboration]。

1. 详情请参 II-8《苍茫星空的轮回：星际物质》篇。

有些星团在诞生不久后就消散了。要是成员星之间的引力足以维持互绕，便逐渐稳定形成球状分布。质量大的成员星损失能量，以致“沉淀”，往中央集中；质量小的成员星则被引力加速，分布在较大的范围内，形成“质量分层”的效应；质量最小的成员星甚至可能被抛出星团。星团损失成员星的过程类似液体蒸发，而这个**恒星蒸发**的过程使得星团质量逐渐减小，引力束缚也将减弱，造成星团结构最终瓦解。刚瓦解不久的星团，成员星仍然聚集在一起，在太空中的运动也维持不变；这些已经不受引力束缚的集团称为**移动星群**。目前在太阳系附近大约已发现十多个年轻的移动星群。

恒星源于收缩的分子云，星系也是一样。银河系来自极大团的“原星系”分子云，最早发生的一批剧烈恒星形成活动可能构成**超级星团**，包含为数众多深埋在云气当中的明亮恒星，之后演化成目前看到的球状星团。旋转的原星系云气收缩成扁盘状，成为银盘；而银盘中丰富的云气持续在恒星生、老、病、死的演化过程中代代相传，新诞生的恒星除了氢与氦，还富含经由核聚变过程所制造出来的复杂元素；在恒星死亡后，这些元素又回归到星际空间，成为形成下一代恒星的材料。

在银盘中产生的星团，受到其他天体的干扰（例如邻近的巨型分子云、星团的潮汐力或差动旋转等）而加速瓦解，成为形状不规则的疏散星团，它们的年龄从刚诞生到百亿年都有。留在银晕中的球状星团则比较不受影响，演化成稳定的球形。当初球状星团诞生恒星时，星际物质多为氢、氦等简单元素，其中蓝白色的大质量恒星已经死亡，现存的成员星都属于黄、红色的小质量恒星。

针对星团的研究

星团是恒星诞生之处。科学家除了对星团本身的形成、演化与瓦解机制感兴趣外，也把星团当作研究其他课题的工具。由于星团成员星源于同样成分的云气，它们与地球的距离也几乎一样，因此提供了不同质量恒星演化的重要样本。想要估计单独某颗恒星的距离必须依赖视差测量或进行光谱分析，但是利用光度测量找出星团的主序，便可用来估计该星团成员星的距离。

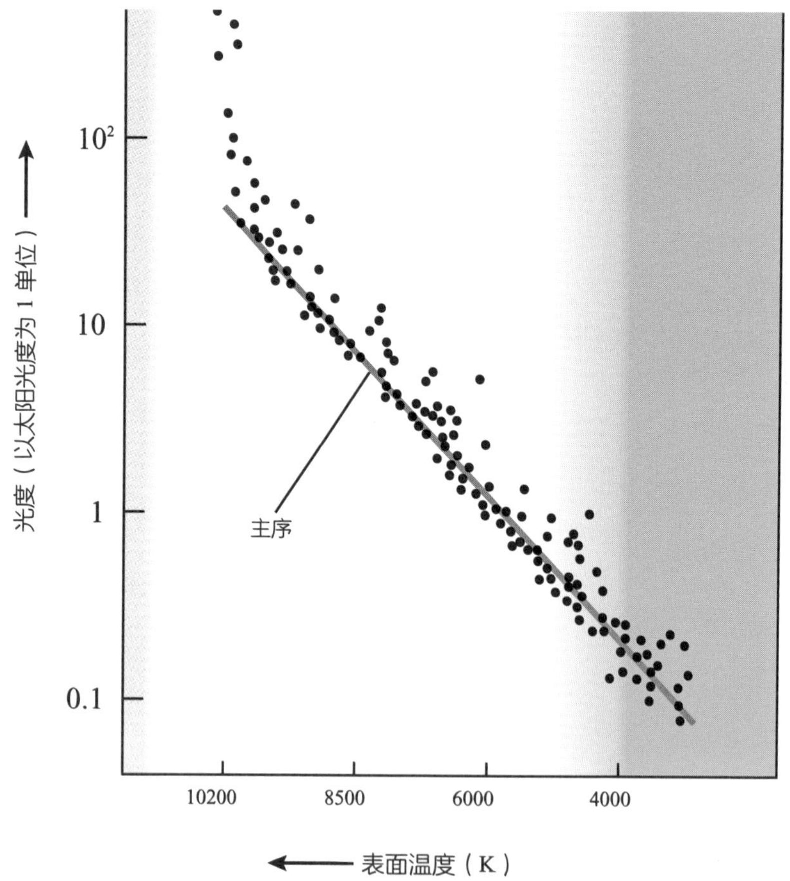

▲图 6　典型疏散星团的赫罗图，红线表示理论的恒星主序，而黑点则代表成员星的观测数据。此星团的大质量恒星正演化离开主序，而其他质量较小者仍处于主序阶段。

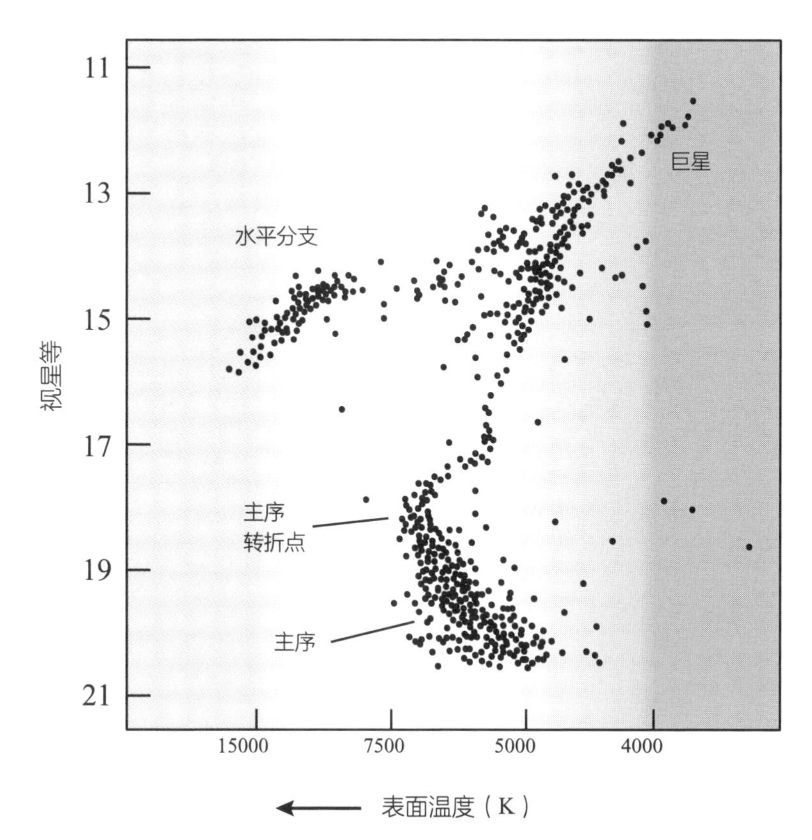

▲图 7　典型球状星团的赫罗图，黑点代表成员星。此星团的中、大质量恒星已经演化到末期，只有小质量恒星处于主序阶段。

星团当中的大质量恒星率先衰亡，以超新星爆炸结束一生；质量稍小的则正演化成红巨星、白矮星等，因此某些星团的赫罗图只剩下半段。质量较小的恒星仍处在主序阶段，其他质量较大的恒星则已经离开主序[1]。越老的星团，正在离开主序的恒星质量越小，因此利用这个**主序转折点**可以判断某星团（以及其个别成员星）的年龄。有了距离与年龄，各个星团就如探针般，提供银河系不同位置有关星系演化的重要信息。

1. 详情请参 II-5《星星电力公司：恒星演化与内部的核聚变反应》篇。

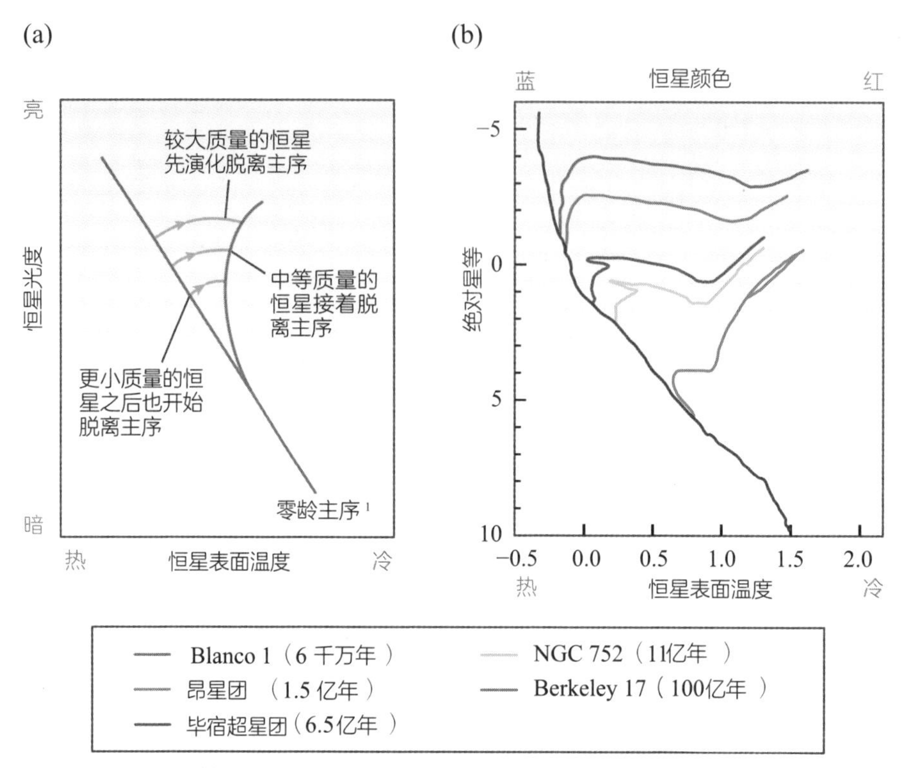

▲图 8　星团的赫罗图：（a）单一星团的演化示意图，原来成员星都在主序上，较大质量的恒星先演化脱离主序。之后质量次之的恒星也陆续脱离，造成下半段主序越来越短。（b）各星团呈现不同曲线，可以由此推测其年龄。

1. 零龄主序：各质量恒星刚进入主序阶段时在赫罗图上的连线。恒星接着持续演化，其在赫罗图上的位置会发生改变。

II

宇宙
摇篮曲

1 身世侦查全公开：宇宙有多大、多老

就像古生物学家利用各种仪器及证据来推断、探索恐龙在地球上的生存年代，天文学家与宇宙学家也必须提供一些观测证据及宇宙学模型来推断宇宙到底有多大、多老。

夜空为什么是黑暗的

以前的宇宙学家坚信宇宙一直存在着，而且没有边界，认为宇宙就是范围无限大、年龄无限大。试想你迷失在一片森林里，四周的树木枝干遮住了整个视野。森林到底有多大？森林的边界之外是不是有湖泊或房子？这些问题都没办法经由观测得到答案。同样地，把星星想象成树木，如果宇宙无限大、发光的恒星均匀分布其中，就像森林中的树木，布满宇宙的恒星也应该会遮住整个视野。可是好奇怪！如果夜晚的天空被发光的星星塞满所有的视角，夜空不是应该很亮吗？为何反而是黑暗的呢？这就是著名的**奥伯斯佯谬**（Olber’s paradox）。自从有人提出这个疑点之后，宇宙学家就开始不断挑战过去原有的宇宙观。

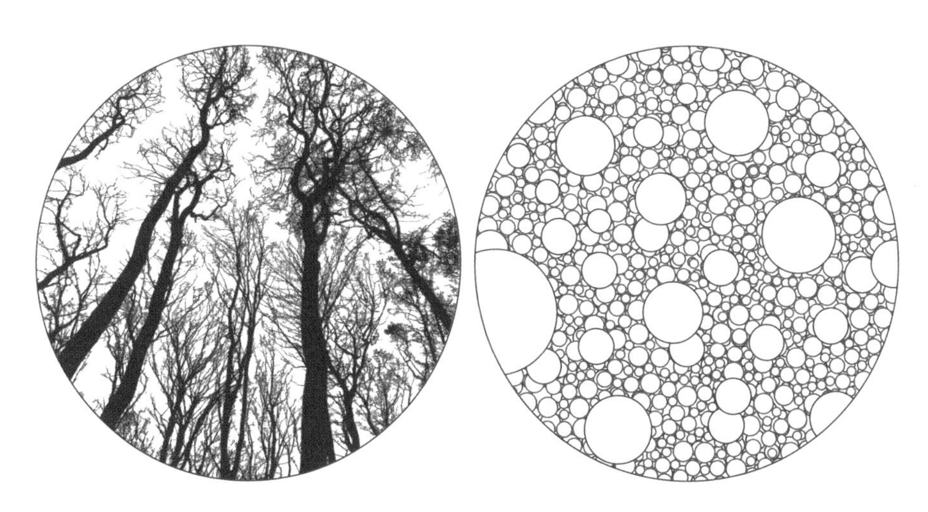

▲图 1 想象宇宙是森林，每颗星星都是树，为何满布夜空的星星不会占满整个视野形成一片光亮（Illustration design: Pixabay）。

他们尝试了各种想法，其中一个可能就是宇宙是有限大的，可是如果宇宙有限大，那应该有多大？宇宙的边界之外又是什么呢？近代宇宙学解决了这个佯谬，那就是**大爆炸学说**[1]。简单地说，因为宇宙在膨胀，所有的星体都在远离我们，距离我们越远的星体，远离的速率越快。超过某个距离之外的星体，它们远离我们的速率超过光速，发出的光无法抵达地球。由于星光可以抵达地球的星体数目有限，夜晚的星空并没有被无限多颗星星塞满，所以夜晚的星空看起来才会是黑暗的。

宇宙现在多大了

近代宇宙观测与理论确认了宇宙正在膨胀。于是宇宙学家又在想：如果宇宙正在膨胀，而且又是有限大，只要利用膨胀的速率和空间大小往回推算，不就可以得知宇宙诞生的起点了吗？如果找到了起点，那么从宇宙诞生到现在的时间长度，就是宇宙的年龄！为了解开宇宙年龄的

1. 详情请参 III-3《余韵未绝的创世烟火：大爆炸》篇。

谜底，必须先知道宇宙有多大，然后利用宇宙模型和为数众多的观测值，反推宇宙需要多长的时间才可以长成今天的样子。

要知道森林有多大，必须从它的边界算起；同样地，要知道宇宙有多大，前提是要先定义出宇宙的边界在哪里。但要如何定义宇宙的边界呢[1]？哈勃定律告诉我们：恒星远离我们的速率跟距离成正比，所以越远的恒星，正以越快的速率远离我们[2]。一旦距离够远，其远离速率将会大于光速，也就表示在该距离之外的恒星，所发出来的光到现在还没有抵达地球。光以光速在跟宇宙膨胀效应竞争，能够抵达地球的，对我们而言才有意义。这就可以拿来定义宇宙的边界，边界之内是可以观测到的范围，我们称之为**可观测宇宙**。虽然光速是固定的，可是宇宙膨胀的速率却会随着宇宙内的组成物改变，所以可观测宇宙的大小会以不同的速率变大，如果宇宙膨胀得越来越快，可观测宇宙就会越变越小[3]。

也许你曾经在天文馆看过介绍星空的立体剧场，事实上那只是一个半球体的投影幕布，可是却让观众有如身历其境，好像真的在空旷的地方观赏星空。为什么可以带给观众那么逼真的感受？原因就出在半球体的投影幕布，投影在幕布上的影像可以同时抵达观众的眼睛，这一点跟真实星空是一样的，所有的星光也同时抵达我们的眼睛。可是星光是以有限的光速前来，表示我们看到的星星其实是过去的，它辐射出来的星光经过很漫长的时间才抵达地球，被我们看到。我们看到越远的星星，是越久远以前的样貌。想来还有点孤单，原来我们看到的星空都存在于过去，有些甚至可能已经消逝了。可是从宇宙学家的角度来看，这并不

---

1. 详情请参 V-5《另一个世界存在吗？平行宇宙》篇。
2. 详情请参 III-2《解放无限苍穹的想象：哈勃定律》篇。
3. 详情请参 II-2《秘密追踪行动：宇宙要往哪里去》篇。

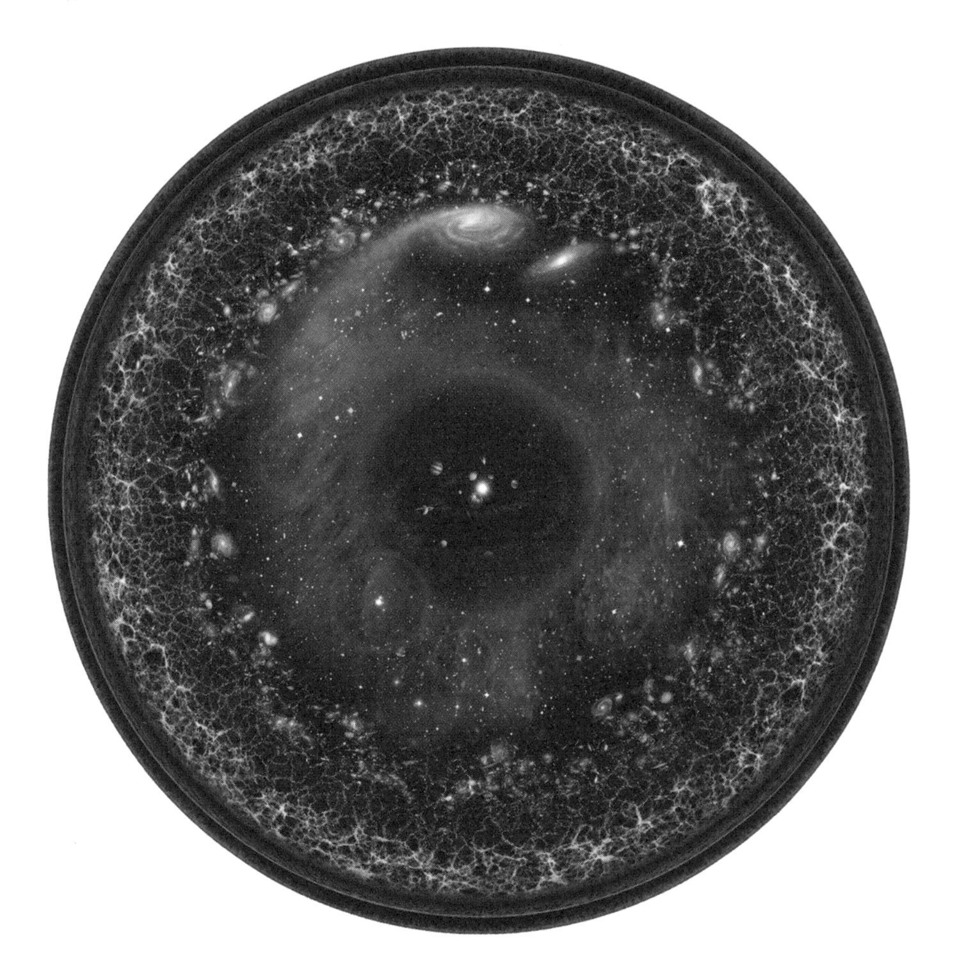

▲图 2 可观测宇宙示意图（Credits: P. C. Budassi）。

令人感觉遗憾，因为我们可以经由观测遥远的星体来了解宇宙过去曾经发生了什么事！

有了宇宙的边界，终于可以回答宇宙有多大、多老了吧？别急，我们还需要这些线索：宇宙膨胀的速率、宇宙不同时期的膨胀模型，以及宇宙现在的温度。宇宙的大小、年龄跟温度有什么关系？我们先假设大爆炸学说是正确的，表示宇宙从诞生后一直在膨胀。宇宙早期曾经是等离子体状态，随着空间膨胀，温度下降，光和粒子不再相互作用，造成辐射部分只是单纯地随着空间膨胀而温度下降。原来是热平衡状态，之后也维持着热平衡的状态。宇宙中充满了这些早期遗留下来的热辐射，也就是我们常听到的**宇宙微波背景辐射**[1]，经测量其温度为 2.725 开尔文，即 -270.425 摄氏度。

如果我们知道宇宙的整个演化过程以及空间膨胀的速率，就可以往回推算出宇宙年龄。经过近年来精准的天文测量，综合宇宙微波背景辐射、超新星爆炸等资料的研究显示，测量数据跟理论预测值非常吻合。根据推算结果，宇宙现在的年龄约 138 亿年，所以宇宙大小约等于宇宙年龄乘以光速，也就是 138 亿光年。

如果宇宙空间没有在膨胀，速率乘以时间算出来的距离的确是宇宙的大小。可是宇宙一直在膨胀，当初发光的星体也一直在远离我们，所以今天宇宙的大小应该更大。想象有一个实验要利用水滴掉落的速度和时间推算屋顶的高度，但屋顶正在不断长高，如图 3 所示。假设水滴从屋顶掉下，经过 5 秒后落在你的脸上，你用简单的运动公式计算，得到的是 5 秒钟前的屋顶高度，并不是水滴滴到你脸上这一刻的高度。因为屋顶在这 5 秒钟也往上移动了一些距离，所以水滴到你脸上的这一刻，屋顶高度比原来更高了。同样的道理，虽然我们算出宇宙年龄了，但是在光抵达地球前的这段时间，宇宙的边缘也在往外移动，所以可以推论宇宙的大小应该大于 138 亿光年。宇宙学家用宇宙演化的模型修正数值，估计出宇宙现在的大小大约是 460 亿光年。

要特别注意的是，我们是以地球为中心来估算宇宙的大小。如果距离地球 460 亿光年外也有智慧生命利用相同的方法得知他们的可观测宇宙是 460 亿光年，那两个可观测宇宙加起来的宇宙不就更大了吗？也许你会问：宇宙之外难道还有跟我们没有关联的宇宙？如果把每个宇宙都

1. 详情请参 III-4《早期宇宙的目击证人：宇宙微波背景辐射》篇。

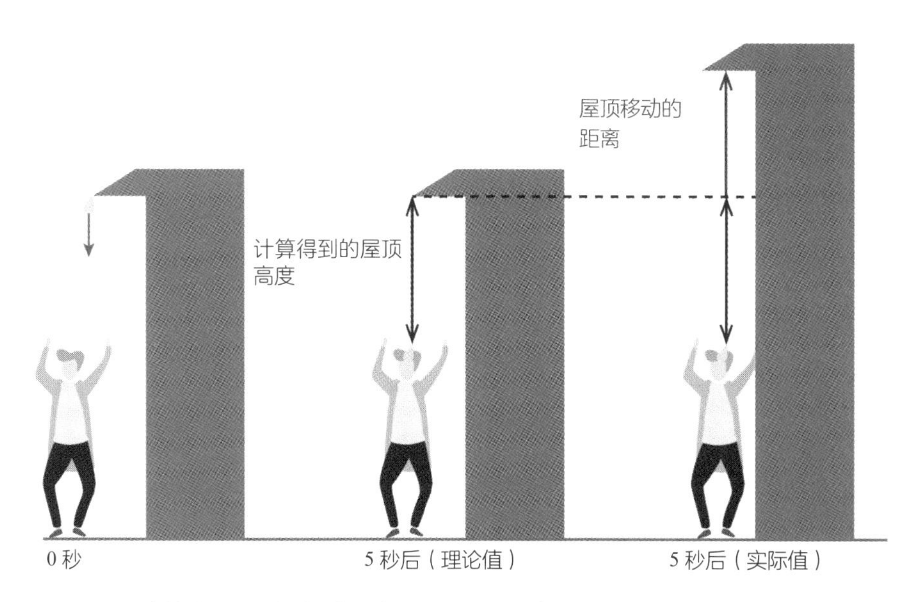

▲图 3 计算出屋顶高度时，实际上屋顶也在这段期间长高了（Illustration design: rawpixel.com/Freepik）。

考虑进来，不就会有一个无限大的大宇宙？这些问题没那么简单，得考虑我们的空间是封闭的还是开放的。我们可以用球面和平面来类比思考：如果空间像球面一样是封闭的，不管在球面上画几个圆圈，圆圈的总面积都不会超过球面面积；可是如果空间像平面一样是开放的，那么画在平面上的圆圈总面积可以是无限大！所以如果要考虑更大的宇宙（不是我们的可观测宇宙），它的大小是有限还是无限将会取决于空间的弯曲方式是封闭的还是开放的。

2 秘密追踪行动：宇宙要往哪里去

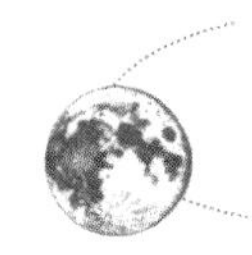

宇宙要往哪里去？这个问题问的不是宇宙的运动，而是宇宙的变化。把整个宇宙当成一个探讨的对象，研究它随着时间演化的学问就是宇宙学。近代宇宙学跟天文观测已经证实我们的宇宙正在膨胀，合理的问题是：宇宙会一直膨胀下去吗？如果会，宇宙会变成什么样子？还是宇宙膨胀到某个地步之后就会停止了？抑或宇宙膨胀到某个地步后会开始坍缩？

宇宙膨胀时会发生什么事

若以最近的理论与观测来看，我们确认宇宙正在膨胀，而且是加速膨胀。这里的膨胀是指空间的膨胀。想象在一个气球里放 3 颗球，当气球被吹得越来越大时，里面仍然只有 3 颗球，这时气球的密度会下降。同样的道理，宇宙里充满了粒子和辐射，当宇宙的空间膨胀时，粒子的密度会越来越低，星云和星云之间的距离也会越来越大，整个宇宙会越来越空。

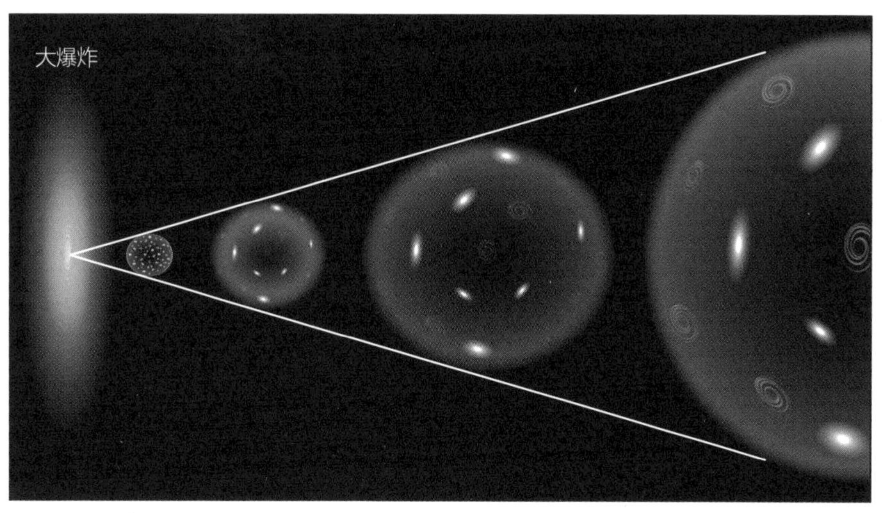

▲图 1　宇宙膨胀示意图。当空间膨胀，星云之间的距离会越来越大（Credits: Shutterstock）。

除了粒子密度发生变化之外，辐射也会因为空间膨胀而产生红移现象[1]，辐射的波长会越变越长，辐射能量则越变越低。当宇宙一直膨胀下去，宇宙的温度会越来越低，因为星体一边辐射星际风、一边演化，当生命终结，最后会剩下一些残骸，像是中子星、黑洞等。中子会衰变，数目随着时间越变越少，慢慢地剩下光和一些轻子[2]，于是宇宙中最后将由黑洞称王。可是霍金辐射会将能量慢慢从黑洞外围辐射出去，使黑洞的质量变小。什么失霍金辐射呢？这是一种热辐射，它的温度跟黑洞的质量成反比[3]。刚开始，能量可能辐射得很慢，可是随着辐射造成黑洞的质量越来越小，辐射会越来越强、温度也下降得越来越快，最终黑洞将会消失。

1. 详情请参 IV-4《远近有谱：多普勒效应和宇宙红移》篇。
2. 轻子：质量很轻的基本粒子。
3. 详情请参 I-4《大大小小的时空怪兽：黑洞面面观》篇。

当宇宙只剩下从黑洞散发出来的辐射，这些辐射的能量会在空间中均匀分布，达到热平衡。当空间中每处温度都一样，代表没有温差，无法产生热流，也就无法做功，任何状态都不会改变，整个宇宙最后会呈现一片死寂。这时候整个宇宙几乎是真空的状态，即使剩余的光、轻子、电子、正电子[1]在宇宙中翱翔，它们也几乎没有机会相遇，可是宇宙却继续膨胀。

这是唯一的结局吗

想要进一步猜测宇宙最后会怎样，得先回头问：为什么会产生大爆炸？宇宙的创生是怎么回事？暗物质、暗能量是什么？在宇宙的演化中扮演了什么角色[2]？宇宙创生及膨胀的起源是真空的量子起伏，目前我们所能理解的起点就是在某一瞬间，宇宙的状态改变了——真空场从伪真空[3]的稳定状态跑出来，释放出真空能量[4]造成宇宙快速膨胀，这个时期称为**暴胀宇宙**。暴胀宇宙末期产生了大量的真实能量，像是光和粒子等。之后随着宇宙膨胀，宇宙温度下降，陆续产生各种粒子与结构，当宇宙内主要的组成物质改变，时空会有不同的动态行为。这段时间宇宙经历了等离子体主宰的混沌、不透明时期，接着以辐射为主体，然后再以物质为主体，如今的宇宙膨胀则主要由暗能量与暗物质掌控。

---

1. 正电子：电子的反物质，质量与电子相同，但带正电荷，由某些特定的放射性元素在衰变过程中产生。若正电子与电子碰撞，两者的质量会转变成能量。
2. 详情请参III-3《余韵未绝的创世烟火：大爆炸》、II-9《遮掩天文学发展的两朵乌云：暗物质与暗能量》篇。
3. 伪真空：不是真正的最低能量状态，只是能量相对较低，可是有发生量子隧穿效应的概率，可能会往更低能量的状态演化，何谓隧穿效应将在后文作介绍。
4. 真空能量：即使没有物质，仍存在于空间中的背景能量。

宇宙正在加速膨胀

这是很奇妙的现象，超乎了宇宙学家原先的想象。爱因斯坦的广义相对论告诉我们：物质能量会造成空间变化，若把宇宙中可探测到的物质加起来，宇宙的膨胀速率应该会越来越慢，可是观测结果却显示宇宙在加速膨胀！想象一下，如果往天上抛一颗球，因为重力的缘故，球往上的速度会越来越慢，最终停止并开始往下掉。这是一般的情况，可是你能想象上抛的球不但没有减速，反而越冲越快，加速往外太空飞去吗？宇宙加速膨胀的现象就跟上抛的球加速往天上飞一样令宇宙学家惊讶不已。

▲图 2　宇宙加速膨胀就像上抛的球加速往天上飞一样不可思议。(Illustration design: rawpixel.com/ Freepik)。

宇宙为什么会加速膨胀呢？目前唯一能解释这个现象的说法，就是有一种“反引力的能量”在撑开宇宙。因为我们目前还不知道它是什么，所以称之为**暗能量**。对于宇宙未来的猜测，将取决于这种真空能量（暗能量）的变化，不同的创生机制会发展出不同的未来。

暗能量和宇宙演化模型有什么关系

到目前为止，我们对暗能量的来源与特质了解甚少，然而它却是影响宇宙演化模型的关键，若对暗能量的想象和猜测加以变化，将会得到截然不同的宇宙演化模型。依照前面的推论，关于宇宙的未来，最直接的想象就是：宇宙会这样继续膨胀下去，最后会变成一片死寂。可是如果把暗能量纳入考虑，也许会有其他的结局。既然暗能量都可以反引力了，我们可以作更大胆的想象。目前科学界有两个比较热门的说法，一个从“暗能量的特质”着手；另一个则从“暗能量的产生”着手，分别介绍如下。

（1）暗能量的特质造成宇宙加速膨胀

如果暗能量的特质造成空间加速膨胀，那会发生什么事情？先想一想，既然宇宙在膨胀，那么宇宙中的银河、恒星，甚至是原子，是不是也会越变越大？其实不会。如图 3 所示，假设在一橡胶膜上相距 10 厘米处各放一个木块，然后将橡胶膜拉开，这时木块间的距离会随着橡胶膜被拉开而变大。接着用一条绳子连接两个木块，重复同样的操作步骤，将橡胶膜拉开，这次因为木块被绳子拉住，彼此间的距离并不会改变。

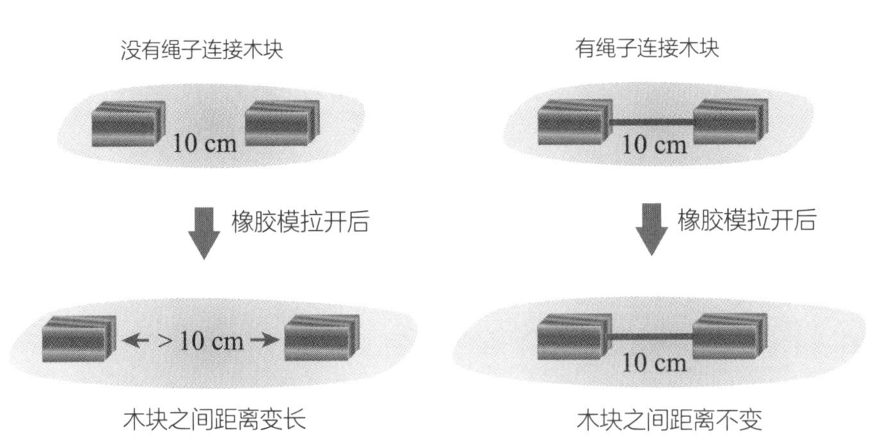

▲图 3　如果没有绳子连接，木块之间的距离会随着橡胶膜拉开而变大。

现在宇宙中的结构就如同这个假设，小至原子，大至银河，彼此间都有交互作用力互相吸引，这种效应比空间膨胀还大。可是交互作用力也需要传递，而且传递的速度跟光速一样。这时候问题来了，当宇宙膨胀得更快，银河两端的物质可能会失联，就像连接两个木块的绳子断掉一样，无法继续交互作用。当宇宙继续加速膨胀，最后所有粒子被拉开的速度都会比光速更快，于是吸引彼此的交互作用力彻底失效，只能随着空间膨胀而解体。也就是说，如果暗能量具有造成空间加速膨胀的特性，那么宇宙中所有的物体最终将会被撕裂！

（2）暗能量的产生造成宇宙加速膨胀

宇宙的创生来自量子的**隧穿效应**，真空场随机地从伪真空隧穿出来并释放能量，达到更低的能量状态，这个过程产生了暴胀宇宙。所谓的隧穿效应是一种量子效应，是指一微观粒子有概率可以穿透位能屏障，这种效应就像一颗球被困在箱子里，某天突然穿透箱子一样神奇。在日常生活的宏观世界中，发生隧穿效应的概率几乎为零；但在微观的量子世界，概率却高很多。回到宇宙创生的问题，没有人知道今天的真空是否真的是能量最低、最稳定的真空。如果不是，那就表示还有可能再发生隧穿效应，即使宇宙到了末期，处在能量相对低点，也有可能会再重演一次创生过程，释放能量，产生光和粒子，再走一次演化！以此推论，宇宙搞不好可以一次又一次玩这种量子隧穿的游戏，无穷无尽地演化、重生。

3 历史悠久的行星芭蕾舞：太阳系的起源

太阳系是如何形成的？这是一段很复杂的过程。从近年对系外行星系统的观察和研究，我们知道行星系统的形成是很普遍的现象，但每个行星系统都有自己的特点，而我们的太阳系可能更与众不同。经过天文学家多年的努力，我们已大致了解太阳系主要的形成过程。

孕育行星的摇篮：从分子云到吸积盘

在银河系的旋臂存在一团团的分子云，分子云内可以找到更致密的高密度区，其中已经有些大质量的 O/B 型恒星发射出极强烈的 X 射线和紫外线辐射，把它们周围的气体吹走。在这些 O/B 型恒星周围，有些小质量的恒星胚胎也在生成中。

这些小质量的恒星胚胎有个蝌蚪状的构造，尾巴指向中间 O/B 型恒星的相反方向，这是这些原恒星产生的恒星风与 O/B 型恒星的辐射和高速流作用引发的结果。如果再细看，可以辨认出一个扁盘状结构和一对喷流。这些扁盘中含有气体和尘埃粒子，行星便从中生成。

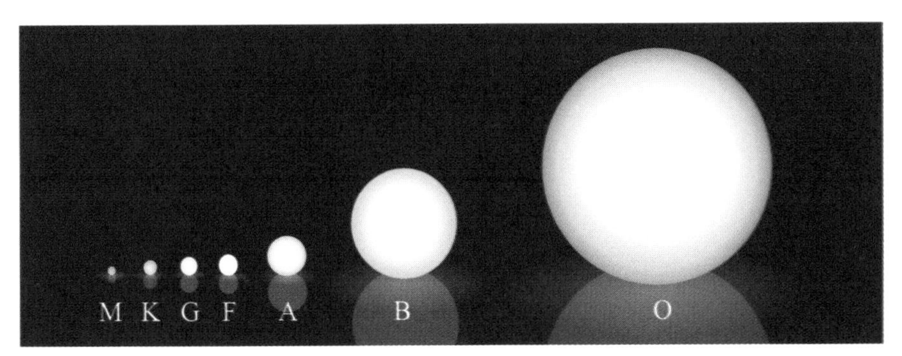

▲图 1 恒星可依光谱进行分类：蓝色 O 型、蓝白色 B 型、白色 A 型、黄白色 F 型、黄色 G 型、橙色 K 型、红色 M 型。O/B 型恒星的温度、亮度较高，通常位于活跃的恒星形成区，如螺旋星系的旋臂（Credits: Rursus）。

ALMA（阿塔卡马大型毫米波与亚毫米波阵列）[1] 的极高分辨率观察带来更多重要的信息。至今最令人惊奇的是看到"HL Tauri 原恒星"的吸积盘中有几圈空隙，显示这很可能是行星积生的区间。然而，这些天文观察结果来自不同的天体和系统，代表不同时期的现象。因此还需要在实验室中对陨石，以及从月球和其他天体上采集到的表面物质标本等进行化学分析、数值模拟，才能建构出一个太阳系来源的初步理论模型。

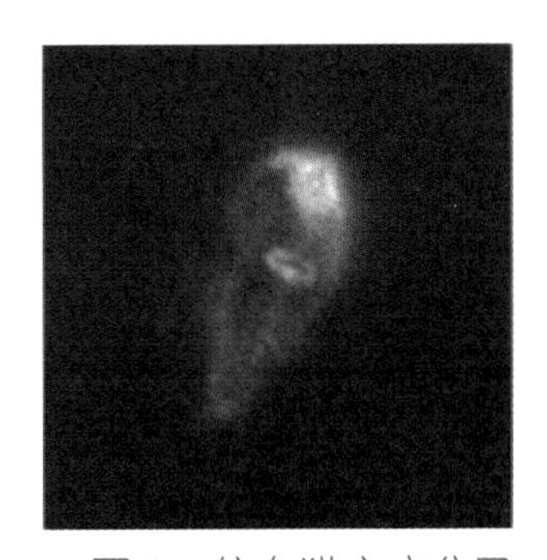

▲图 2 位在猎户座分子云中的原行星盘。[2]

超新星爆炸促使原行星产生

首先，太阳极可能是在一个体积够大，并容纳了至少 1～2 个 O/B 型恒星的星团中形成的。O/B 型恒星的寿命很短，大多经过 1000 万～2000

1. 详情请参 IV-3《宇宙收音机：射电望远镜》篇。
2. Credits:NASA/ESA/J.bally（University of Colorado,Boulder,CO）/H.Throop（Southwest Research Institute,Boulder,CO）/C.R.O'Dell（Vanderbilt University,Nashville,TN）

万年便到了演化的尽头，瞬间发生能量极大的超新星大爆炸。爆炸时产生的冲击波会挤压到旁边的分子云，促使它们引力坍缩，成为原行星。

天文学家在最原始的陨石标本中发现了其中一个证据：有些小粒块陨石的成分中存在大量的镁 26（^{26}Mg）[1]，而这些镁元素应该就是来自超新星爆炸所产生的铝 26（^{26}Al）。由于铝 26 衰变为镁 26 的时间大约只要 75 万年，所以在这段时间内形成的行星胚胎，内部都会受到强烈的辐射加热而熔化；而在数百万年后才生成的行星胚胎则不会受到铝 26 衰变的影响。

旋转！吸积！逐渐成形的盘状结构

由于分子云本身在旋转，在遵守角动量守恒[2]的情况下，旋转轴的垂直方向会形成一个扁盘。它的成分以氢（H_2）为主，氦（He）为次要，其他则是少数的重元素物质。这意味着原恒星被一个由气体和尘埃粒子所组成的**吸积盘**（或称为**太阳星云**）所包围。在分子云的引力坍缩尚未告一段落时，还会有更多物质继续进入吸积盘，经过黏滞作用向吸积盘的内、外部扩散。

这个吸积过程除了传输质量之外，也会传输能量和角动量。向内注入的物质，除了一部分被原恒星吸收外，还有一部分会因为受到电磁作用影响，沿着恒星自转轴的方向高速喷出，形成**双极喷流**（bipolar jet）。靠近原恒星周边区域的温度可高达 2000 开尔文，在此高温条件下凝结的固态粒子也会因为电磁作用而四散到太阳星云外围。

从观察结果可以得知，当分子云的物质耗尽后，双极喷流也会停止。

1. 标准的镁元素原子量约为 24，此处是镁的同位素，原子量约为 26。
2. 角动量守恒：角动量是物体转动时具有的一种物理量，系统受到的合力矩为零时，系统的角动量会维持定值，旋转半径越大则转动的角速度越小；反之，旋转半径越小则转速越快。

而在这个阶段，围绕恒星的吸积盘因为恒星风和强烈的光蒸发效应[1]也渐渐散逸。陪伴着原恒星的尘埃粒子盘所产生的红外线辐射，通常在300万～500万年间会消失。当太阳星云中尚存在大量气体时，木星和土星这两个巨型气体行星必须形成。由于有几个关键步骤还未明了，理论模型尚未确定整个过程如何发生。但基本上，我们可以有如下几个假设和重要阶段的划分。

（1）最小质量太阳星云模型

此模型主张整个太阳星云的质量，刚好用以建构行星系统的物质。一开始，原始太阳的太阳星云（包括氢、氦和尘埃粒子等物质）有约0.5倍的太阳质量。当行星开始形成，太阳星云表面的温度（T）分布主要由太阳辐射能量的输入多少决定，如以R表示相对日心的距离（以天文单位为单位），则T与R之间的关系为

$$T=T_0 R^{-b}$$

其中T_0=300 (K) 是R=1 (A.U.)、b=0.5 时的温度。

（2）固态粒子凝结和沉淀作用的过程

在垂直太阳星云盘面方向的温度梯度，取决于尘埃及气体的不透明度及辐射能量的传输，越往内部，温度越高。在太阳星云盘面上、下温度较低的区域，物质可以从气态凝固为固态，而物质所在位置的温度条件会决定其矿物成分。这些半径小于毫米的微小固态粒子受到太阳的引力作用，逐渐向扁盘中心下沉。这种沉淀作用使得太阳星云发展出双层结构，在固态粒子形成的薄盘上、下都盖上一层气体分子组成的厚盘。

1. 光蒸发效应：太阳星盘中的气体被高能量的光或其他电磁辐射剥离的过程。

（3）小石块吸积作用

这些微粒都在开普勒轨道[1]绕着原始太阳运行，相邻的粒子之间的相对速度非常小，所以互相碰撞后可以利用化学力连接在一起，慢慢增大。但从在实验室或太空站中的实验可以得知，当粒子长到毫米大的时候，互相碰撞后便会反弹而不能连接在一起。也就是说，当太阳星云中的物体继续增大，会遇到一个瓶颈。

经过多年的研究，最近有个理论带来新的突破，指出由于压力梯度的影响，太阳星云的气体绕着太阳旋转的速度会比开普勒速度[2]慢。因此固态粒子盘面和气体的相对运动会有**双束流不稳定性**，继而产生湍流和漩涡。这种现象在理论模型发展初期早有论述，因计算机的快速进步，非常复杂、精细的数值模拟到了今日都变成可行的了。

针对太阳星云中固态粒子扁盘和气体的“双束流不稳定性”的研究，发现漩涡中可以产生高密度区，使得其中的尘埃粒子可以通过引力不稳定性坍缩，变成几十千米至几百千米大的个体。如果这个理论正确，代表太阳星云中固态物体的生成并不是经过一连串的低速碰撞，从毫米大小，渐渐从厘米、米、千米，增长到几十千米或更大的微星体，而是一下子从毫米大小跳跃到几十千米至几百千米的范围！这种机制现在称为**小石块吸积作用**。

1. 开普勒轨道：以太阳为焦点的椭圆形轨道。
2. 开普勒速度：星体环绕太阳运行的轨道速度。

▲图 3 原行星吸积石块想象图 [Credits: NASA/JPL-Caltech/T. Pyle (SSC)]。

（4）类地行星的形成

这些第一代的微星体继续碰撞。因为它们具有质量，所以碰撞后可以借助引力连接彼此。模型计算指出，太阳系内部（小行星带以内的区域）在一亿年左右的时间里，便可产生几十个直径约 1000 千米的个体。它们再继续互相碰撞，结果便成为今日余存的类地行星：水星、金星、地球和火星等。

这个过程估计长达 2 亿～3 亿年。在此期间，由于各个原行星的引力弹射作用[1]，未成为行星的微星体或碎片都会在离心率很大的轨道上运行。当它们和原行星碰撞时，会释放出巨大能量，在原行星上产生半径数百千米至数千千米的陨石坑，甚至导致行星崩裂。水星之所以有不成比例的大铁核，可能就是因为巨型碰撞事件把它本来的外壳轰掉了。

1. 引力弹射作用：利用行星或其他天体的相对运动和引力改变本身的运行轨道和速度。

原行星在积生形成阶段，很可能也各有一个扁盘构造围绕。相互传输的角动量决定了原行星的自转轴方向和自转周期。简单的理论模型指出：**原行星本来的自转轴应该都和太阳的自转轴方向相似**。为什么金星会跟其他行星的自转方向相反？为什么火星的自转轴和黄道面有很大的倾角？地球 - 月球系统的起源又是什么？这些问题可能都是由于它们与其他偏离轨道的物体发生了碰撞。

（5）雪线

在太阳星云中压力极低的地方，水分子可在温度降至 150 开时凝结成水冰。水冰粒子开始出现的与日距离称为**雪线**，约 4 天文单位。雪线以内的区域，水分子只能以气态存在，容易被原始太阳的恒星风和辐射扫除，不能成为行星的建材。但在雪线之外，水分子就可以凝结成水冰，成为组成微星体的重要材料。太阳星云的物质分布也与各类小行星的化学成分有关，在主小行星带外边（距离太阳约 3.2 天文单位）的物体通常含有较多的水分。

（6）小行星带

在火星轨道和木星轨道之间（在雪线内侧），存在非常多的小天体。其中最大的是半径 473 千米的谷神星（Ceres）；小的半径则只有数米，甚至更小。这些小天体的总质量仅是月球质量的 4%。

小行星代表太阳系最原始的物质，它们现在的轨道运动通常非常稳定。如果它们的公转周期和木星的公转周期成简单整数比（比如 3∶1、2∶1、4∶3…）的关系时，则会在几百万年至几千万年的时间内产生很大的离心率，由此可以跨进火星和地球的轨道之间，变成所谓的**近地小行星**，存在和地球碰撞的概率。若小行星进入地球大气层后未被完全烧毁，坠落地面的碎块便是陨石。直径 100 米以上的近地小行星若碰撞地球，释放的能量将足以消灭一座城市。6500 万年前的恐龙灭绝事件，很可能是由一个直径约 10 千米大小的近地小行星和地球碰撞引发的。

（7）木星和土星的形成

木星和土星的成分主要是氢、氦，核心由石块及水冰构成。假如这两个气体行星的核心质量均为地球质量的 10 倍，则木星的气体质量为固态物质的 30 倍，而土星则为 8.5 倍。虽然有水冰作为建材的一部分，但对于这两个巨大行星来说，这些建材还不够，因此木星和土星必须在分子云坍缩后的 300 万～500 万年间形成，否则便不再有大量气体供其吸收。

现在用以解释木星和土星形成过程的其中一个模型便是经过“小石块吸积作用”快速形成第一代的微星体。这些半径只有 100～300 千米的微星体，其引力远远不够把它们吸积的气体保留下来，直到有个质量约为 10 倍地球质量的原行星出现，其表面引力足以抓牢吸积的气体，不再让气体逃逸。随着吸积的气体越来越多，便形成现在的木星和土星。

（8）天王星和海王星的形成

天王星和海王星的大气层都很厚，但其质量远远不如木星或土星。相对来说，天王星和海王星的氢、氦的质量只有内部固态物质（石块和水冰）的 10%。关于这两个行星，有一种说法是它们的形成时间比木星和土星晚很多，所以不能把太阳星云中的气体尽可能地吸积过来。

这两个行星形成的详细过程还不清楚，但有人推测可能是木星和土星形成后，土星轨道外的区域布满了直径数千米到火星大小的冰质个体。这些物体经过互相碰撞，产生了质量更大的原始天王星和原始海王星。这两个原行星的引力弹射作用把本来离心率很小的微星体开普勒轨道，逐渐转变成可以跨越其他行星的轨道。

当相互进行的引力弹射作用把微星体和冰质个体的轨道范围推入土星和木星的轨道区域时，有一部分的微星体和冰质个体会被这两个巨大行星捕捉；另一部分则被相应的引力弹射作用加速，并增加其角动量。如果它们再次被天王星和海王星捕获，就会造成天王星和海王星的轨道在吸积过程中向外扩大，木星和土星的轨道则向内收缩，直到太阳星云外围的固态物质被耗尽才停止。至于剩余的微星体和冰质个体，便是我们现在所知的**海王星外天体**。

（9）海王星外天体带和奥尔特（彗星）云

天王星和海王星的形成，可以说是太阳系结构中最后，但也影响极为深远的一环。留存于两者吸积带中的物体称为海王星外天体，轨道范围主要位于距离太阳 30～50 天文单位处。当海王星的轨道外移时，可以把外围的物体揽入能与它共振的轨道位置，冥王星便是最著名的例子。和冥王星公转周期一样，或者与海王星公转周期存在 2∶3 比例关系的天体，数目也很多。

此外，还有不少海王星外天体有其他的共振关系，使得它们的轨道运动非常稳定。但也有些非共振天体因为受到海王星的引力影响，偶然间被弹射到太阳系内部。当它们进入雪线之内的轨道区域，表面的水冰便会升华、扩散，夹杂着尘埃粒子变成一个气团，这些不速之客便是**彗星**[1]。

这些彗星的轨道倾角通常都在 20° 之内，开普勒周期不会超过数十年，通称为“短周期彗星”。在外行星吸积区的天体，也有不少被弹射到太阳系的极外围，成为半径逾几万天文单位，呈球壳状的**奥尔特云**。当邻近的恒星穿越奥尔特云时，有些天体的轨道因为受到引力扰动，使

1. 详情请参 I-2《太阳系的冰雪奇缘：彗星》篇。

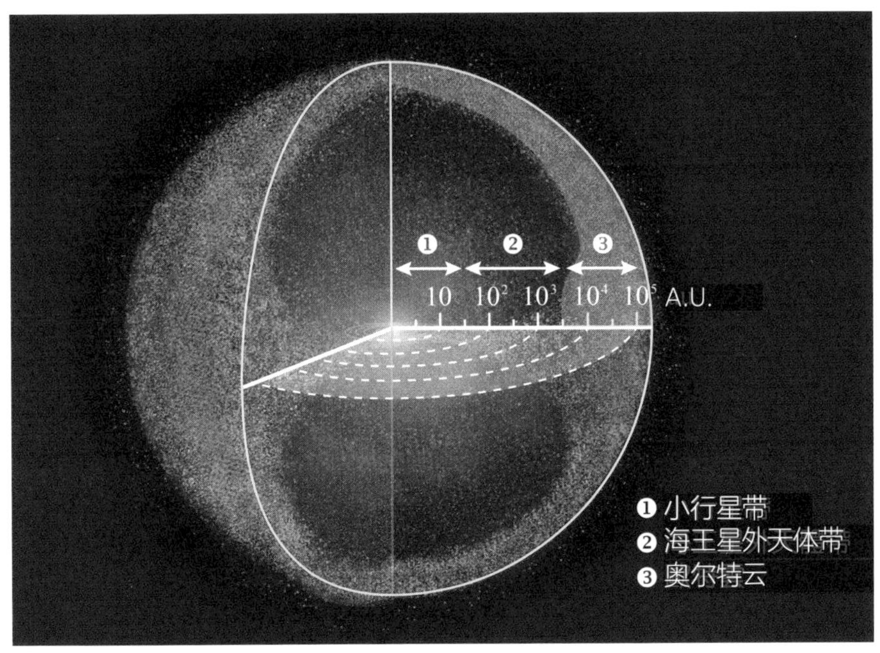

▲图 4 太阳系的大型架构中有三个小物体系统，即在火星及木星轨道之间的小行星带、在 30 ~ 50 天文单位之间的海王星外天体带，以及在几万天文单位之遥的奥尔特云（Reference:Space Facts/L. Moreau）。

使其近日点可以进入内太阳系。当这些天体到达雪线附近时，因为表层温度升高，贮藏其中的水冰或其他更易挥发的物质便会升华成气团，并产生尘埃云，反射太阳光而被侦察到，这便是新彗星的来源。

4 无中生有的艰难任务：恒星的诞生

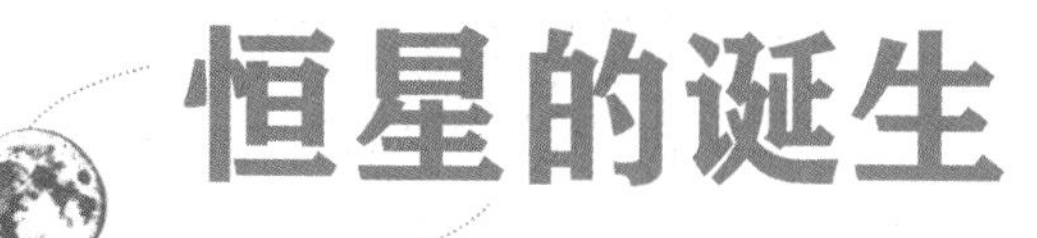

浩瀚的宇宙里有无数的星系，每个星系通常又包含了数千亿颗恒星，因此恒星可以说是组成宇宙的基本粒子，了解恒星如何在虚无的太空中诞生，便是了解宇宙的一个非常基本的问题。然而要形成一个恒星，必须将星际空间中密度极低的物质（平均每立方厘米约有 1 个氢原子），聚集成一团像太阳一样的高密度气体（平均每立方厘米约有 10^{24} 个氢原子），而且这团气体的中心温度还要高到可以进行核聚变反应，这对宇宙来说是个艰难的任务。以我们的银河系为例，其中大约有几千亿倍太阳质量的物质，可是每年只能产生几个太阳质量的恒星，效率非常低。

年轻恒星诞生的“黑”历史

天文学家经过多年的观测与研究，已经大致了解恒星诞生的过程。红外线及无线电波的观测资料显示，年轻恒星的诞生地是在冰冷黑暗的“分子云”内部。相较于其他类型的天体，黑黑脏脏的分子云，实在很难

▲图 1 银河系盘面黑暗的地方并非空洞，而是形成恒星的摇篮：分子云（Credits: ESO/S. Brunier）。

引发一般人对天文的兴趣。19 世纪著名的天文学家赫歇尔（Wilhelm Herschel）甚至以为这些黑云只是天空中没有星星的空洞。但是之后通过观测，天文学家证实了这些其貌不扬的星云其实包含大量的氢分子与星际尘埃，而星际尘埃会吸收可见光及近红外线，这就是为什么分子云看起来黑黑的。

▲图 2 M51 星系，巨大分子云多半分布在旋臂附近 [Credits: NASA/the Hubble Heritage Team（STScl/AURA）]。

孕育恒星的分子云，在恒星诞生时必须有极低的温度，因为分子云中的气体会热胀冷缩，而受到引力向内收缩的气体若是太热，引力坍缩便会被热压力阻止。另外，分子云中的**湍流**（turbulence）与磁场，也会产生压力减缓引力坍缩。在大范围内，银河系中的星际物质会先聚集成**巨**

分子云[1]，这些巨分子云多半位于星系的旋臂附近。巨分子云若受到扰动而产生引力坍缩，会倾向形成**丝状结构**[2]，再分裂成**团块**[3]。一个团块可进一步分裂成多个**无星分子云核**[4]。无星分子云核的温度极低（约 10～20 开尔文），若是它的热压力与自身引力刚好平衡，此质量称为**金斯质量**（Jeans mass）。当无星分子云核的质量大于金斯质量时，无星分子云核就会因引力往中心坍缩而成**原恒星**。

小质量的原恒星演化

小质量的原恒星演化可分为阶段 0～3，共 4 个阶段。

阶段 0：原恒星在分子云核内部刚形成的时候。此时原恒星外围还有大量的物质掉入，掉入的物质在原恒星周围形成**星周盘**（circumstellar disk），并开始喷出**双极喷流**，此时星周盘还很小，多数无法观测到。

阶段 1：星周盘与双极喷流皆相当显著，包围原恒星的物质仍然很多。受原恒星吸引的物质会先掉落在星周盘上，再从星周盘掉到原恒星，此时星周盘上的物质大致做圆周运动，星周盘上密度较大的区域，开始吸收附近的物质，开启行星形成的过程。

阶段 2：几乎已经没有物质包围原恒星了，星周盘也已经长得非常大。星周盘上有明显的环，这是由原始行星清除轨道上的物质形成的。

阶段 3：原恒星及原行星已经接近成熟的阶段，也就是跟太阳系非常相似了[5]。此时星周盘上的物质相当稀少，多数物质不是已经被吸进恒星或行星，就是被恒星风吹散。

---

1. 巨分子云：giant molecular clouds，直径约 100 光年、数百万倍太阳质量。
2. 丝状结构：filaments，长度约数十光年。
3. 团块：clumps，直径约数光年。
4. 无星分子云核：starless cores，直径约在一光年以下，质量为数倍到数十倍太阳质量。
5. 详情请参 II-3《历史悠久的行星芭蕾舞：太阳系的起源》篇。

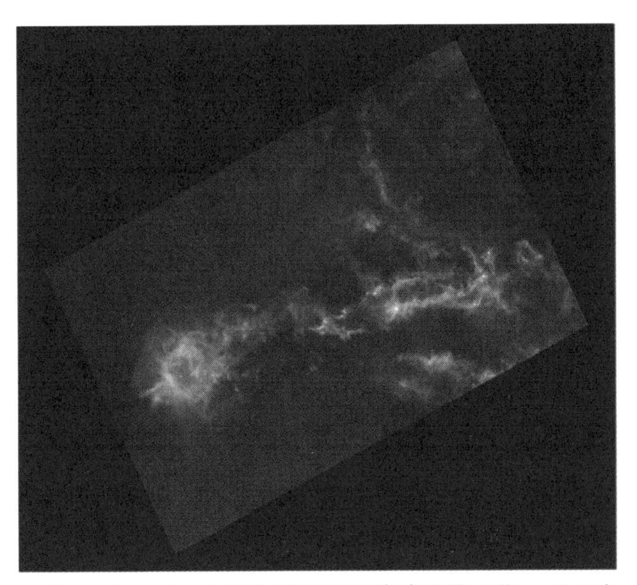

▲图 3　IC5146 分子云在亚毫米波波段的影像，显示许多丝状结构及团块 [Credits: ESA/Herschel/SPIRE/PACS/D. Arzoumanian（CEA Saclay）for the ‘Gould Belt survey’ Key Programme Consortium]。

▲图 4　B68 无星分子云核（Credits: ESO）。

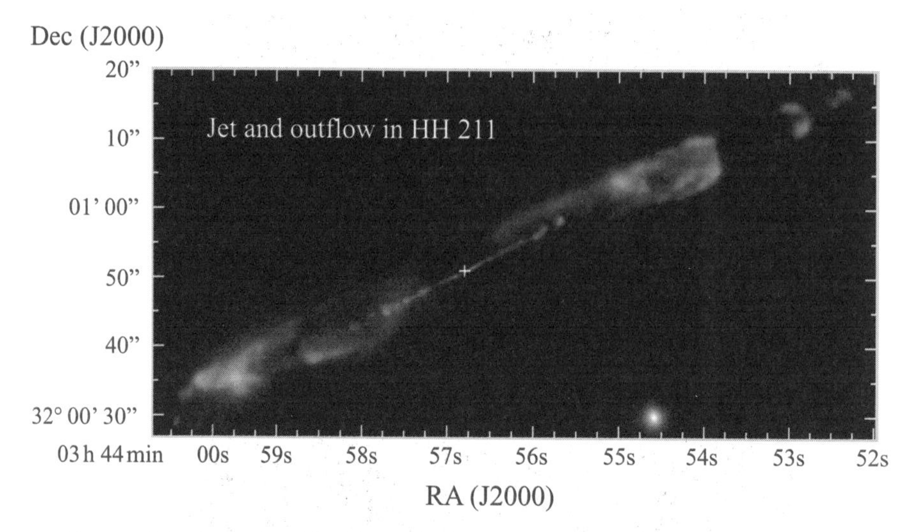

▲图 5　原恒星 HH211 的双极喷流（outflow，白色）与高速喷流（jet，红色）。[Credits：李景辉、黄翔致、庆道冲、平野尚美、赖诗萍、Ramprasad Rao、贺曾朴《自然通讯》Vol. 9, Article number: 4636（2018）]。

▲图 6　HL Tauri 原恒星的星周盘上有许多暗环，可能是因为有行星正在形成，因而清除了轨道上的物质 [Credits: ALMA（ESO/NAOJ/NRAO）]。

大质量的原恒星演化

大质量的恒星不会经过上述的 4 个阶段。在引力坍缩开始之后，短时间内就能聚集大量物质，形成大质量原恒星。其中心温度超高，很快就能实现核聚变反应，成为年轻的恒星，并电离周围气体形成**超级致密电离氢区**（Hypercompact HII regions）。此时，大质量原恒星也有星周盘，并产生双极喷流。由于原先包围大质量原恒星的物质质量相当大，即使已经形成恒星，也会产生辐射压力，周围物质仍然可能持续向中心坍缩并增加恒星的质量，持续加强辐射强度。当恒星的温度高到连吹出的恒星风也是电离状态的时候，电离氢区称为**超致密电离氢区**（Ultra-compact HII regions）。之后达到稳定平衡，物质不再掉入的时候，形成一般的**电离氢区**（HII regions）。

恒星演化的知与未知

一般而言，恒星是集体生成的。一个团块会形成一个星团，若是团块的质量很大，则大质量与小质量的恒星会一起形成。天文学家发现恒星在刚形成时，各种质量的恒星有一定的比例，推测这可能与巨分子云中的湍流强度有关。另外，从巨分子云到星周盘，都有磁场存在的证据，并且磁场的存在是双极喷流形成的必要条件，磁场也能帮助分子云移除角动量，因此许多天文学家认为恒星的形成必须依靠磁场的帮忙。虽然天文学家已经了解恒星形成的大致过程，但其中许多关键细节尚未被完全厘清，因此恒星的形成是天文研究的热门领域之一。

5 星星电力公司：恒星演化与内部的核聚变反应

天若有情天亦老。

——李贺《金铜仙人辞汉歌》

恒星之所以取名为恒星，是因为古时候人们认为恒星永恒不变，恒星象征着完美与无限。然而事实上并没有什么东西是永恒不变与完美的，恒星也如同人一般有着生老病死，只是恒星的一生可能横跨数百万到数百亿年[1]，远长于你我的寿命，更长于人类的文明。

太阳是离我们最近的一颗恒星，目前已存在约 46 亿年，天文学家预测它大概还可以再持续发光 50 亿年以上。太阳存在这么长的时间，天文学家是如何了解太阳的演化过程的呢？其他的星星与太阳到底有何不同？到底是什么能量让太阳能够发光？为什么有些星星看起来是不同的颜色？对于太阳，我们可以假设太阳系的地球与其他行星、小行星在差

1. 宇宙目前的寿命也只有约 138 亿年。

不多的时间形成[1]，所以研究地球内部的结构、陨石的成分等都可以间接帮助我们了解太阳，但这样的研究方式却没办法运用到其他恒星。

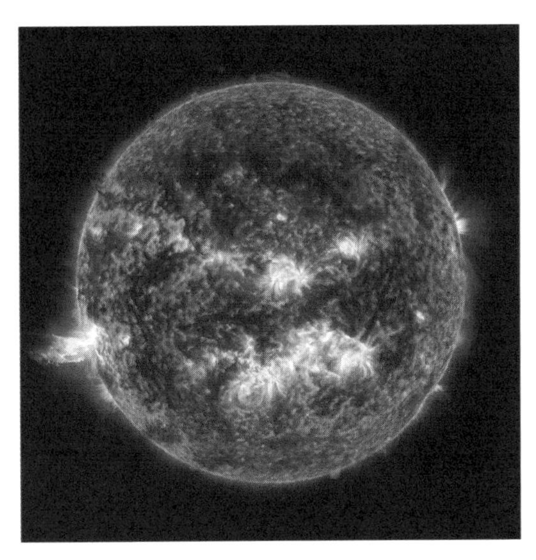

▲ 图 1 距离我们最近的恒星——太阳（Credits: NASA/SDO）。

我们可以用统计的方式来了解星星。假想你在观察某一所小学学生的身高情况，虽然学生之间有高矮胖瘦等差异，但在不同年级的教室里，可能会发现年级与学生的身高呈正相关分布。整体来看，越高年级的学生身高越高，所以你不必等小学一年级的学生升到六年级，就可以知道六年级学生的平均身高比一年级学生高。观察星星也是如此，而星星的命名中也有类似的意味，比如说矮星（dwarf，又有侏儒的意思）与巨星（giant，巨人）。

那星星的学校在哪里呢？事实上，大部分的星星并不孤单，有很多双星或三星的系统，更有一种系统叫做星团，是由数百到数百万颗星星组成的[2]。星团里的星星，每颗都有不同的质量，但却在相近的时间一起诞生，而不同质量的星星有着不同的演化过程和寿命。

1. 详情请参 II-3《历史悠久的行星芭蕾舞：太阳系的起源》篇。
2. 详情请参 V-6《生死与共的伙伴：双星》、I-9《热闹的恒星出生地：星团》篇。

赫罗图

丹麦天文学家赫茨普龙（Ejnar Hertzsprung）与美国天文学家罗素（Henry N. Russell）分别提出把恒星的光谱类型与光度[1]画在一起的关系图，后来命名为**赫罗图**。天文学家发现这样的关系图对了解恒星演化非常有帮助：恒星的光谱类型代表着恒星的表面等效温度，恒星越蓝表示温度越高（正所谓炉火纯青，蓝色的火焰比黄色的火焰温度高）。如果我们对不同的星团画赫罗图，可以发现不同年龄的恒星在赫罗图上有不同的分布。天文学家发现大部分的年轻恒星都分布在图中的对角线——那条称作**主序星**（main sequence star）的地带，而质量越大的恒星位于越靠近图中左上的部分（高光度、高温度），且演化得越快（寿命短）；质量越小的恒星则越红、越暗淡，位于赫罗图右下方。

究竟是什么让太阳可以维持目前的光度这么多年呢？太阳的光度约为 3.8×10^{26} 瓦特，每秒钟所放出的能量比全人类整年所消耗的能量（约为 2×10^{13} 瓦特）还多。那么高的能量到底是怎么来的呢？当物理学家发现核反应以及爱因斯坦的质能方程（$E=mc^2$）后，马上就意识到太阳的能量来自氢的核聚变反应，而氢又是宇宙中最常见的一种元素[2]，因此可以推断恒星最开始的光芒都来自氢的核聚变反应，只是因为不同质量的恒星压力与温度不同，氢的核聚变有不同的反应速率，导致它们演化的速度不同。而氢燃烧完后，不同质量的恒星也因为引力造成的压力不同而有着完全不同的命运。概略来说，恒星依其质量可以分成三个种类：**甚小质量恒星**、**小质量恒星**，以及**大质量恒星**。

1. 光度：luminosity，天体每秒从其表面辐射出的总能量。
2. 详情请参 III-3《余韵未绝的创世烟火：大爆炸》篇。

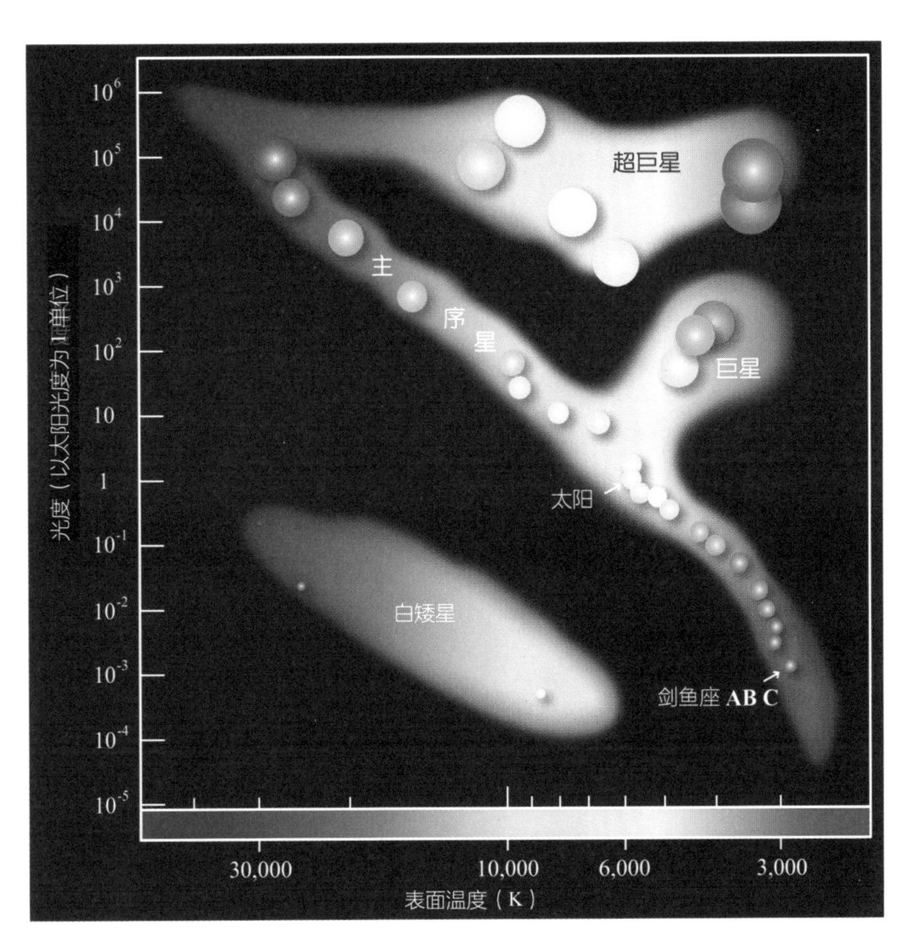

▲图 2　赫罗图是恒星的星等（或光度）与光谱类型（或等效温度）的关系图，可以用来显示恒星演化的过程（Credits: ESO）。

甚小质量恒星

在甚小质量恒星之中，质量介于 10～80 倍木星质量[1]的恒星称为**棕矮星**（brown dwarf）；质量小于这个范围则称为**次棕矮星**（sub-brown dwarf）；质量稍大一点则称为**红矮星**（red dwarf）。与太阳和一般的主序星不同，棕矮星因为引力小，核心内部的温度和压力不足以实现氢的核

1. 木星质量约为太阳质量的千分之一或地球质量的 320 倍。

▼表 1　不同元素的核聚变所需温度

	反应温度（K）
氘核聚变	~10^6
锂核聚变	~（2~3）×10^6
氢核聚变	~（1~4）×10^7
氦核聚变	~（1~2）×10^8
碳核聚变	~（6~8）×10^8
氖核聚变	~（1.2~1.4）×10^9
氧核聚变	~（1.5~2.2）×10^9
硅核聚变	~（3~4）×10^9

聚变反应，因此内部主要是氘在进行核聚变反应，只能发出非常微弱的光芒。次棕矮星的质量更小，连氘的核聚变反应都无法实现，有些天文学家甚至还在争论次棕矮星与行星（譬如木星）之间如何划分。

红矮星的质量介于 0.08~0.5 倍太阳质量，而且表面温度低于 4000 开尔文。红矮星的质量小，温度低，暗淡不易观测，但数量庞大。目前估计银河系中约有六七成的星星属于红矮星。红矮星的光和热主要来自氢聚变成氦[1]。目前恒星演化模型认为红矮星是完全对流的，也就是核心产生的氦会对流至表面，使星球所有的成分均匀混合，延长反应时间。因此，理论上红矮星的寿命非常长，目前普遍认为宇宙中所有的红矮星都还没有演化到下一个阶段。如果红矮星的氢燃烧完了，将演化为一种目前仍未观测到，纯为理论预测的恒星——蓝矮星（blue dwarf）。

1. 质子——质子链反应，proton-proton chain。

小质量恒星

小质量恒星的质量在 0.5～8 倍太阳质量之间。演化初期，小质量恒星主要是靠氢聚变成氦的核反应；质量较小的恒星主要是靠质子—质子链反应；而质量较大的恒星则主要靠**碳氮氧循环**（CNO cycle）产生氦。在核心燃烧氢的这个阶段称为主序星，太阳目前就处于主序星阶段，其内部温度高达千万摄氏度。

数十亿年后，恒星核心内的氢将逐渐用尽，转变以氦为主，而核心外围则有一层氢燃烧的球层。此时内部的温度仍不足以点燃氦的核反应，在赫罗图上的演化阶段从主序星带慢慢往上方偏移，进入**亚巨星**（subgiant）阶段，它们与主序星有类似的光谱类型，但较为明亮。这个阶段主要是燃烧氦核外面的氢层。由于恒星内部的核反应停止，核聚变产生的能量无法对抗引力坍缩，因此内部的氦核会渐渐转变为量子简并的状态，核心慢慢缩小、升温（温度约为一亿摄氏度），密度则渐渐增加；但外层反而渐渐冷却膨胀，转变为**红巨星**（red giant）。

当核心内部的温度最终达到足以实现氦的核聚变反应时，氦核心不再是简并状态而是快速膨胀，此即**氦闪**（helium flash）。核心的氦通过**三氦过程**（triple-alpha process）聚变成碳，效率比氢的核反应高非常多。这时核心内部达到新的平衡，在赫罗图上从红巨星阶段往左边平行移动，称为**水平支**（horizontal branch）。如同氢一般，最终核心的氦也将用尽，这时亚巨星便进入**渐近巨星支**（asymptotic giant branch）。此时恒星内部将再度变回简并状态而成为一颗**白矮星**（white dwarf），而外层由于剧烈的恒星风不断将物质吹出，形成**行星状星云**（planetary nebula）。小质量恒星的引力不足以使内部再度实现碳的核反应。

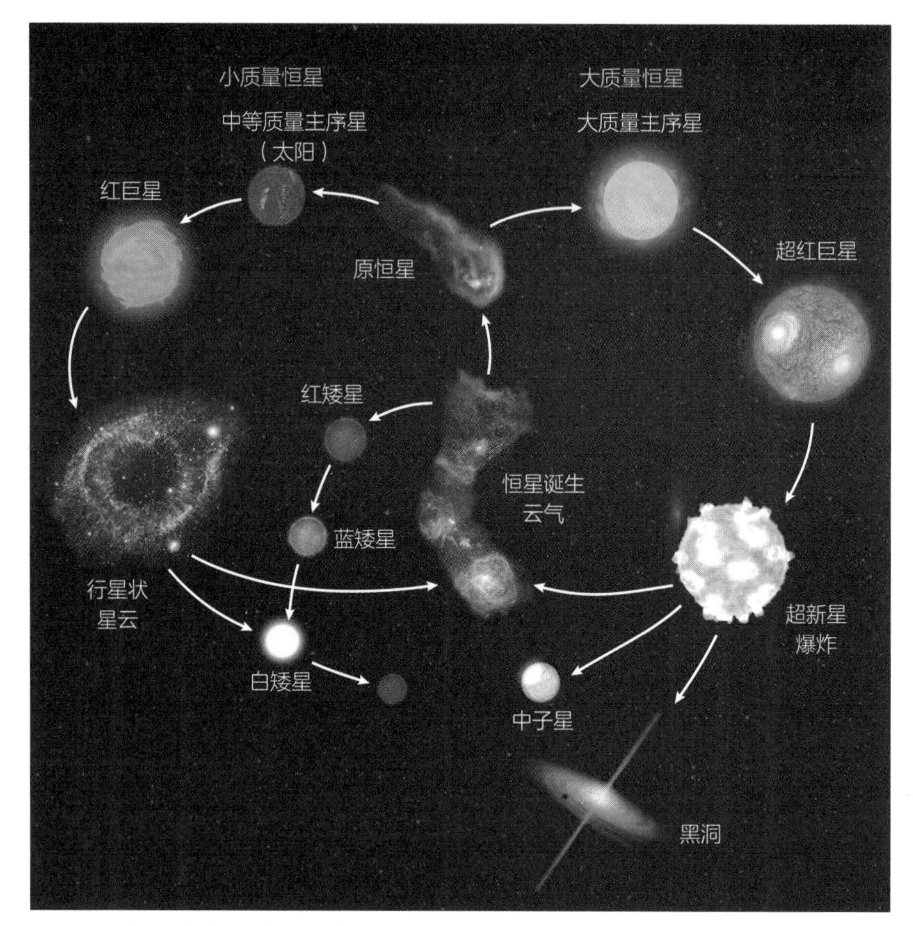

▲图 3　恒星生生不息的生命循环 [Credits: star formation: NASA/JPLCaltech/UCLA; proto-star: NASA/ESA/the Hubble Heritage Team（STScI/AURA）/IPHAS; sun, red dwarf, supernova explosion " neutron star: NASA; planetary nebula: ESO/VISTA/J. Emerson; red supergiant " black hole: NASA/Ames/STSCl/G. Bacon]。

大质量恒星

大于 8 倍太阳质量的大质量恒星，由于引力很大，内部的氢燃烧完就只剩外层在燃烧，其温度足以实现氦的核反应，所以不会产生简并状态的核心，甚至可以一直燃烧下去，演化为超巨星（supergiant）。演化到最后，恒星内部会形成一个简并的铁核心，外围则如洋葱般依序围绕着硅、氧、氖、碳、氦与最外围的氢。比铁轻的元素可以通过核聚变放出能量，但是铁非常稳定，如果要聚变出比铁重的元素反而需要给予能量，因此大质量恒星的核聚变反应只会达到铁。简并的铁核是有质量上限的，当引力超过简并压力所能负担的极限，核心会发生坍缩，形成**超新星**[1]。而在超新星爆炸后，依其质量与内部结构的不同可能留下一颗**中子星**或**黑洞**。

结语

不管是小质量恒星产生的行星状星云，或是大质量恒星产生的超新星残骸，最终回归宇宙中的云气会再度形成第二代的恒星，生生不息地循环下去。我们的太阳也注定在约 5 亿年后慢慢演化成红巨星，其体积将会膨胀，除了吞食水星和金星，甚至可能会把地球也吞没，届时人类必定要离开地球（如果那时人类还存在）。在进入红巨星的阶段之前，太阳演化至亚巨星时，强烈的亮度会使地球升温，升至目前金星的温度，地球将不再适合生物居住。几亿年看似还有很久，我们或许还不需要太在意，但在宇宙的某个角落，或许有某个文明正在经历不得不离开母星的命运！

1. 详情请参 I-5《来自星星的我们：超新星爆炸》篇。

6 宇宙级交通事故：星系碰撞

一般熟知的星系大致分为三大类：**椭圆星系**、**螺旋星系**，以及**不规则星系**。椭圆星系顾名思义，呈椭圆形，在可见光波段看起来偏黄或偏红，因为这类的星系缺乏形成恒星所需的冷分子气体，大多由古老恒星组成，年轻的恒星比例偏少。螺旋星系在盘面上有旋臂结构，中心的核球有的大、有的小。相较于椭圆星系，螺旋星系含有较大量的气体，恒

▲图 1　大犬座中的两个螺旋星系 NGC 2207 和 IC 2163 正处在碰撞过程 [Credits: NASA/ESA/the Hubble Heritage Team（STScI）]。

星的平均年龄较小，因此颜色偏蓝。另外还有部分星系因为没有具体的结构而被称作不规则星系。

不甘寂寞的星系

然而有极少部分的星系，并不是由单一星系组成的，而是跟其他星系组合起来，呈现特殊有趣的面貌。例如“触须星系”看起来像是一个爱心，两边伸出长长的触角；“双鼠星系”好似两只拖着长长尾巴的小老鼠在追逐嬉戏。

1970 年代，天文学家图莫兄弟（Alar Toomre, Juri Toomre）利用电脑模拟技术，发现当两个星系相互碰撞时，能够产生类似“触须”以及“双鼠”之类星系的尾巴特征，说明了许多这一类的天体，正处在星系交互作用的阶段。另外“车轮星系”的环状结构以及“涡状星系”的漩涡结构，也都是因为和旁边的小星系碰撞而产生的特殊景象。

星系碰撞会发生什么事

星系碰撞的效应取决于许多因素，包括两个星系的质量、运动轨迹、气体含量以及星系的形态等。在某些特定的情况下，星系碰撞会造成巨大的反应，形成十分特殊的星系与壮观的天体现象。例如在低红移[1]宇宙中，大多数的超亮红外星系即由两个气体与尘埃含量丰富的螺旋星系对撞，进而产生大量的新恒星形成的，其发出的紫外光被尘埃吸收，然后在长波段放射出来，因此以红外光波段观测时显得特别耀眼。另外，天文学家也发现，星系碰撞会促使气体流向星系中央，除了激发恒星形成，很可能也会为星系中心的巨大黑洞提供足够多的“养分”，促使黑洞活动，形成所谓的**活动星系核**[2]。

---

1. 详情请参 IV-4《远近有谱：多普勒效应和宇宙学红移》篇。

2. 详情请参 V-8《内在强悍的闪亮暴走族：活动星系》篇。

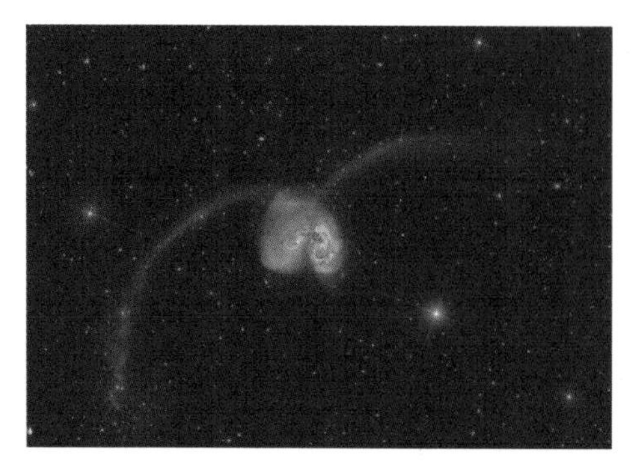

◀图 2　触须星系。由两个正在碰撞的星系组成，在星系剧烈碰撞的过程中，气体被带往两个星系的核心，大量恒星因而诞生（Image data: Subaru/NAOJ/NASA/ESA/Hubble/R. W. Olsen; processing: F. Pelliccia/R. W. Olsen）。

◀图 3　哈勃太空望远镜所拍摄的双鼠星系，又名 NGC 4676。这两个星系因受引力作用靠近而相互牵扯，形成类似“长尾巴”和连接两个星系的“桥梁”[Credits: NASA/H. Ford（JHU）/the ACS Science Team/ESA]。

◀图 4　车轮星系外围有一圈光环，就像是车轮的形状。天文学家认为过去有个小星系从车轮星系正面穿过，使得星系内的气体向外推挤，因此产生环状的结构（Credits: ESA/NASA/Hubble）。

◀图 5　距离地球约 2300 万光年的涡状星系，旁边有个矮星系正在与其进行交互作用 [Credits: NASA/ESA/S. Beckwith（STScI）/the Hubble Heritage Team（STScI/AURA）]。

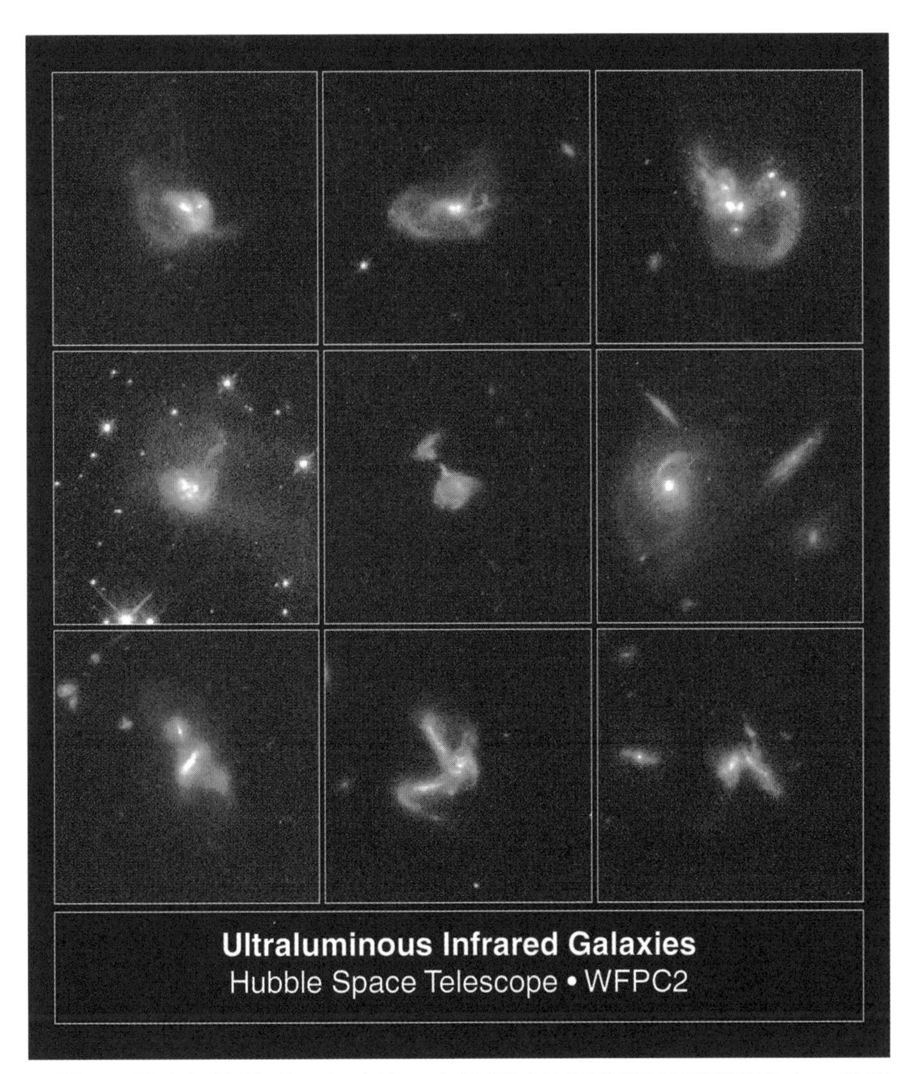

▲图 6　超亮红外星系。在哈勃太空望远镜的高分辨率观测影像中，显现出大部分的系统都有两个以上的星系正在进行交互作用，印证了理论的预测：星系在某些碰撞过程中会促使大量恒星形成 [Credits: NASA/K. Borne (Raytheon and NASA Goddard Space Flight Center, Greenbelt, Md.)/L. Colina (Instituto de Fisica de Cantabria, Spain)/H. Bushouse and R. Lucas (Space Telescope Science Institute, Baltimore, Md.)]。

各类星系之间的关联性一直是研究星系的天文学家热烈探讨的课题之一，有些天文理论研究指出，星系碰撞很可能是产生椭圆星系的主要途径。先前提到的天文学家阿拉•图莫（Alar Toomre）在 1977 年就已提出椭圆星系是两个螺旋星系碰撞后所形成的产物。而数十年来已有众多星系相互作用的模拟显示，星系在剧烈碰撞之后，原有的螺旋臂与盘面会被扯散，而气体或被抛出、或在大量恒星形成之后被用尽，之后星系的结构会重组，形成椭圆星系。

星系碰撞有多罕见

宇宙如此浩瀚，星系碰撞的可能性有多大呢？其实大多数的星系并不孤单。就星系的大小及其所处环境的星系数量密度而言，星系相遇的概率甚至比恒星相撞的概率还要高出许多，因此星系在它的一生中多多少少有机会能遇上另一个星系，甚至发生碰撞事件。我们的银河系就有不少星系邻居，统称为本星系群。其中最大的螺旋星系是仙女星系（M31），距离地球约 250 万光年，质量约为银河系的两倍左右。仙女星系目前正以每秒 110 千米的速度朝银河系前进，科学家推测，仙女星系很可能在 40 亿年后就会跟银河系相撞，最后合而为一，变成椭圆星系。

由于宇宙一直处在膨胀的过程，科学家认为早期宇宙星系碰撞的频率比现在更高。然而随着宇宙的演化，星系的样貌和特性不断演变，星系碰撞的种类也随着宇宙年龄的变化而有所不同。举例来说，早期的宇宙星系碰撞大多发生在类似螺旋星系的天体之间；越到晚期，则有越多的星系碰撞发生在两个椭圆星系之间，甚至也有一个椭圆星系与一个螺旋星系相撞的情况。无论如何，星系碰撞在星系一生的演化中扮演着极为重要的角色。

7 浪迹天涯的星际漫游者：宇宙射线

地球每时每刻都在接受来自宇宙的各种赠礼，像是太阳的光与热、远方漂亮星云的可见光等。然而可见光只占电磁波谱中的一小段，电磁波谱中还有无线电波、微波、红外线、紫外线、X 射线、伽马射线等，每种电磁波都使宇宙呈现出不同的面貌。除了这些电磁辐射之外，来自宇宙中的物质也不断降临地球，如陨石、尘埃等，还有一度被误认为是高能电磁辐射的宇宙射线。

不寻常的电离辐射：发现宇宙射线的契机

20 世纪初，科学家发现密封的验电器依然会漏电，当时的人们怀疑这是泥土与空气的天然放射性物质发生电离所导致的现象。1911 ~ 1913 年，赫斯（Victor Hess）带着验电器坐热气球升上高空进行观测，发现从地面至 2 千米高的天空，天然放射性物质的电离度的确随着高度上升而减少；但在更高的高空中情况却恰恰相反，天然放射性物质的电离度随着高度上升而增加。赫斯原先怀疑在 2 千米以上的高空观测到天然放射

▲图1 赫斯（中）在1912年进行的一次热气球实验。他曾乘坐热气球飞到距离地面超过5千米的高空进行观测（Credits: CNRS Photothèque）。

性物质的电离度增加是太阳辐射造成的，但后来又发现无论有没有日食，观测结果都没什么差异，因此排除了这个可能性，认为电离辐射源应该来自地球以外的太空，而且与太阳无关。

现在我们已经知道这些辐射源——**宇宙射线**（cosmic ray）来自太阳系外的远方。赫斯因为这个发现获得了 1936 年的诺贝尔物理学奖，至于宇宙射线这个名词，则是密立根（Robert Millikan）在 1925 年命名的。

宇宙射线是什么

宇宙射线泛指来自地球以外的高能带电粒子流，如质子、电子、少量原子核、正电子、反质子等带电粒子，有时也包括高能的伽马射线、中微子、中子等不带电粒子。这里主要谈带电的宇宙射线。宇宙射线的研究初期都与高能物理和粒子物理有关，但 1950 年代后加速器的发展提供了稳定的高能粒子源，使宇宙射线的研究渐渐转向天文学的相关问题。

一般而言，粒子能量高于 10^9 电子伏特[1]的宇宙射线来自太阳系之外，甚至是银河系之外。当高能宇宙射线打到地球大气时会产生很多能量较低的次生粒子，这些次生粒子可能又会继续产生下一代的次生粒子，这种过程称为大气簇射（air shower）。这些大气簇射的粒子就是赫斯所

1. 电子伏特：electron volt，缩写为 eV，为能量单位。一电子伏特等于 1.6×10^{-19} 焦耳。

观测到的电离辐射来源。在靠近地球的太空中，平均每平方厘米的面积每秒大约会有一颗粒子穿过，所以我们的身体每秒钟都被不少粒子穿过。目前的技术可以把仪器放在气球或人造卫星上，直接侦测粒子能量低于 $10^{14} \sim 10^{15}$ 电子伏特的宇宙射线；至于能量更高的宇宙射线，只能在地面设立大型观测站，通过侦测大气簇射的粒子，间接推测其原始能量及其他特性。

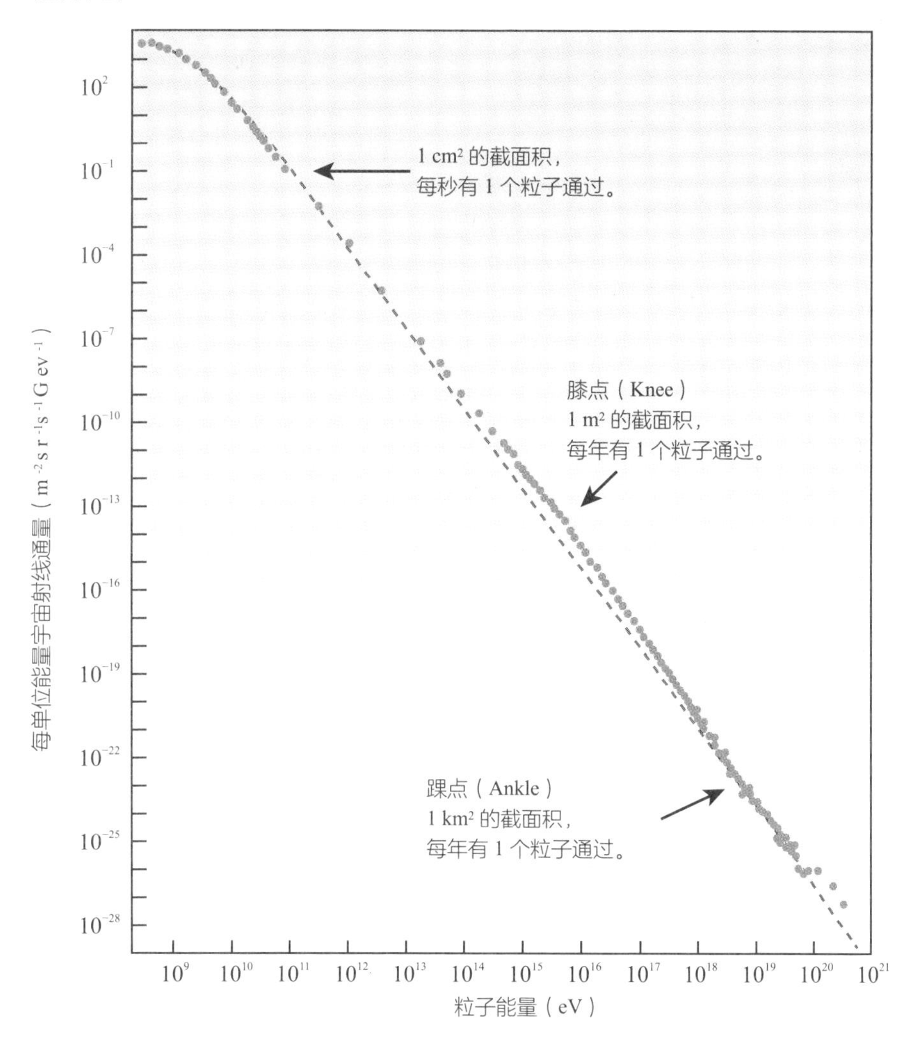

▲图 2 宇宙射线能谱（Reference: NASA/GSFC）。

宇宙射线的性质

一般而言，宇宙射线给人的印象就是其具有很高的能量。有史以来侦测到最高能量的宇宙射线，其能量约为 3×10^{20} 电子伏特，大概相当于一颗保龄球从桌上掉到地上时所拥有的动能。这么多的能量集中在比原子还小的一颗粒子上，这是很惊人的。不过它的动量却少得可怜，类似一只三趾树懒以每秒 40 纳米的速度前进。

除了具有高能量之外，在地球上侦测到的宇宙射线还有哪些特性呢？

（1）能量越高的粒子数量越少

从图 2 可以看出粒子能量高于 10^9 电子伏特的宇宙射线能谱呈幂律[1]分布，能量越高的粒子，数量越少。

（2）宇宙射线粒子来自各个方向

除了能量极高的宇宙射线因样品数不足而不是很确定之外，到达地球的宇宙射线基本上是各向同性的，即不论观测的方向如何，对于粒子的观测数据都相同。

（3）元素丰度[2]与太阳系的有点像，但不尽相同

在宇宙射线中氢占大部分，其次是氦，其余的都是少数，这与太阳系相同，但它们还是有差异的。譬如宇宙射线的氢与氦分别跟硅的比值，与太阳系相比较小；而宇宙射线的锂、铍、硼分别跟硅的比值，则比太阳系的大得多。

---

1. 幂律：两变量之间存在幂次方的函数关系。
2. 元素丰度：该元素与硅元素的相对含量比值。硅的元素丰度设定为 100。

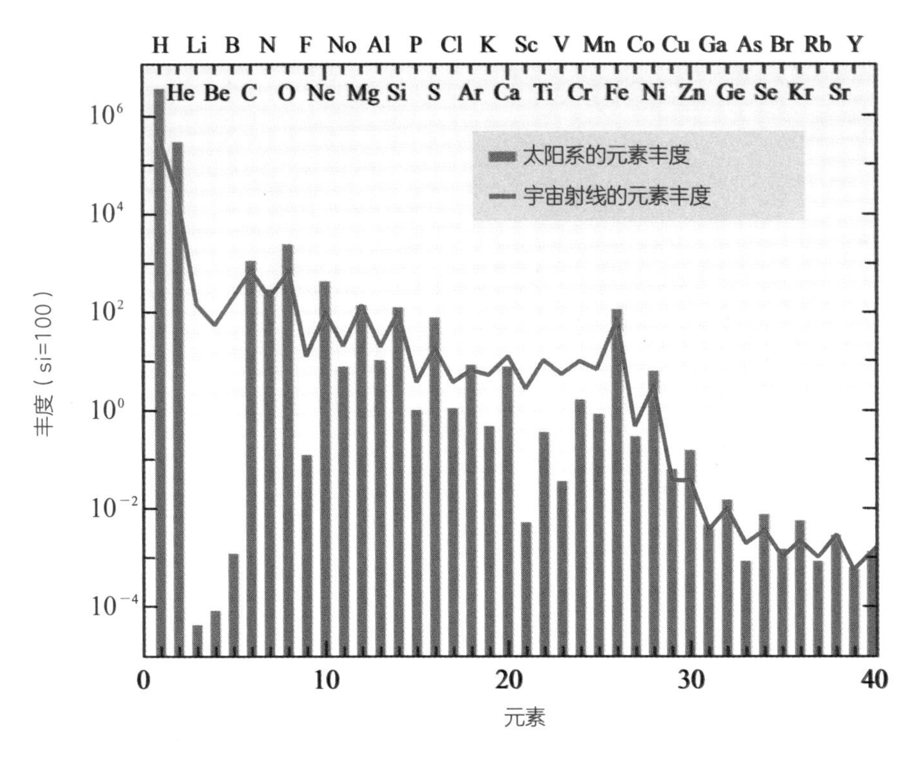

▲图 3 宇宙射线与太阳系的元素丰度（Reference: NASA/GSFC）。

（4）在地面侦测到的数量与太阳活动有关

从中子监测器的长期记录可以发现，高能粒子的数量与太阳黑子数目一样有 11 年的周期变化。只是当太阳黑子增加的时候，高能粒子的数量会减少；而当太阳黑子减少的时候，高能粒子的数量则会增加。

从发现宇宙射线至今，已经过了一个世纪之久，人们对于宇宙射线还是充满了好奇。为什么它们的能量会那么高？它们的出生地在哪里？它们是怎么跑到地球来的？它们对其他天体有什么影响？它们在星际物质[1]以及星系际介质（intergalactic medium）的生态系中扮演什么角色？在研究这些问题前，我们必须先了解宇宙射线与其他物质有哪些交互作用。

1. 详情请参 II-8《苍芒星空的轮回：星际物质》篇。

宇宙射线与等离子体状态物质的交互作用

由于宇宙中大部分的物质都处于等离子状体态[1]，而宇宙射线绝大部分是带电的，因此彼此间能通过电磁场进行相互作用。在宇宙这么大的环境里很难有大规模的电场存在，就算有也会很快因正、负电荷互相靠近而抵消；但大规模的磁场却可以存在，因为在自然界中并不存在磁单极[2]，因此磁场是宇宙射线与等离子体交互作用的主要媒介。

带电粒子遇到磁场会转弯。不过埋在星际物质等离子体里的磁场并不均匀，有很多紊乱的扰动，这是**星际湍流**的一部分。宇宙射线与这些磁场扰动发生作用，会随着等离子体移动并扩散。有趣的是，当宇宙射线分布不均时也会激发磁场扰动，因此等离子体、宇宙射线、磁场相互影响，形成了一个复杂的系统。

太阳风[3]会将太阳磁场带到行星际空间，再到达太阳系外围。这些磁场把部分宇宙射线（尤其是能量较低的）挡在外面，让它们没有那么容易进入太阳系内部。太阳表面的黑子数目变化代表太阳磁场活动的变化，太阳磁场越强则黑子数目越多，这时太阳风带到太阳系外围的磁场越强，挡住宇宙射线的效能也越高，于是在地球上侦测到的高能粒子数量就越少。

银河系存在大规模的磁场。除了极高能的宇宙射线（能量超过 3×10^{18} 电子伏特）外，其他宇宙射线在银河系磁场的影响之下会转来转

1. 也就是大部分原子已经电离成正离子与电子的状态。
2. 磁单极：理论上仅带有 N 极或 S 极的基本粒子。自然界中的磁性物质无论如何分割都会同时保有 N、S 极，因此天然的磁单极并不存在。
3. 太阳风：solar wind，从太阳外侧大气层快速流出的带电粒子流。其他恒星也会出现类似的带电粒子流，称为恒星风。

去、迷失方向，因此在地球上看到的宇宙射线来自四面八方，这也使得寻找宇宙射线的出生地变得极为困难。其实观测结果显示，就算是极高能的宇宙射线也没有明显的方向性。虽然宇宙射线受磁场束缚，在银河系里绕来绕去，但它们也可以因磁场扰动而扩散到银河系边缘，继而逃离银河系。

从出生地来的宇宙射线称作**原生宇宙射线**。星际物质或大气有大原子序的原子核，当这些原子核被原生宇宙射线撞倒后会分裂破碎，形成小原子序的次生宇宙射线，如大气簇射。这个过程使星际物质中非常稀少的锂、铍、硼成为**次生宇宙射线**中的重要成分。从一些次生宇宙射线与原生宇宙射线的数目比值，可估算出宇宙射线在银河系逗留的时间为1000万~2000万年。这表示银河系要不断产生宇宙射线才能维持稳定的量，那么谁有足够的能量达成任务呢？目前认为是银河系的超新星。

一般认为能量在10^{15}电子伏特以下的宇宙射线是由银河系的超新星遗骸产生的；$1\times10^{15}\sim3\times10^{18}$电子伏特的高能宇宙射线很可能是在银河系里产生的，但成因还不确定；至于3×10^{18}电子伏特以上的极高能宇宙射线，其成因则众说纷纭，估计是在银河系外产生的。宇宙射线的能谱相当陡峭，以总能量的分布来说，绝大部分的能量是由能量较低的宇宙射线贡献的，而这些宇宙射线是超新星遗骸通过震波加速机制产生的。由于带电粒子受到的磁力方向垂直于它的运动方向，所以磁场不能直接改变带电粒子的动能，但磁场变化时却可以通过电磁感应生成的电场来增加或减少带电粒子的动能。

星际磁场会不断出现扰动，高能带电粒子与这些磁场扰动产生的交互作用可能很复杂，但结果可以简略为：粒子进入扰动区，经过一番纠缠后从另一方向逃出，再进入另一扰动区，如此周而复始，这一过程可称为**散射**。就像弹珠台上的弹珠不断在障碍物之间行进，而那些障碍物也同时在不停移动。这个散射过程就是宇宙射线可以在等离子体中扩散的原因。震波是一个不连续的流场，流体在震波上游以超声速进入，再以亚声速流到震波下游，也就是上游速度快，下游速度慢。整体来说，埋在上、下游磁场扰动区中相互靠近、能量不高的带电粒子在这种环境下会不断提高能量，最后变成宇宙射线。就像乒乓球在两支相互靠近的球拍之间弹来弹去，速度不断增加，这称为**震波加速**。

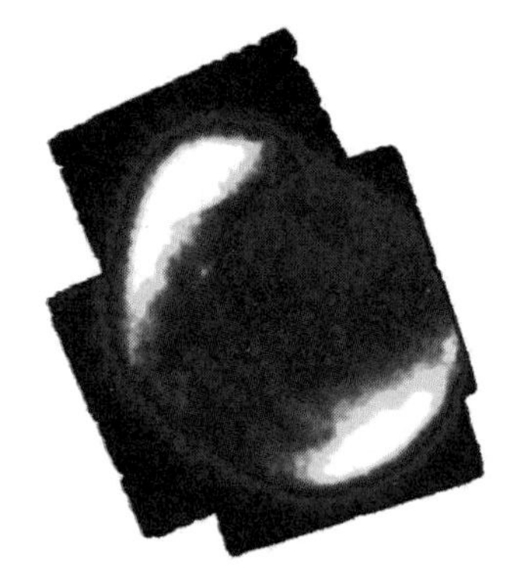

▲图 4　超新星遗骸 SN 1006 的 X 射线影像。两块明亮区域是超新星遗骸的震波，从 X 射线能谱可以知道这是很高能的电子在磁场中产生的同步辐射，是震波加速的证据。其他蓝色的区域是一般的 X 射线热辐射 [Credits: E. Gotthelf（Columbia University），ASCA Project, NASA]。

宇宙射线的能量密度与星际物质里各种状态的气体、磁场等息息相关，加上宇宙射线有很强的电离能力，它们在星际物质的生态和动力学上都扮演着重要的角色，如：对超新星遗骸震波的反馈、驱动星系风、协助形成星系磁场、电离与加热分子云、影响恒星形成、驱动分子云产生某些复杂的化学反应等。

此外，高能质子碰到星际物质会产生 π 介子[1]而衰变为伽马射线；高能电子也可以：

1. 介子是参与强交互作用的一种基本粒子，π 介子是介子的其中一种，由一个夸克和一个反夸克组成。

（1）通过逆康普顿散射[1]将被撞击的光子能量提高到伽马射线等级。

（2）通过非热制动辐射[2]产生 X 射线。

（3）通过磁场产生同步辐射（无线电波及微波）。

这些辐射使这个世界更加五彩缤纷，与之相关的许多现象都是有趣而值得探讨的问题。

---

1. 关于康普顿散射与逆康普顿散射的说明，请参Ⅰ-7《宇宙中的巨无霸部落：星系团》篇。

2. 天体的辐射机制可粗略分为热辐射与非热辐射。热辐射指产生辐射的粒子处于热平衡状态（如热等离子体），而非热辐射则表示粒子并非处于热平衡状态（如宇宙射线）。非热制动辐射是非热平衡粒子（一般是电子）所产生的制动辐射。关于制动辐射的说明，请参Ⅰ-7《宇宙中的巨无霸部落：星系团》篇。

8 苍茫星空的轮回：星际物质

宇宙空间浩瀚而空旷，但恒星与恒星之间的巨大空间却不是全然空无一物，而是存在着密度较低的**星际物质**。星际物质虽然稀薄，但总质量可达银河系的 10%～15%，其中 99% 为气体（包含原子、分子、离子、电子），1% 为尘埃（细小的固体物质），温度可低到绝对温度 10 开尔文，也可高达数千万摄氏度，在高温区域以等离子体的状态存在。星际物质的元素组成约有 90% 是氢（包含中性氢及电离氢），其次有 10% 是氦，以及其他微量的元素。除了一般的物质以外，电磁辐射、宇宙射线及星际磁场也常常被当成广义的星际物质。

星际物质聚集较多的地方，常被称为**星云**（nebula），常见的绚丽天文影像多半是星云的照片。18 世纪以前，天文学家认知的宇宙，大多只包含在天空中有固定位置的恒星、在恒星间穿梭的行星，以及偶然出现带有尾巴的彗星，只有少数天文学家曾注意到“与星星没有联系的云气”。法国天文学家梅西叶（Charles Messier）在寻找彗星时，发现许多不会动的云雾状天体，为了避免这些天体被误认为新彗星，梅西叶在

1781年发表了梅西叶星云星团表，其中共包含103个天体，这些天体不仅有星云，还有星团与星系。

星云的种类

星云可以根据不同的表象与来源分成很多种，以下是常见的种类：

（1）发射星云

星云内包含年轻或大质量的恒星，其辐射能激发星云中的气体而发出光，例如猎户座大星云。

（2）反射星云

本身缺乏光源，主要的光源来自本身的灰尘反射附近恒星的辐射，例如猎户座中的M78星云。

（3）超新星残骸

大质量恒星在演化末期会发生核心爆炸，产生超新星[1]。恒星外层的物质向外扩展，形成超新星残骸，如HBH 3。

（4）行星状星云

中等质量的恒星，在演化末期不会形成超新星，而是会借助恒星风把恒星外层往外吹。以古代的小望远镜观看这些气体时，它们的形状类似行星，但其实与行星没有关联，如猫眼星云。

（5）黑暗星云

星际中的云气受引力聚集起来，形成密度较高的星云，其内部高密度的尘埃吸收了背景光线，因而呈现黑暗的状态。黑暗星云的内部温度极低，氢原子会转化为氢分子，因而又称为**分子云**，如马头星云。

1. 详情请参I-5《来自星星的我们：超新星爆炸》篇。

▲图 1 猎户座大星云 [Credits: NASA/ESA/M. Robberto (Space Telescope Science Institute/ESA)/the Hubble Space Telescope Orion Treasury Project Team]。

▲图 2 猎户座中的反射星云 M78 (Credits: ESO/I. Chekalin)。

▲图 3　超新星残骸 HBH 3（Credits: NASA/JPL-Caltech/IPAC）。

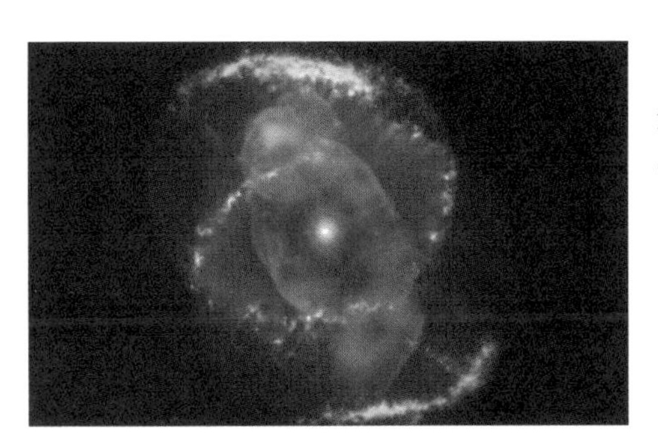

◀图 4　猫眼星云（Credits: X-ray: NASA/UIUC/Y. Chu et al.; optical: NASA/HST）。

◀图 5　马头星云（Credits: K. Crawford）。

星际物质的组成与重要性

星际物质内部发生的物理及化学变化过程对银河系的物质循环极为重要。无论是缓慢或剧烈的过程，物质回归星际的时候，都会将核聚变产生的能量注入到星际，使得星际物质的动能增加进而产生**湍流**，过程中也启动了许多物理化学反应，这些物理、化学的反应能产生并维持星际物质在不同阶段下的复杂结构。以下根据星际物质的组成状态，介绍其性质与重要性。

银河系的物质循环过程

在黑暗星云内部最冷的地方，物质受引力聚集起来形成恒星[1]。在恒星生命中的大部分时间，物质锁在星球内部，而恒星中心的核聚变反应，会将较轻的元素转化成较重的元素。一部分的物质会以恒星风的方式，较缓慢且持续地回归到星际中；在大质量恒星的演化末期，剧烈的超新星爆炸也会将物质释放回星际间。

（1）分子气体

星际物质含有分子是在1930年代才被确认的，最早被发现的是次甲基。天文学家在恒星的可见光光谱中，发现不随恒星运动而移动的吸收谱线[2]，因此判断这种谱线是介于地球与恒星之间的物质所产生的。星际物质中含量最多的氢分子（H_2），直到1970年才从大质量星球的远紫外线光谱中发现；含量第二丰富的一氧化碳（CO）是1971年从星球的紫外线吸收谱线中发现的。

1. 详情请参Ⅱ-4《无中生有的艰难任务：恒星的诞生》篇
2. 详情请参Ⅳ-4《远近有谱：多普勒效应和宇宙学红移》篇。

然而更多的分子是通过无线电波发现的，因为分子的化学键在高温状态下容易被破坏，所以分子多半存在于低温的黑暗星云中，而黑暗星云会吸收大部分的可见光及紫外线，只有红外线及无线电波能穿透。可惜氢分子本身因对称的分子结构无法发出无线电波，不能直接被观测到，因此 CO 便成为探索分子云的主力，因为分子云中的 CO 与 H_2 有固定的比例关系，测量到 CO 就等于测量到 H_2。此外，通过多普勒效应，我们可以得到分子在视线方向上的速度，并用来与理论预测值比较。经过大规模的 CO 观测，天文学家发现分子云如同一片薄饼集中在银河盘面，在太阳附近的厚度约为 450 光年。

到 2018 年，星际物质中已经有 16 种元素组成的 204 种分子被发现，包括一些有趣的分子，例如：糖、酒精、醋等。不过天文学家最感兴趣的还是跟生命有关的分子。虽然有些跟生命有关的有机分子已经被发现，但天文学家仍在搜寻蛋白质存在的证据。

（2）中性原子气体

宇宙中含量最多的元素是氢，中性氢在宇宙中的存在可利用氢原子谱线探测。以恒星的谱线为例，存在于我们与恒星之间的中性氢气体会吸收部分光子，从而在恒星光谱上显现出吸收谱线。这样的吸收谱线也会在活动星系核[1]的光谱中出现，这表示在星系与星系之间也有中性氢存在。

在银河系里的中性氢，主要是以波长 21 厘米的发射谱线进行探测的。因为这种波长 21 厘米的无线电波被氢原子吸收的概率非常低，可以让我们看到整个银河系的结构：银河系的中性氢存在的区域在距离银河中心 10 万光年的地方；太阳附近的银河盘面，中性氢的厚度约为 750 光年；而银河系中心有棒状结构，且有数条旋臂。

1. 详情请参 V-8《内在强悍的闪亮暴走族：活动星系》篇。

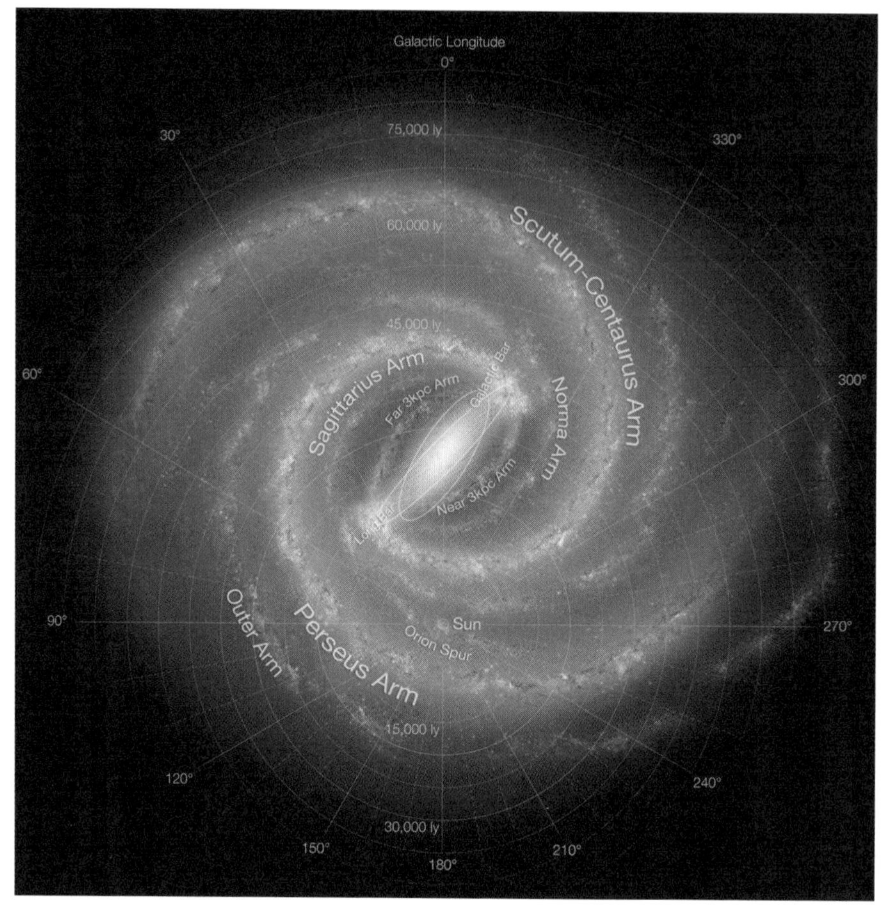

▲图 6　艺术家想象的银河系结构。白色的旋臂主要由氢原子 21 厘米谱线的观测结果推测而得，红色部分是电离氢区（Credits: NASA/JPL-Caltech/ESO/R. Hurt）。

（3）温暖的电离气体

银河系里的大质量恒星（O/B 型恒星）有足够强的辐射能电离氢原子，形成**电离氢区**。在电离氢区内的氢离子与电子处于高温的等离子体状态，温度约为 10000 开尔文，当电子碰撞到氢离子时，会在光谱上产生所有的氢原子谱线，其中最容易被观测到的是在可见光波段的 Hα 谱线，波长为 656.3 纳米，呈红色。年轻的大质量恒星形成区（如图 1 猎户座大星云的中心），也会形成电离氢区。

▲图 7　玫瑰星云（NGC 2244）是典型的电离氢区（Credits: A. Fink）。

（4）热的电离气体

极高温的电离气体，温度可达百万到千万摄氏度，其密度极为稀薄，每立方厘米大约只有 10^{-2} 个粒子。银河系到处都被这样的气体包围着，这样的气体被称为**银冕**（galactic corona）。在这样的高温下，气体会产生 X 射线。据推测，这些高温气体是由超新星或极大质量的沃尔夫—拉叶星[1]的恒星风产生的。高温气体比较不受银河系的引力束缚，因此银河系的银冕半径可达 30000 光年，比中性氢与分子云的分布范围更大。

（5）星际尘埃

星际尘埃为星际物质中固体物质的统称，其大小为 0.1～1 微米，主要成分为硅、石墨及其他微量重元素，这些重元素是过去超新星爆炸时从星球内部释放出来的。星际尘埃在分子云内部的含量较高，因此较容易显现出其吸收辐射的特性。

1. 沃尔夫—拉叶星：Wolf-Rayet star，简称 W-R star，是超大质量恒星演化过程中经历的一个阶段，具有强烈的恒星风，会把恒星外层逐渐剥离。

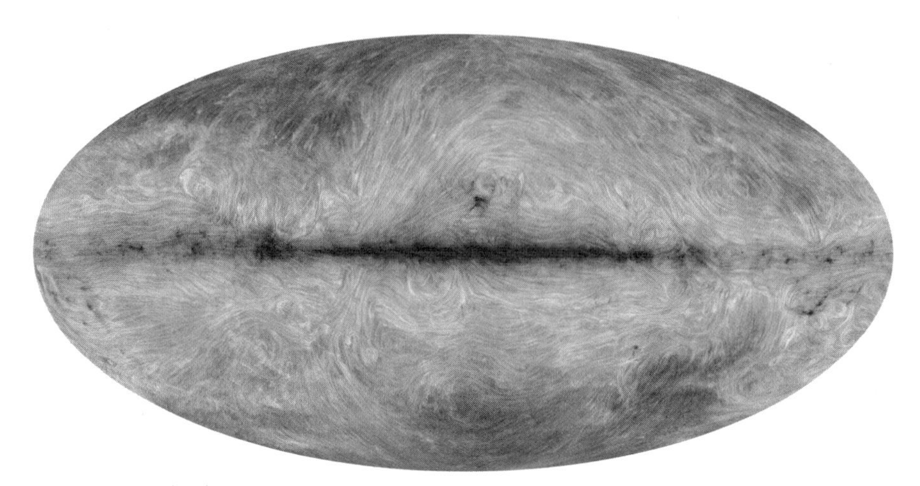

▲图 8　普朗克卫星测量全天的磁场分布（Credits: ESA/the Planck Collaboration）。

（6）宇宙射线

宇宙射线是在太空中穿梭的高能粒子，其组成有 90% 为质子，9% 为氦原子核，1% 为电子，也包含少量的正电子、反质子、中微子等次原子粒子。科学家推测其能量来自超新星爆炸以及与星际磁场的交互作用。地球其实时时刻刻都被宇宙射线轰炸，但大多数的宇宙射线会被地球的磁场阻挡[1]。

（7）磁场

星际空间中存在着微弱的磁场，其来源尚未被完全了解。在银河盘面中性氢气体存在的区域，磁场大小约为 10^{-10} 特斯拉；在分子云中则可达 10^{-7} 特斯拉。虽然磁场强度不大，但有些天文学家认为磁场对恒星的形成有决定性的影响。

1. 详情请参 II-7《浪迹天涯的星际漫游者：宇宙射线》篇。

9 遮掩天文学发展的两朵乌云：暗物质与暗能量

最近几十年来，由于观测技术的快速发展，天文学和宇宙学已经进入可以被精确验证的时代。然而新的观测结果却与我们目前对自然界的认知及现有理论的预期有很大的差异，其中最令人感到意外的结论就是**暗物质**（dark matter）和**暗能量**（dark energy）的存在。这两朵乌云带给科学家极大的困惑和严峻的挑战，也显示出我们目前对自然界认知的不足之处。但如果从另一个角度来看，新的挑战也是更新认知、开拓视野的关键机会。回顾历史，科学上的重要进展绝大部分都是从解决关键难题开始，进而促进人类文明的发展。

天文学研究的目标是天体（星球、星系等）的运行和演化，而天体中支配星球运行的关键作用力是引力，或称万有引力。一般情况下，考虑牛顿的万有引力定律已经足够精确，并不需要使用到广义相对论；但是研究宇宙如何诞生、演化的宇宙学，就不能不考虑相对论的效应。

星星为何不会像苹果一样向下坠落

仰望夜空繁星，人类对于天空中的星球如何运行一直充满好奇心。人类一直在思考：**地球上的物体都会向下掉落，天上的星星为什么不会掉下来？**一开始的想法是，天上的星星与地球上的物体分别遵循不同的自然法则，从而导致“不同”的运动结果。直到牛顿建立了古典的力学系统，这个问题开始有了正确的解释。在牛顿的理论中，无论是天上的星星还是地球上的物体，都一样受到引力作用[1]，也遵循相同的牛顿三大运动定律。

既然一样受到引力作用，为什么星星不会掉下来呢？以我们熟悉的太阳系为例，行星都受到太阳的引力作用[2]。虽然太阳的引力会吸引行星，但是行星已经绕着太阳运行数亿年了，并没有掉到太阳上，这是因为绕行太阳的圆周运动（精确来说是椭圆轨道）是一个非惯性系统，所以有相对应的非惯性力（离心力）作用，其方向与太阳产生的吸引力刚好相反，当这两个力的大小相同，就能互相抵消，使行星几乎在固定的轨道上运行。

根据牛顿的万有引力定律，引力大小与行星和太阳的质量成正比，与两者之间的距离平方成反比。**行星做圆周运动的离心力大小，与其绕行的速度平方成正比，而与距离（即轨道半径）成反比。**基于上述，我们可以得出结论：越靠近太阳的行星向心力（受太阳引力）越大，因此绕行太阳的速度必须越快，产生的离心力才足以平衡太阳的引力。

1. 依据牛顿的万有引力定律。
2. 行星之间的引力与太阳的引力相比很小，可以忽略不计。

同样的原理可以推广到螺旋星系中的恒星运行。不同于太阳系中主要的引力来源是太阳，可忽略行星之间的引力；在星系中，恒星之间所产生的引力不可被忽略，因此所有恒星的分布情况对其中任一颗恒星来说，都是影响其运行的重要因素。通过天文观测，螺旋星系中的恒星大致上在离中心一定距离的范围（以下称为主要分布范围）内均匀分布，根据引力的特性，**一个恒星受到的引力大小与其运行轨道内所有恒星的质量成正比，而与轨道的半径平方成反比**。理论上，天文学家对螺旋星系中恒星运行速度分布的预测如图 1。

（1）对位于主要分布范围内的恒星而言

由于运行轨道内的总恒星质量与分布范围的体积（也就是半径的三次方）成正比，所以恒星运行的离心加速度必定与轨道半径成正比，即轨道半径越大，恒星运行的离心加速度越大。加上前面提过，恒星的离心加速度与其绕行速度的平方成正比、与距离（即轨道半径）成反比，因此可得到恒星的速度与其轨道半径成正比的线性关系。

（2）对位于主要分布范围之外的恒星而言

其轨道内的质量大致上是固定不变的，也就是对这类恒星而言，其离心加速度与轨道半径的平方成反比，所以它运行的速度会跟轨道半径的平方根成反比，即半径越大，速度越小。

遮掩探究之路的第一朵乌云：暗物质

然而，实际观测的结果发现，外围恒星的运行速度并没有随着半径增加而变小，大致上反而保持不变，代表离心加速度比理论上所预期的更大。换句话说，这些恒星受到的引力作用比预期的还要大很多，这意味着还有其他物质在对恒星施加引力。由于我们并未实际观测到这些物质，所以将之称为**暗物质**。据估计，这些看不见的物质，质量竟然比看

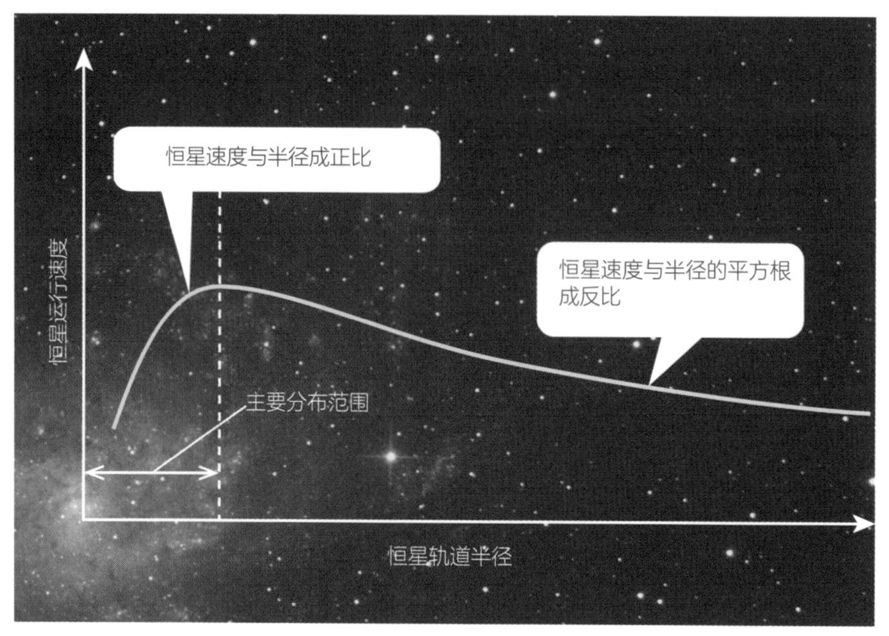

▲图 1　螺旋星系中恒星运行速度与轨道半径的关系预测示意（Image Credits: Shutterstock）。

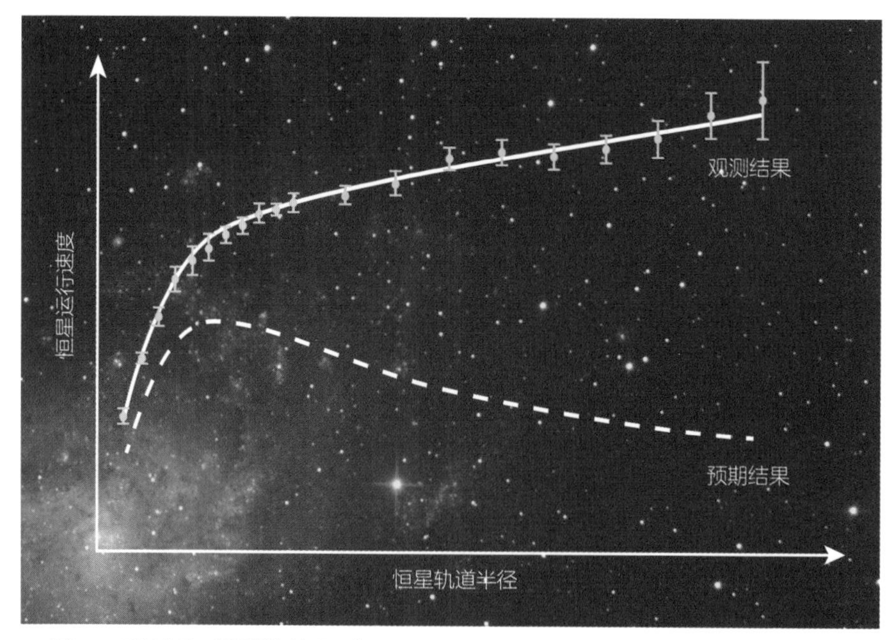

▲图 2　理论和观测的结果（Reference: Mario De Leo; image credits: Shutterstock）。

得见的恒星大 10 倍，所以不可能是被我们忽略的不会发光的行星。至于这些暗物质的本质是什么？这是目前遮掩人类探究宇宙的一朵乌云。

看不见的强大反对势力：暗能量

科学家面对的另一朵乌云来自对宇宙演化的观测结果。在宇宙演化的过程中，最关键的因素就是万有引力。万有引力作用不像电磁作用，因为电荷可以是正或负，所以电磁力也可能是吸引力或排斥力。然而就目前所知，物质产生的万有引力只可能是吸引力。1929 年，哈勃从观测遥远星系的光谱中发现所有星系都在远离地球所导致的红移效应，而且远离的速度与跟地球的距离成正比，这个结果便验证了宇宙正在膨胀的观点[1]；换言之，越早期的宇宙越小。我们的宇宙是在距今约 138 亿年前，经由一场巨大的爆炸而产生的，密度极大，温度极高。这场大爆炸提供了宇宙膨胀的初始速度——这就是**大爆炸**理论的基本看法。随着宇宙的膨胀，宇宙逐渐冷却下来。1964 年，两位天文学家偶然间观测到一个相当均匀的电磁辐射，其特性与绝对温度 2.725 开尔文的黑体辐射相符合，称为宇宙微波背景辐射[2]，这便是大爆炸所遗留下来最直接的证据。

因为万有引力只能是吸引力，纵使宇宙在大爆炸时获得极大的初始速度，但在引力的作用下，照理说宇宙膨胀的速度应当越来越小，以减速膨胀演化。然而随着观测技术的进步，科学家已能分析出星系远离地

---

1. 详情请参 III-2《解放无限苍穹的想象：哈勃定律》、IV-4《远近有谱：多普勒效应和宇宙学红移》篇。
2. 详情请参 III-3《余韵未绝的创世烟火：大爆炸》、III-4《早期宇宙的目击证人：宇宙微波背景辐射》篇。

球的速度变化，也能观测出宇宙背景辐射中极其微小的不均匀性。而这两种不同的观测，竟然都引出同一个令人意外的结果：**我们的宇宙目前并不是进行减速膨胀，反而正在加速膨胀！**为了合理解释这种情况，科学家推论：我们的宇宙中极有可能存在能产生“排斥性的万有引力”的物质，而且这些物质必定与目前熟知的由基本粒子所组成的物质极为不同，称为**暗能量**。

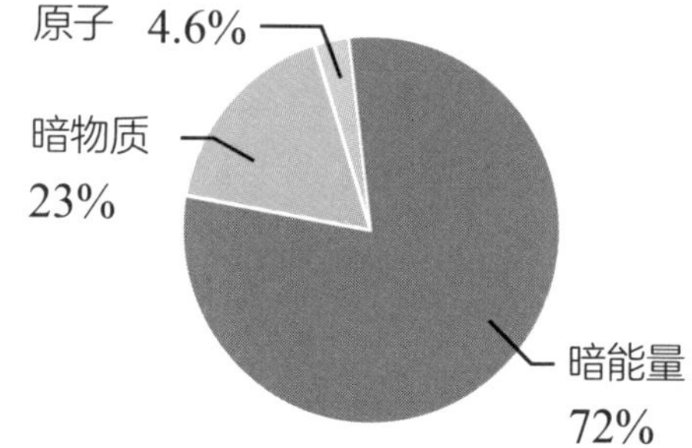

▲图 3　宇宙组成的成分分布图（Reference: NASA/WMAP Science Team）。

目前全世界有许多观测暗物质与暗能量的计划正在进行，希望能为我们提供更多的信息。综合各种观测结果，估计宇宙的组成中大约有 70% 是暗能量、25% 是暗物质，由原子等组成的物质仅占 5%。换言之，现在我们所理解的只是宇宙中的极小部分，还有很大一部分正等着我们去探索。

对于上述所说的暗物质和暗能量，除了可能起因于未知的物质，还有另一种可能性：也许我们的引力理论（牛顿的万有引力定律或爱因斯坦的广义相对论）乃至力学理论（牛顿的运动定律或爱因斯坦的狭义、广义相对论）可能并不完备，需要再进一步修正。无论如何，暗物质和暗能量这两朵乌云还盘踞在我们的上空，正等待拨云见日的那一刻到来。

Ⅲ

宇宙
追梦人

1 科学巨擘们的传承故事：伽利略、牛顿与爱因斯坦

自然界中的所有事物，不论是在地面上运动的物体，还是在天空中运转的星球，都遵循着一定的自然法则。这些自然法则是科学家汲汲营营，努力探索、研究的对象。描述自然现象的主流说法源自古希腊时期的亚里士多德学派，其中有许多错误的观点在 16 世纪受到伽利略（Galileo Galilei）的强烈挑战，这些经典的理论经由牛顿集大成，最后再由爱因斯坦将其推广，进而发展出现代的力学系统和引力理论。

事出例外必有因：伽利略的发现与质疑

关于物体运动的观点，亚里士多德主张静止不动是不受力物体的最终状态，若要保持物体运动则需外加作用力。这个看法似乎很合理，例如马需要使尽力气才能保持马车持续不断地向前进。然而，自然界的法则必须是普遍适用的，如有例外，必定有某种尚未被理解的因素掺和其中。

伽利略首先注意到了不符合亚里士多德理论的现象。例如：圆球在平面上滚动，平面越光滑，则圆球可以滚动得越远。看似不受力的圆球滚动，其运动状态却与平面的光滑程度有关。如果平面足够光滑，圆球应该可以一直滚动下去，不会停下来。此外，在地球引力作用下自由掉落的物体，其下落的速度不会保持不变，而是会越来越快。由此看来，引力的效用应该不是“产生”速度，而是“改变”速度。

▲图 1 伽利略（Credits: Shutterstock）。

基于这些观察结果，伽利略认为更合理的解释为：**不受力的物体会保持其原本的运动状态**。换言之，不受力的物体会维持原来的速度；而对物体施加外力则会造成运动状态改变，也就是增大或减小其运动速度或改变运动方向。至于滚动的圆球或没有马在拉动的马车之所以会逐渐停下来，那是受到平面或地面摩擦力作用的结果。这两个概念分别启发了之后牛顿力学系统中的第一和第二定律。

伽利略对亚里士多德学派另一个概念的质疑，则因其著名的故事而更广为人知。亚里士多德学派认为：**物体下落所需的时间和它的质量成反比，越重的物体下落的速度越快，落地所需的时间越短**。这也是一个看似合理的结果，然而伽利略却怀疑这个论点。伽利略的学生宣称，伽利略曾在比萨斜塔进行实验，将两个质量不同的球从塔顶释放，让它们自由掉落，发现两个球同时到达地面，证明物体掉落所需的时间与其质量无关。

然而，如果换成是树叶与石头从同一高度自由落下，我们会发现石头掉得比树叶快。如同前文所述，自然界的法则应该普遍适用，树叶之所以掉落得比石头慢，是因为受到其他外在因素的影响：也就是**空气阻力**。虽然无法证实伽利略是否真的在比萨斜塔进行过自由落体的实验，但是无论如何，这个结果对牛顿的万有引力定律，乃至爱因斯坦的广义相对论都有深远的影响。

伽利略的一生还有许多广为人知的重要事迹，包括因支持哥白尼的日心说而受到罗马教会的审判、发明用来观测天体的望远镜……伽利略不畏权势，敢于对日常生活经验上看似合理的论点提出质疑。由于他杰出的贡献，现代科学开启了新的发展征程。

古典力学的集大成者：牛顿

牛顿（Isaac Newton）将伽利略的成果加以总结，并进一步推广。他在 1687 年发表的经典著作《自然哲学的数学原理》中阐述了描述物体运动的**三大运动定律**和引力作用的**万有引力定律**，不仅奠定了经典力学和天文学的基础，其应用更是深入工程学的各个角落。

牛顿力学中的三大运动定律包括：

▲图 2　牛顿（Credits:Shutterstock）。

（1）第一定律

在不受外力的情况下，物体的运动状态将维持不变（速度保持不变）。因此不受外力的物体会保持静者恒静、动者恒动的运动行为，而这个自然法则也被称为**惯性定律**，速度保持不变的运动状态则称为惯性系统。

（2）第二定律

描述外力如何改变物体的运动状态，换言之就是速度的改变。速度在单位时间内的变化称为加速度，而物体的加速度大小与其所受的外力成正比，与物体的质量成反比。精确的第二定律描述为**外力的大小等于质量乘以加速度**，以数学式表示就是我们熟悉的 $F=ma$。

（3）第三定律

牛顿的第三定律则为**作用力与反作用力定律**，即施力者施加作用力时也必会受到一个大小相等、方向相反的反作用力。比如说穿着冰鞋的舞者推墙壁时会使自己向后退，这就是反作用力的效应。

这三大定律组成了牛顿力学理论的基石，而且对后世物理学发展的影响极为深远。而牛顿的另一项重要成就——万有引力定律——伴随着一个大家都耳熟能详的故事。1665 年，英国伦敦爆发严重的瘟疫，各大学为了避免疾病传染而暂时听课，牛顿也从剑桥大学回到老家，继续学习、思考关于物理与数学的问题。

相传牛顿是被一颗从树上掉下的苹果启发的，进而产生万有引力定律的想法。自此之后，苹果除了在亚当与夏娃的故事中扮演戏剧性的转折点以外，也常在人们提到重力时，自然而然地跟万有重力联系在一起。如今启发牛顿的苹果树后代被栽种在剑桥大学的三一学院前面，成为许多人造访剑桥大学时必去的景点。不仅如此，英国为了纪念牛顿这位伟大的

▲图 3　种植在剑桥大学三一学院前的“牛顿苹果树”（Credits: Shutterstock）。

学者，还将启发他的那棵苹果树分株赠送给世界各国。2015 年 10 月 21 日“牛顿苹果树”正式亮相上海科学会堂。

在牛顿提出这些理论之前，人们认为天上的星体遵循的是不同于地面物体的自然法则，所以才不会掉到地面上。然而牛顿却认为万物都受万有引力定律和力学的三大运动定律所支配，并成功利用离心力解释星球可以在天上运行而不坠落的现象。

想象力也可以很科学：爱因斯坦的创见

▲图 4　爱因斯坦（Credits: Shutterstock）。

牛顿的力学系统支配着我们对物理的认知，直到 20 世纪，爱因斯坦将力学系统再进一步推广，建立了狭义和广义相对论。

爱因斯坦发现牛顿的力学理论有局限性，而且不够完备。首先，牛顿的力学理论主要适用于处理低速运动的物理系统，如果系统的运动速度快到接近光速，牛顿的力学理论将不再适用；换言之，牛顿的力学理论只是在低速情况下的一个近似结果。这里所提到的速度快慢是以光速作为比较的基准，而光速非常快，每秒可绕行地球 7 圈半，我们在日常生活中能接触到的速度与其相比极小，因此牛顿力学理论的误差是很难被观测和注意到的。

然而，当我们讨论电磁波[1]时，牛顿力学理论的问题就会凸显出来。爱因斯坦建立狭义相对论，将牛顿的力学理论推广到能处理高速运动的系统。为了不与电磁理论相互矛盾，其中有个极其关键的论点：**光速对任何处于惯性系统中的观察者而言，其大小必定不变**。这个特性跟我们处于低速系统中的日常经验非常不一样，怎么说呢？想象有一颗在空中直线飞行的球，而观察者开着车，以跟这颗球相同的速度行进。对观察者而言，球看起来是静止不动的。可是换作光就不一样了，根据狭义相对论的说法，如果你能够在非常接近光速的情况下运动，这时你所观察到的光速跟你处在静止时观察到的光速完全一样。是不是很不可思议呢？

事实上，光运动的特性和我们在日常生活中累积经验而成的“常识”（如上述观察飞行的球）完全不同，甚至可以说是不兼容的，所以对于狭义相对论的初学者来说，必须先对自己既有的认知做革命性的改变。总之，在物理定律和光速在所有惯性系统中都不变的原则下，爱因斯坦提出了狭义相对论，而在速度远小于光速的情况下，其近似结果就是牛顿力学系统。

狭义相对论的应用范围只局限在惯性系统。然而，速度不断改变的非惯性系统在日常生活中非常常见。例如：在路上开车时，不可能永远保持固定的速度前进，不论加速、减速或转弯，都会改变速度的大小或方向，形成非惯性系统。牛顿对非惯性系统的处理方式是引入相对应的假想力，以开车的例子来说，当车子加速时，会感受到向后的推力；转弯时也会感受到离心力，这些都是实际上不存在的假想力。

根据牛顿第二定律，外力会使物体产生加速度，而在加速度系统中的观察者则会感受到力的作用；换句话说，力和加速度是一体两面，这

1. 可见光只是特定频率范围内的电磁波。

产生了一个有趣的问题：**我们是不是都可以清楚地区分出一个系统是因受外力而产生加速度，还是因有加速度才感受到外力作用呢**？如果我们能直接看到外力的来源，当然可以区分。然而爱因斯坦提出了一个很关键的情境来厘清这个观点。想象有个观察者被“关”在一个封闭的电梯中，这个观察者无法区分出以下两种情况：

（1）电梯处于静止状态，受到向下的引力作用。

（2）电梯在无引力环境中向上加速。

这就是著名的**等效原理**（equaivalence principle），也是爱因斯坦一生中最令他感到快乐的想法。通过等效原理，爱因斯坦提出：**引力作用在描述上可以完全等同于相对应的加速度**。他更极具创见地用时空弯曲来表示加速度：时空弯曲程度越大的地方，物体所受到的引力就越强[1]。考虑引力作用，爱因斯坦将平直时空下的狭义相对论，推广到弯曲时空下的广义相对论，而微分几何则提供了建构引力理论的数学基础。有了这个想法之后，爱因斯坦努力了许多年，终于推导出精确的引力场方程式[2]，确立产生引力来源的能量和动量如何弯曲时空几何，而物体在弯曲时空下的运动法则即是**走在弯曲时空中的最短路径**。

广义相对论可以解释水星轨道的超额进动[3]，也就是超过牛顿力学理论所计算出来的进动角。而最具故事性的验证发生在1919年的日全食，利用日全食的时刻观测，得到更直接的证据：**光线所走的路径是弯曲**

1. 详情请参IV-5《上帝的望远镜：引力透镜》篇。
2. 现在称为爱因斯坦场方程（Einstein's field equation）。
3. 进动：precession，旋转运动中的物体，其旋转轴又绕着另一个轴心旋转，如陀螺打转时发生偏斜，自转轴也会出现旋转、摆动的现象。

的，并且符合广义相对论计算的结果。在媒体争相报道后，爱因斯坦顿时成了家喻户晓的名人。而在 2015 年 9 月 14 日，激光干涉引力波观测天文台（LIGO）团队也首次直接观测到 13 亿光年外由两个黑洞合并所产生的引力波，再次验证了爱因斯坦的广义相对论。

然而，广义相对论也许还不是引力理论的最终乐章。近几十年来，宇宙观测技术有了极大的进展，相信新的观测结果将会再进一步拓展我们对宇宙的认知。

2 解放无限苍穹的想象：哈勃定律

哈勃在 1929 年首次提出哈勃定律，指出宇宙中的星系正逐渐离我们远去，而且遥远星系的远离速度与它们跟我们之间的距离成正比。这个定律后来被视为宇宙膨胀现象的第一个观测证据，成为奠定宇宙大爆炸模型的基石。然而，这个重大发现还要回溯至 1912 年，斯莱弗（Vesto M.Slipher）在美国亚利桑那州旗杆镇的罗威尔天文台[1]所做的一系列关于星系光谱的观测。

斯莱弗首先测量仙女星系（Andromeda Nebula）的光谱，发现该星云所含元素的特殊谱线均呈现蓝移[2]。他利用多普勒效应的波长与速度的关系式，推知仙女星系正以每秒 300 千米左右的速度朝太阳系的方向前进。斯莱弗接着持续观测其他星云的光谱，但在 1917 年发表的观测结果中却发现，他所测量的 25 个天体谱线只有 4 个呈现蓝移，其余 21 个皆

1. 罗威尔天文台（Lowell Observatory）是 1930 年发现冥王星的地方。
2. 蓝移是频率往高频偏移的现象。详情请参 IV-4《远近有谱：多普勒效应和宇宙学红移》篇。

属于红移光谱[1]。由于当时测量遥远天体距离的技术尚未成熟，斯莱弗并不清楚观测星云的确切位置，因此观测结果只暗示了众多星云似乎都正离我们远去。

哈勃精于测量天体距离，而且拥有当时世上观测能力最强的威尔逊山天文台胡克望远镜的使用权。1925 年之前，哈勃利用造父变星[2]变光周期与亮度的固定关系，校准了仙女星系里的造父变星**光度**，再从光谱中测得目标天体的**照度**[3]，通过照度与距离平方成反比的关系，推算出仙女星系远在我们的星系之外。因此，在广义相对论发表 10 年后，人们才终于理解我们的银河系只是宇宙里的众多星系之一而已！

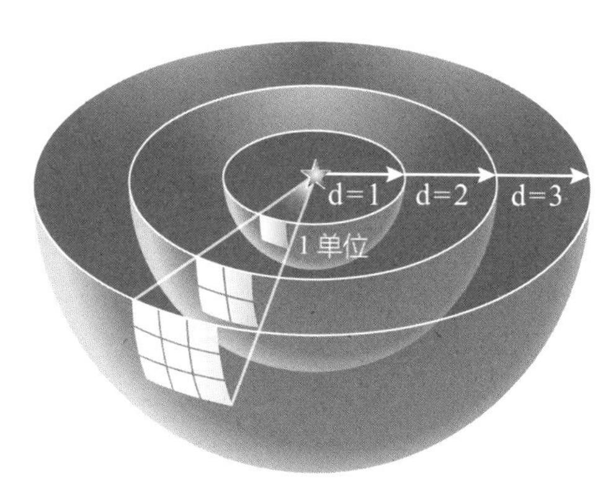

▲图 1 光源的功率（即亮度）固定时，照度与距离的平方成反比。如果我们知道光源的功率，只要测量观测到的照度，就可以利用此平方反比定律推知光源与观测地点间的距离。

在得知我们所在的银河系不过是宇宙中的沧海一粟后，哈勃想要更精确地探究太阳在宇宙中的运动状态，于是决定前往威尔逊山天文台进行观测。当时的天文台多位于荒郊僻野，不但路途艰辛，途中甚至有生命危险。1926 年，他请目光精准的美国天文学家胡马森（Milton Humason）当助手，帮忙拉驴赶车登上威尔逊山，顺便帮忙观测星系的运动速

1. 通过比较观测的天体谱线与已知的光谱谱线，发现天体光谱中的所有谱线皆往低频的方向偏移。
2. 详情请参 I-8《破除永恒不变的神话：忽明忽暗的变星》篇。
3. 照度：illuminance，每单位面积所通过的光通量，单位为“勒克斯”（lux，缩写为 lx）。

▲图 2　哈勃（左）与胡马森（右）（Credits: M. Richmond）。

率。经过一段时间的观测，哈勃从 400 个星系的统计数据中，发现星系里最明亮的球状星团[1]都具有大致相同的亮度。如此一来，他便可以利用平方反比定律测定星系的距离了。

在 1929 年出版的著名论文中，哈勃未注明出处，直接引用斯莱弗已发表的 24 个星系的数据，将它们的径向速度对距离作图，并依据图中的数据分布，归纳出星系距离（d）与其退行速度（v）成正比关系，写下线性关系式 $v = H_0 d$，其中 H_0 是此线性关系的比例常数，今天称之为**哈勃常数**。

乍看之下，哈勃定律似乎告诉我们，距离我们越远的星系，其退行的速度越快，宇宙以地球为中心向四面八方扩张。但这样的说法有两项谬误：首先，在宇宙的大尺度范畴上，多普勒红移的效应远小于宇宙膨胀红移，因此遥远的星系可视为静止在空间的固定位置上，是空间本身的膨胀造成星系间距扩增。其次，英国天文学家爱丁顿（Arthur S. Eddington）认为我们可将宇宙空间比拟成具有弹性的橡皮膜，膨胀的空间就如同扩张的气球表面，由于气球表面找不到几何中心，因此可以推断地球不是宇宙的中心——**事实上，这样的膨胀根本没有中心！**不过有趣的是，每个星系都会认为自己位于宇宙中心，其他天体均离它远去。

如果将哈勃定律视为空间膨胀的具体展现，那么星系的“退行速度”只是因为空间本身膨胀所造成的假象，**视速度**（apparent velocity）应该是较为适当的称呼。不过我们仍可根据哈勃定律来推算出宇宙的大概年龄。

1. 详情请参 I-9《热闹的恒星出生地：星团》篇。

▲图 3 膨胀的空间有如气球胀大的表面一般，找不到几何中心。星系可视为静止在空间的固定位置上，彼此间的距离随着空间扩张而增长，每个星系都认为自己位于宇宙中心（Illustration design: Shutterstock）。

如何运用哈勃定律推算宇宙的年龄？

首先，任意挑选两个星系，假设它们之间的距离是 d，并且以速度 v 彼此远离。接着倒转时间，看看它们何时才会重叠在一起。假设空间的扩张速率是固定的，那么星系的退行速度也会维持不变。若两星系一开始彼此重叠，分离至今所花费的时间为 t，星系的移动距离将等于 v 乘上 t。因此，如果我们将星系间的距离设为 d，则它们移动距离 d 所需的时间将是 $t = d/v$。但哈勃定律告诉我们，v 和 d 之间存在一个比率（哈勃常数 H_0），因此两星系必须经过一段所谓的**哈勃时间**（$t_H = 1/H_0$）后，彼此之间的间隔才能够扩大到距离 d。

请注意，由于空间的扩展属于无中心膨胀，若将上述推理应用于我们所选择的任何两个星系，必可得到相同的结论，因此哈勃常数 H_0 基本上可视为宇宙的膨胀速率。换句话说，如果我们将时钟回拨，倒转 ^{+}H 的时间，宇宙中的每个星系都会相互重叠。也就是说，当倒转了相当于宇宙年龄的哈勃时间 $1/H_0$ 后，所有物质终将汇聚在某一点上，此点可视为宇宙的开端，也就是开天辟地的“大爆炸”！同理，我们也可以估算宇宙所涵盖的大致范围：若将光速（c）乘以哈勃时间，会得到 c/H_0，该值称为**哈勃半径**或**哈勃视界**，相当于我们的视线在宇宙年龄内所能抵达的最远地方。

举足轻重的关键角色：哈勃常数

在宇宙学上，哈勃常数 H_0 是个非常重要的物理量。H_0 的数值越大，宇宙的年龄就越小；反之，H_0 的数值越小，宇宙的年龄就越大。哈勃在 1929 年的论文中估算出 $H_0 = 530$（km/s/Mpc），其中 Mpc 是兆秒差距的意思，这个有点古怪的单位是天文学家用来描述远距离的常用单位。1 Mpc 相当于 326 万光年，差不多是银河系恒星盘面直径的 32 倍左右，或相当于仙女星系与我们之间距离的 1.5 倍。勒梅特（Georges Lemaître）在 1927 年发表的阐述膨胀宇宙的论文里，曾利用当时已知的观测数据，率先计算出宇宙膨胀的速率是 575（km/s/Mpc）。若考虑观测误差，这两个结果基本上是一致的。但这些值都太大了，它们所对应到的宇宙年龄不到 40 亿年，比已知的地球年龄还小！

是什么造成 H_0 数值过大？问题的根源其实在于天文观测的方法与仪器的精密度。随着观测技术日新月异，H_0 的数值在 1970 年代大都落在 50～100（km/s/Mpc）之间，但在 2013 年后有了新的变化。根据宇宙微波

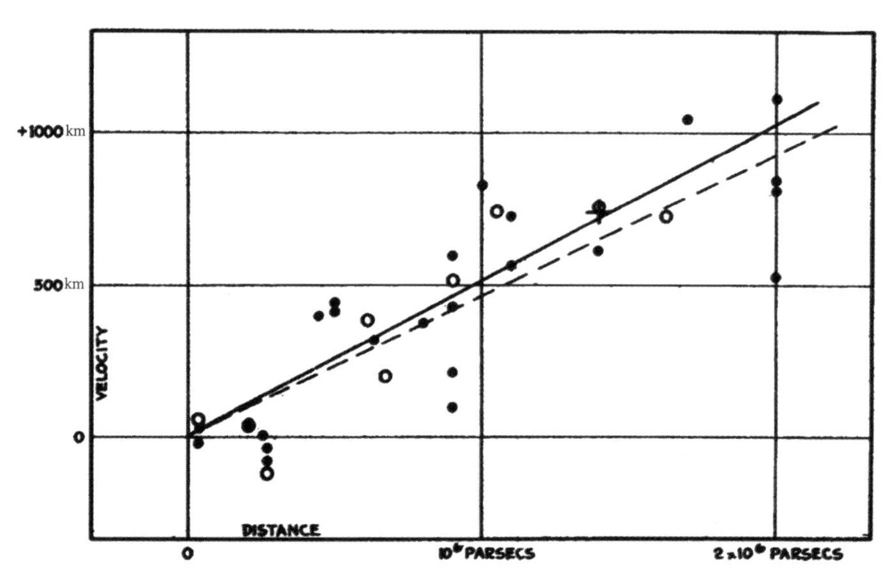

▲图 4　哈勃发表于 1929 年论文里的速度 - 距离关系图[1]，其中 24 个黑点来自斯莱弗 1917 年的观测数据。哈勃计算图中实线的斜率，得出 H_0 = 530（km/s/Mpc）。

背景辐射（CMB）的观测数据计算得到的 H_0=67（km/s/Mpc），对应的宇宙年龄为 138 亿年，这也是现今多数科普文章所采用的数值。不过，有些天文学家近几年来利用超新星制作出来的哈勃图认为 H_0 = 74（km/s/Mpc）。使用这两种方法的人都宣称它们的测量误差小于 3%，因此现在仍然无法确定宇宙目前的膨胀速率究竟是多少。

尽管宇宙的膨胀速率至今仍不明确，但我们无疑得把侦测到宇宙膨胀的现象，归功于哈勃定律的发现。不过，哈勃终其一生从未将星系距离与速度的关系视为宇宙膨胀的佐证，即使是在过世前几个月的一场学术演讲中，他仍强调哈勃定律的诠释尚未尘埃落定。虽然如此，哈勃在 1929 年的惊天一划，确实解放了人类对无限苍穹的想象，开启了现代宇宙学研究的崭新局面，其影响可谓无远弗届。

1. 引用自 Edwin Hubble（1929）.A relation between distance and radial velocity among extragalactic nebulae.*Proceedings of the National Academy of Sciences*.Mar 1929,15（3）,168-173.doi:10.1073/pnas.15.3.168.

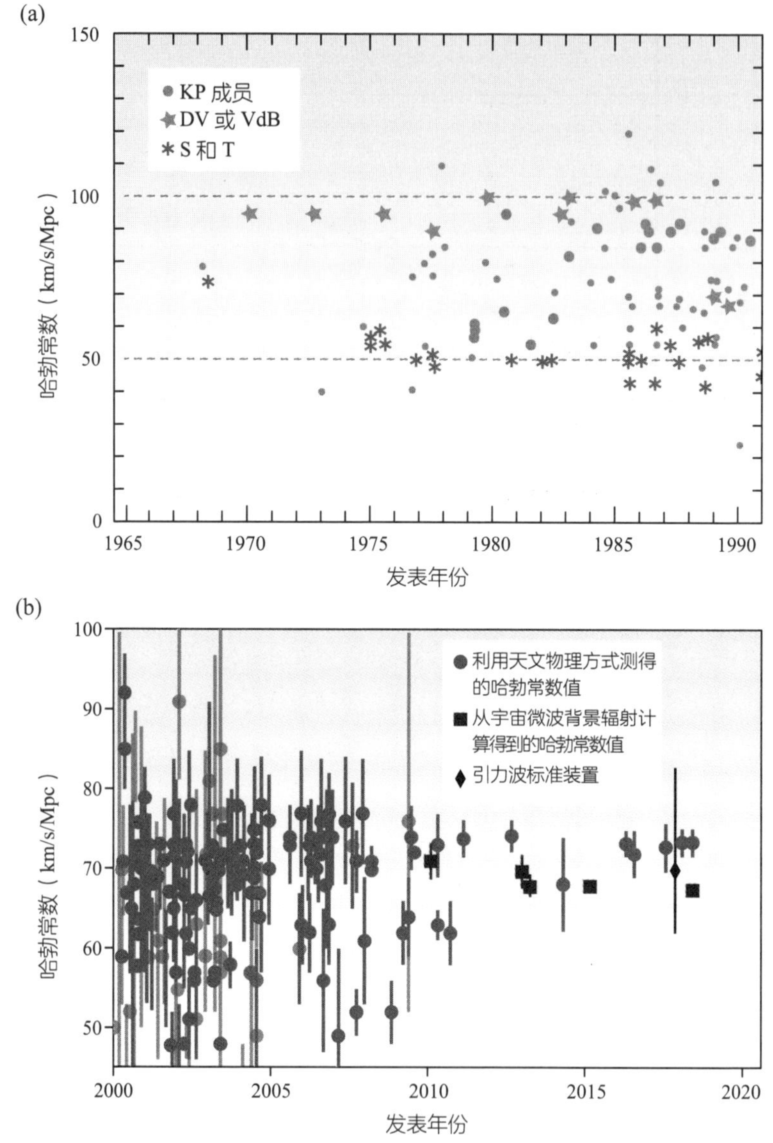

▲图 5 （a）哈勃常数的数值到了 1970 年代之后，大都落在 50～100（km/s/Mpc）之间；（b）目前哈勃常数的观测值仍有分歧，从图中我们可以发现，2010 年后的数据点显示出，从宇宙微波背景辐射计算所得到的哈勃常数值明显低于利用天文物理方式测量得到的。[Reference:（a）J. Huchra;（b）ESA/the Planck Collaboration]。

3 余韵未绝的创世烟火：大爆炸

1929 年，哈勃发现宇宙比银河系还大，而且利用遥远星光的红移现象，推断宇宙正在膨胀，当时他在推算遥远星系的远离速度时，参考的是多普勒的光波红移公式。随后科学家利用广义相对论描述宇宙膨胀，发现这种红移现象是宇宙整体膨胀造成遥远天体急速退行产生的，而且在可观测宇宙边缘的红移效应非常大，已经无法用多普勒红移现象解释，因此把这种红移效应称为**宇宙学红移**现象，以便和多普勒红移现象区分[1]。

在哈勃测量星系红移的时代，大多数的科学家都认为宇宙就跟银河系差不多大，而且几近静止，不是很清楚该如何描述宇宙的膨胀。因此哈勃当时只能小心翼翼地记录测量到的实验数据，再利用光波的多普勒效应推算出遥远星系的退行速度，从而作出惊人的推论。

当红移现象很小时，宇宙学红移现象和多普勒红移现象遵守的规律非常接近。而哈勃最早测量的星系都很邻近银河系，所以红移的效应不

1. 详情请参 III-2《解放无限苍穹的想象：哈勃定律》、IV-4《远近有谱：多普勒效应和宇宙学红移》篇。

大，使用光波的多普勒红移公式对他当时的推论影响也就不大。多普勒最初的观察对象其实是声音，这和必须依赖特殊相对论推导的光波红移公式的情境完全不同，然而因为科学家推崇多普勒的关键性发现，还是把光波和声波的红移效应都称为多普勒效应。其中也有人把宇宙学红移现象视为多普勒效应的推广，只是推导的方式完全不同。

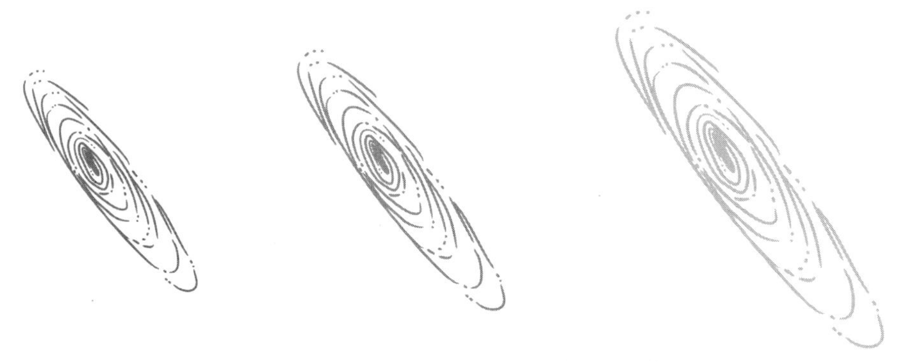

▲图 1　星系远离我们的速度越快，红移效应越明显（Illustration design: Freepik）。

大爆炸理论

哈勃推测宇宙正在膨胀，于是马上有人把时间倒过来看，推论**时间越早，宇宙的尺度越小**，因此早期的宇宙可能小到无法想象。

如果早期宇宙中所有物质都被挤在一个小到不行的空间里，温度一定也高到难以想象。因此当时就有科学家提出：“**宇宙一开始处于一个非常高温的环境，然后在某一瞬间突然发生大爆炸，随之而来的就是不断膨胀的演化过程。**”这个说法也就是现在家喻户晓的**大爆炸理论**（Big Bang theory）。

大爆炸理论提出之后，很多科学家都嗤之以鼻、百般嘲讽。传说“大爆炸”这个名称，还是天文物理学家霍伊尔（Fred Hoyle）讥讽这个理论的口水话。天文物理学家萨根（Carl Sagan）为了摆脱这个醋味十足的

▲图 2　大爆炸的艺术想象图（Credits: NASA's Goddard Space Flight Center/CI Lab）。

用语，还曾大张旗鼓地向媒体大众征名，想不到忙了半天还是找不到比大爆炸更贴切的称呼，最后大家只好接受这个名称。有趣的是，习惯成自然，现在已经没有人觉得这个名称有什么不好。有个知名的漫画家还画了一幅漫画嘲讽科学家广为征名这件事，故事主角是一个小男孩和他的好朋友小老虎。小男孩说科学家发现大爆炸这么重要的现象，居然想不出一个合适的名字，只能使用这种超级俗气的名称，实在令人难以置信。小老虎问："你觉得应该怎么称呼呢？"结果小男孩自信满满地说："超级无敌宇宙超级无敌大爆炸碰比啊隆咚锵大爆炸理论。"

20 世纪初，天文学家发现银河系有一些星云，其螺旋结构看起来跟银河系很像。有人认为这些星云其实是和银河系大小相当、离我们很远的天体，知名的天文学家、哲学家康德称之为"岛宇宙"，天文学家科特斯（Heber Curtis）也支持这种说法。但也有人认为这些星云只是结构比较特别，其实是属于银河系的一部分。发现银河系盘面结构的沙普利

▲图 3　威尔逊山天文台上口径 100 英寸的望远镜（Credits: A. Dunn）。

（Harlow Shapley），就支持这样的看法[1]。沙普利的想法是："光是银河系就已经大到难以想象了，要接受宇宙比银河系还要大这种说法，根本就是天方夜谭！"为此，他还和支持岛宇宙想法的科特斯展开长期辩论，当时可说是轰动天文学界的一件大事，两人没有什么实验证据的"口水战"，还被戏称为"大辩论"。

终于，这场辩论的终结者出现了！那就是哈勃，他发现：**这些岛宇宙真的离我们非常遥远**。哈勃利用威尔逊山天文台上口径 100 英寸（约 2.5 米）的望远镜，找到可以辨识原始亮度的造父变星[2]，确认它们跟我们之间的距离大得惊人。但是科学家一时难以接受，甚至有人认为哈勃的观测数据有误。

刚开始，哈勃判断造父变星距离的原始方法受到星际雾霾影响，产生很大的误差，因而让他误以为这些星系比较靠近我们，得出"宇宙的年龄比地球还小"的结论，这也使得哈勃的观测数据和论述都备受质疑。虽然后续经过测量和修正，没有损及宇宙膨胀的正确性，还是有很多人对随之衍生的大爆炸理论持怀疑的态度。

因为宇宙在膨胀，才有大爆炸理论的诞生。一开始很多人不愿接受大爆炸理论，因为接下来的两个重大发现，才确立大爆炸理论举足轻重、

1. 详情请参 I-1《欢迎光临牛奶大道：我们的银河家族》篇。
2. 详情请参 I-8《破除永恒不变的神话：忽明忽暗的变星》篇。

▲图 4　北极星就是一颗造父变星（Credits: shutterstock）。

无法挑战的地位。其中一个是 1964 年发现的宇宙微波背景辐射[1]，另一个则是 1948 年“三口组”根据大爆炸理论和科学家当时已掌握的物理概念，精准地预测出宇宙中氢元素和氦元素的数量比值。

宇宙膨胀与元素的生成

现在宇宙里氢、氦元素的数量比值，大约是 12∶1。这个比值有什么特别之处呢？科学家最早对太阳的核心和木星的大气层进行分析，发现这些地方的氢、氦元素数量比值，大约是 12∶1。后来更发现宇宙中氢、氦元素的数量比（也就是所谓的丰度），其比值也是 12∶1。

发现如何利用大爆炸理论预测这个现象的人是物理学家伽莫夫（George Gamow）和他的学生阿尔菲（Ralph Alpher）。伽莫夫喜欢开玩笑，

1. 详情请参 III-4《早期宇宙的目击证人：宇宙微波背景辐射》篇。

一发现他和学生的姓氏读音很像“γ”和“α”，就为了好玩，硬是把完全没有参与研究的贝特（Hans Bethe）列为共同作者，让论文的作者姓氏凑成“alpha-beta-gamma”，发表了这篇后来广为人知的《α-β-γ 论文》。

这篇论文虽然石破天惊，但是无法说明为何太阳系有这么多的重元素；而且宇宙中数量排行第三的氧元素和氦元素的数量比值是 1∶100，《α-β-γ 论文》根本无法解释这些现象。因此这篇划时代的论文一开始不但得不到重视，还让“三口组”感到非常困扰。直到贝特和霍伊尔等人解开恒星演化的秘密，才让科学家发现重元素主要来自恒星演化末期，也终于捍卫《α-β-γ 论文》这篇文章应有的历史地位。

认识宇宙演化的历史

根据大爆炸理论，加上科学家所掌握的自然科学知识，我们可以刻画出宇宙演化的完整历史：宇宙一开始非常高温、非常拥挤，惊天一爆后，便像气球一样快速膨胀，同时降温。

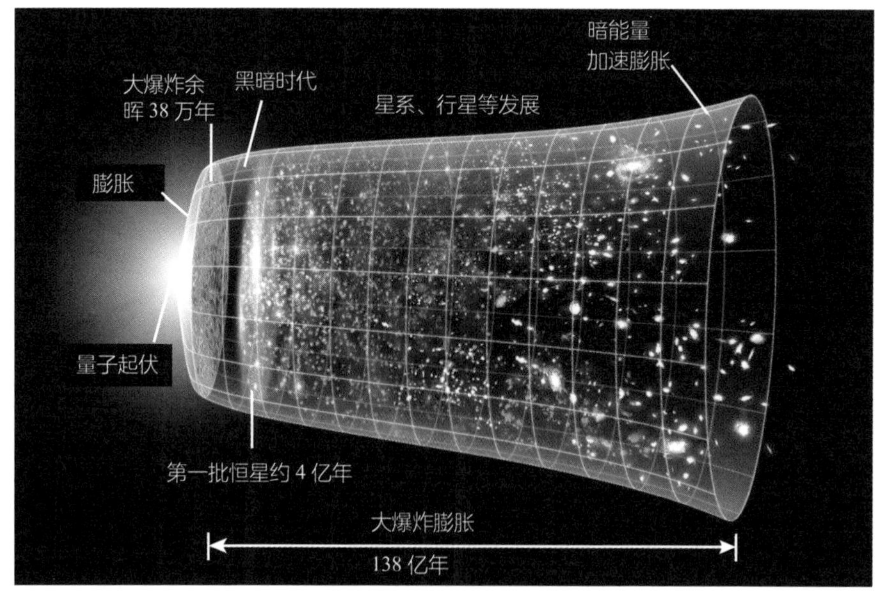

▲图 5　膨胀中的宇宙（Image credits: NASA/JPL-Caltech）。

我们能够理解的最短时间大约是 10^{-43} 秒；最小长度大约是 10^{-32} 厘米；最高温度大约是 10^{32} 摄氏度。10^{32} 就是 10…0（在 1 后面接 32 个 0），也就是一亿兆兆——没错，这的确是个超级无敌大的数字。另外，10^{-32} 就是 0.0…01（在 1 前面有 32 个 0），也就是一亿兆兆分之一，一个小到无法想象的小数字。为什么突然提到跨度这么大的数字呢？因为宇宙学有趣的地方就在于：科学家感兴趣的部分不但大到无法想象，也小到令人感动！

大爆炸后大约 1 毫秒时，氢原子核开始稳定形成；到了 3 分钟左右，氦原子核也逐步稳定形成；直到 7 万年时，带有质量的物质得不到足够的能源补给，运动速度开始变慢，同时渐渐取代以光速运动的辐射能量，开始主导宇宙的演化历史。

到了大爆炸后 38 万年左右，宇宙温度降到大约 3000 摄氏度。这时的宇宙开始变得几近透明；也就是说，光线横跨宇宙的过程中，已经很难遇见其他物质。就像我们眼前虽然有很多空气分子，光线还是可以在很长的距离下通行无阻。现今观测到的宇宙微波背景辐射光子，不但已经达到热平衡状态，而且开始以主角的身份闪亮登场。

第一批恒星在宇宙时间 4 亿～7 亿年间诞生，到了 10 亿年前后，宇宙的大结构才开始定形、变化趋缓，这时的宇宙和目前可见的宇宙非常相近。我们的银河盘面在宇宙时间 50 亿年前后开始形成，太阳系则是在 92 亿年前后形成的。

接着，宇宙时间到了 98 亿年前后，暗能量开始逐步主导宇宙演化的过程，这时的宇宙就像刹车失灵的赛车，开始加速膨胀。最有趣的事发生在 103 亿年前后，那时地球上开始有生命存在的迹象，慢慢变成生态多元的绿色世界。

目前的宇宙已经存在 138 亿年左右，科学家对于大爆炸后 38 万年到现在的宇宙了解得比较深入，至于未来会发生什么变化，这是所有科学家都非常关注的焦点。

上知天文、下知地理常被用来形容一个人博学多才，而科学家感兴趣的话题不但有大到无法想象的宇宙，也有小到无法理解的微观世界，可见宇宙学是一门非常有趣、非常有挑战性的科学。

▼表 1　宇宙时间年表

宇宙时间	重要事件
1毫秒	氢原子核稳定形成
3分钟	氦原子核稳定形成
7万年	带有质量的物质开始主导宇宙演化
38万年	目前已经达到热平衡的宇宙微波背景辐射初登场，宇宙变得几近透明
4亿～7亿年间	第一批恒星诞生
10亿年	宇宙的大结构变化趋缓
50亿年	银河盘面开始形成
92亿年	太阳系形成
98亿年	暗能量开始主导宇宙演化，宇宙开始加速膨胀
103亿年	地球上开始出现生命
138亿年	现在
未来	航向未知的未来

4 早期宇宙的目击证人：宇宙微波背景辐射

在我们头上幽暗深沉的太空中，有无数恒星汇聚形成的星系与星系团，隔着无垠的辽阔空间，发光辉映。乍看之下，我们的宇宙似乎稀疏零落，但它其实浸泡在一片异常平静的辐射汪洋之中。这片辐射汪洋在宇宙各处都以相同的强度发光，其波长介于 1 厘米至 1 毫米之间，相当于电磁波频谱中的微波频段，而温度则只比绝对零度高一点。这种辐射是宇宙还在襁褓阶段所留下的遗迹，可说是名副其实的大爆炸回音，我们今天将它称为**宇宙微波背景辐射**（the Cosmic Microwave Background，简称 CMB）。

大爆炸的决定性证据

1929 年哈勃定律发表后，爱因斯坦放弃了他的静态宇宙模型，空间会扩张的动态宇宙概念逐渐被大多数的科学家接受。当时虽然已有比利时教士勒梅特（Georges Lemaître）神父提出的太初原子模型[1]，但学界对宇宙起源的说法并未认真对待。1948 年，英国剑桥大学的物理学家霍伊

1. 又称为“宇宙蛋”，可说是大爆炸理论的前身。

尔（Fred Hoyle）、哥德（Thomas Gold）与邦迪（Hermann Bondi）共同提出**稳态宇宙学**的理论，认为我们的宇宙并无开端与结束，整体体积虽然稳定膨胀，但不断有新物质诞生并填入扩展的空间，确保整体物质密度不变，因此从大尺度看来，宇宙似乎总是处于无变动的永恒状态中。这种建构在新观念上的复古模型，满足了许多物理学家对宇宙理应亘古不变的美学观点，因此深受欢迎，俨然成了威胁大爆炸理论的最大敌手。

两派理论间的争斗，到了 1960 年代中期出现了戏剧性的转折。1965 年初，美国贝尔实验室的两位电波天文学家彭齐亚斯（Arno Penzias）与威尔逊（Robert Wilson）在测试位于新泽西州的号角形天线时，接收到未知的电波信号。他们穷尽一切手段彻底检查天线，甚至清除了天线里的鸽子窝与鸟粪，还是无法去除这种来自四面八方，波长为 7.35 厘米的均匀微波信号。这马上被普林斯顿大学的一群宇宙学家证实是大爆炸的遗迹，彭齐亚斯与威尔逊两人也因为这个重大发现而荣获 1978 年的诺贝尔物理学奖。

由于稳态宇宙学理论认为宇宙中的发光天体都可能发出这种电波信号，但零乱散布于宇宙各处的波源却无法解释宇宙微波背景辐射为何分布得如此均匀，所以此理论逐渐落居下风；换句话说，宇宙微波背景辐射的发现奠定了大爆炸理论在宇宙学研究上的主流地位。

宇宙微波背景辐射的起源与宇宙膨胀

宇宙微波背景辐射源自早期宇宙高温环境下辐射与原子的相互作用，想了解其来龙去脉，我们首先应厘清早期宇宙中物质与辐射的比例。假设宇宙中包含大约 10 亿个星系，每个星系各自拥有约 1000 亿颗由氢原子组成的恒星，即可估算出平均每立方米的空间里约有几个原子存在。

另一方面，从宇宙微波背景辐射的观测数据中我们推知，每立方米的空间中应包含约 10 亿个光子。从数量上而言，今日宇宙里的辐射远较原子多出许多。

虽然如此，我们实际上要推论的是早期宇宙里**辐射的能量密度**与**物质的能量密度**之相对关系，因为那才是驱动空间膨胀的关键。假设宇宙里的物质全部都是质量固定的氢原子，由于原子占有 3 个维度，如果空间扩张使得两原子间距为 a，那么物质的能量密度将反比于 a^3，恰好与体积的变动比例完全相反。

物质的能量密度反比于原子间距的三次方

假设两原子间的距离在某个时刻扩增为前一刻的两倍，虽然它们占据空间的体积扩充为 8 倍，但空间中的物质能量密度却会缩减成原来的 1/8。

另一方面，辐射能量密度的计算除了体积变化的效应外，还需考虑另一个因素：能量。像光子这类不具质量的粒子，它的能量正比于其频率，即反比于其波长。因此，若空间扩张使两光子间距为 a，则辐射的能量密度将反比于 a^4。

辐射的能量密度反比于光子间距的四次方

假设两光子间的距离在某个时刻扩增为前一刻的两倍，虽然它们占据空间的体积扩充为 8 倍，但空间中的辐射能量密度却会缩减成原来的 1/16。

由于目前宇宙微波背景辐射的温度只有 3 开尔文左右，所以我们知道相对于物质而言，现今的辐射能量对空间的膨胀几乎没有什么贡献。但事实上，极早期宇宙的局面却恰恰相反。在大爆炸后不到 5 万年的时间内，由于当时宇宙的大小远小于今天的宇宙，根据前述的讨论得知，辐射的能量密度会远高于物质的能量密度，因此宇宙的膨胀完全由辐射主导，该时期被称为**辐射占优期**。

热平衡与麦克斯韦——玻尔兹曼分布

不论在什么时刻，宇宙都具有一定的温度。若我们在某一时刻在空间中任一点摆放一支温度计都得到相同的读数，这代表分布在宇宙各处的物质均达到热平衡。会达到热平衡的原因是由于热能的流动达到动态平衡，乍看之下宛如热能不再传递，温度也就固定下来了，这是热平衡的特性。

想象在一个密闭方盒里装满气体，且这六面盒壁是以特殊材质制成的，只会反射而不会吸收能量。当气体达到热平衡时，气压、体积这类宏观的物理性质就只取决于系统的平衡温度，且不再变动，呈现静态平衡的样貌。但只要这时的温度不是绝对零度，在微观尺度上，气体的粒子仍会不断碰撞、交换能量、改变速率与方向。不过就平均而言，整体粒子的速率分布依旧不变，即盒内各处具有特定速率的粒子数目大致相同，呈现动态平衡。气体物质达到平衡时的速度分布就称为**麦克斯韦—玻尔兹曼分布**（Maxwell-Boltzmann distribution）。

由于“热”是能量传输的表现，建立热平衡的关键在于微观粒子间的能量传递能让系统整体热能达成平衡且稳定的状态。只要粒子交互作用时允许能量传递变换，系统总是能够重新组织且达到热平衡。

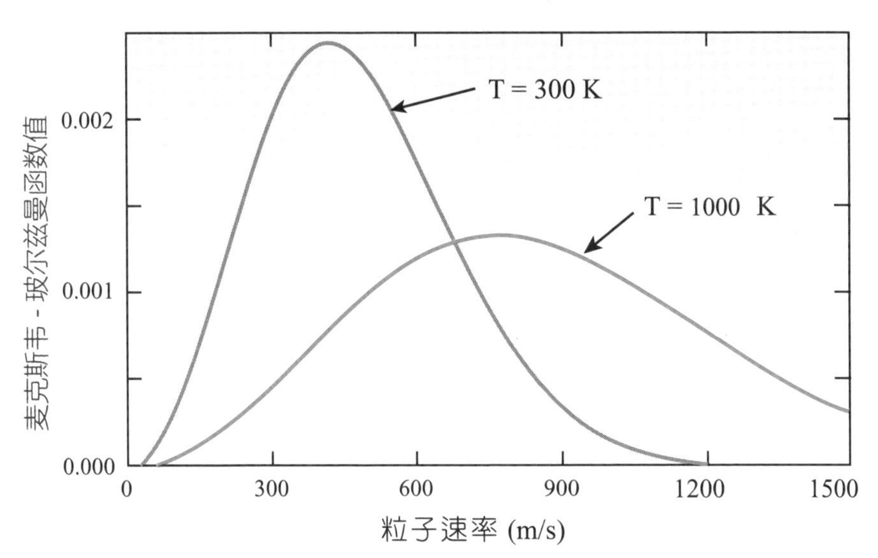

▲图 1 麦克斯韦 - 玻尔兹曼分布。这两条曲线代表相同密度的同一种气体在不同平衡温度下的粒子速率分布（Reference: Thermopedia）。

黑体辐射与普朗克定律

辐射系统的热平衡特征与物质系统略有不同。我们将具有温度的物体所发出的光，一概称为**黑体辐射**。“黑体”指的是完美辐射物体的物理模型，它可吸收所有照射在其表面的电磁波且完全不反射[1]，因此其辐射完全产自本身的热能。一般恒星的表面虽不呈现黑色，但它其实是极近似黑体的最佳范例：恒星表面不会反射电磁波，它所发射的光完全来自恒星内部生成后逸散至表面的高能光子[2]。

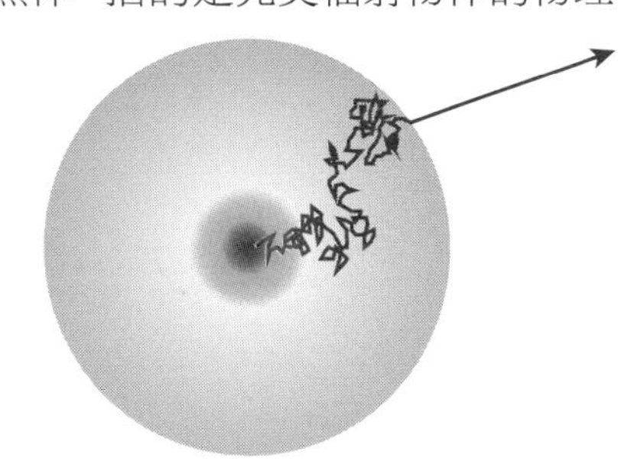

▲图 2 恒星内部生成的高能光子沿途历经无数次随机碰撞，最终抵达恒星表面释放，并遁入宇宙中。

1. 因为完全不反射，所以才称为“黑体”！

2. 在此过程中，高能光子沿途会经历无数次与物质粒子的随机碰撞。

当高能光子在恒星内部逸散时，所遭遇的物质粒子（主要是氢原子）分别具有不同的速率，而这些粒子的速率分布可用单一参数——“温度”来规范，遵守前文所述的麦克斯韦 - 玻尔兹曼分布。黑体辐射的光谱形式由德国物理学家普朗克（Max Planck）于 1900 年通过光量子的假设推导出其分布规律，其特色是黑体的温度越高，光谱峰值所对应到的频率越高、波长则越短，且光谱涵盖的面积也越大[1]。

这是量子物理的第一个应用实例，而解释黑体辐射光谱与其性质的公式被称为**普朗克定律**，与古典物质粒子热平衡的麦克斯韦 - 玻尔兹曼分布明显不同。

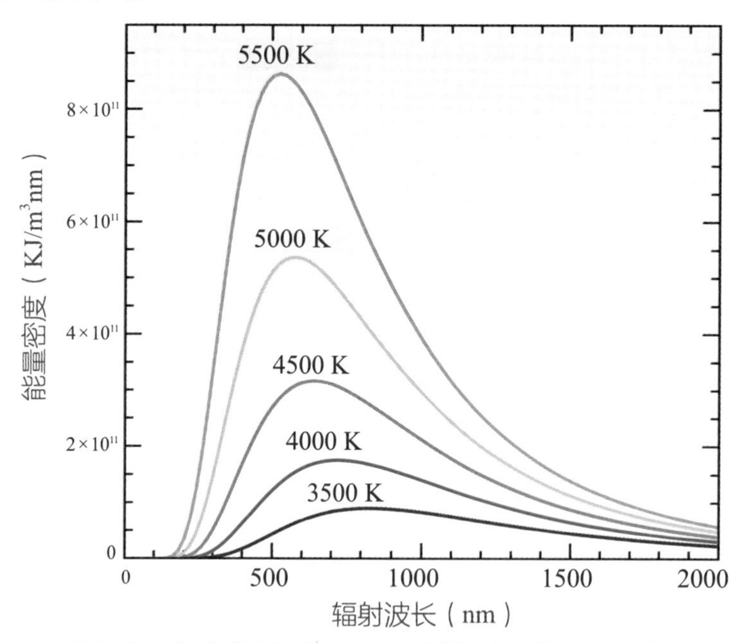

▲图 3　普朗克定律描述的黑体辐射在不同温度下的频谱。从图中可以发现，当黑体的温度越高，其所对应到的峰值波长越短。

1. 光谱涵盖的面积越大，代表黑体的总能量越高。

若在刚才提及的方盒里填充大量光子，测量时就会显现普朗克光谱。假设我们突然将具有特殊能量的光子注入盒中，原有的平衡会被破坏，普朗克光谱也会变形。但这只是短暂的变化，只要盒壁反射光子与新加入的光子不断碰撞、交换能量，新的热平衡终究会建立起来，并在新的平衡温度下，重现普朗克光谱的能量分布形态。不过宇宙周边毕竟没有六面反射壁，辐射光子必须设法与系统里的其他成分作用，才能回到热平衡状态。

宇宙微波背景辐射与黑体辐射

其实早期的宇宙可视为一个黑体系统，其中充满一大堆疾速冲撞的基本粒子，形成温度极高且密度极大的浓稠太初等离子体。这团太初等离子体会不断产生、吸收光子，未被湮灭的光子则迅速与周围大量的物质粒子或其他光子碰撞，宛如恒星内部的情境，很快便建立起热平衡的黑体状态。

1940 年代末期，俄裔美国物理学家伽莫夫（George Gamow）和他的两位学生阿尔菲（Ralph Alpher）与赫曼（Robert Herman）对这团太初等离子体的演化，进行了一系列的研究。他们认为现今的氢与氦等化学元素，就源自这样的早期宇宙：在大爆炸后不到 10 分钟，宇宙温度已达 10 亿摄氏度左右。他们推算出宇宙的大小从那时至今已膨胀了约 10 亿倍，因而断言目前的宇宙理应充斥着太初等离子体所遗留下来、温度仅有 5 开尔文左右的黑体辐射，也就是今天所观测到的宇宙微波背景辐射。

然而，实际的演化过程稍微复杂一些。在大爆炸后不到 20 分钟，宇宙里的氢与氦已形成，此时的太初等离子体含有大量光子，伴随着许多质子与电子，通过不断碰撞交换能量，紧密地结合在一起。此时即便有中性氢原子形成，也会在大量高能光子的轰击下解体，因而保持着等离

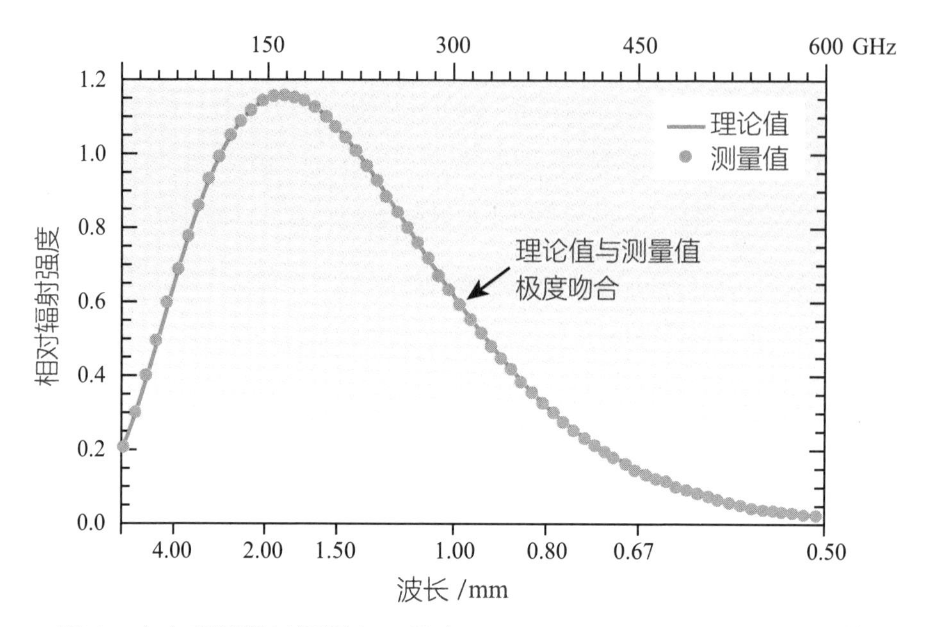

▲图 4　宇宙背景辐射探测者卫星（Cosmic Background Explorer，简称 COBE）于 1990 年代测得温度仅 2.725 开尔文的宇宙微波背景辐射。图中显示理论值与测量值极度吻合，此乃目前所发现最完美的黑体辐射频谱。COBE 任务的两位计划主持人也因为对宇宙微波背景辐射研究作出的杰出贡献，荣获 2006 年诺贝尔物理学奖（Reference: COBE）。

子体状态。此外，由于光子能够自由飞行的时间极短，基本上可说受困于等离子体之中，因此整个宇宙是极不透明的[1]。

随着宇宙空间持续膨胀，温度不断下降，宇宙从辐射占优期进入物质能量密度较高的阶段。大爆炸后约 25 万年，温度降到 3800 开尔文左右，光子的能量渐渐不足以瓦解质子与电子的键结，宇宙就此展开**复合**（recombination）程序，质子得以与电子结合，在太初等离子体里形成中性氢原子。

中性原子形成的事件在宇宙中的各个角落不断发生，直到大爆炸后 38 万年，温度降到 3000 开尔文以下，宇宙的大小约为现今宇宙的千分之一，光子彻底脱离太初等离子体，复合时期终于结束。其后，由于光

1. 物体不透明指的是电磁波无法穿越它；反之，电磁波可穿越的物体则是透明的。

子能量不足，不能再影响物质结构，除了温度随空间膨胀而持续下降外，黑体辐射光谱就此冻结在当时的样貌，也就是今日被我们侦测到温度只有 2.725 开尔文的宇宙微波背景辐射频谱。

在复合的终结时刻，太初等离子体里的剩余光子也停止了与物质粒子的交互作用，我们将此瞬间称为**最后散射面**（surface of last scattering）。由于所有的宇宙微波背景辐射光子从整团混沌中抽身撤出，在历经 38 万载的朦胧岁月后，大爆炸终于廓清了不断成长的空间，整个宇宙第一次变得明亮通透。最后散射面就如同太阳的光球（photosphere）一般，将原先隐藏在不透明表面底下的黑体辐射信号传递给我们。当你抬头仰望夜空时，视线穿越在行星、恒星、星系与星系团等大大小小的物质结构，横亘广漠无垠的时空，你将遭遇焕发着宇宙微波背景辐射的最后散射面，以及裹藏着太初起点——大爆炸的早期宇宙。

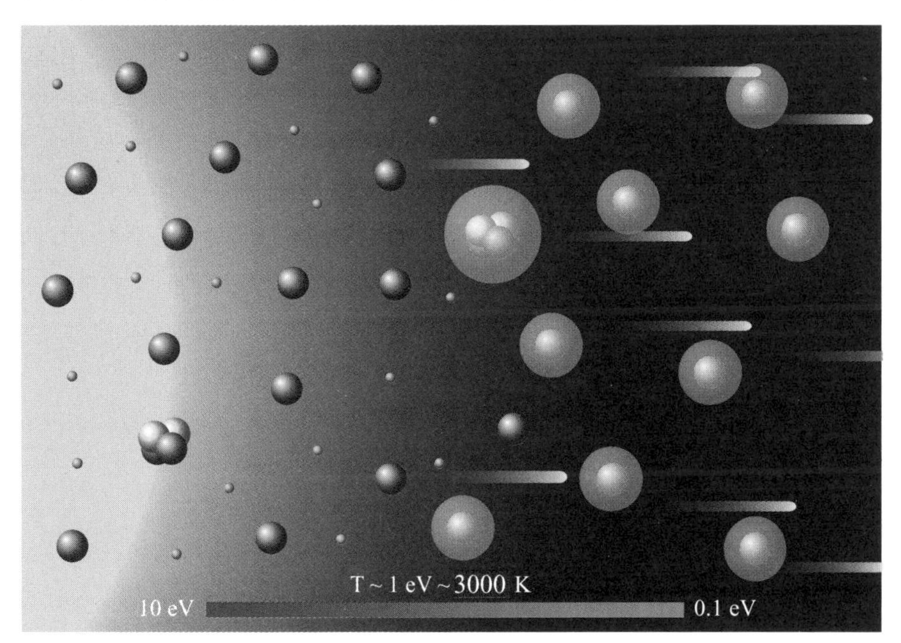

▲图 5　宇宙的温度于复合时期降到 3000 开尔文以下，造成光子能量不足，不能够与物质结构作用，最终脱离了太初等离子体，黑体辐射光谱就冻结在这个时刻的样貌（Reference: NASA/IPAC Extragalactic Database）。

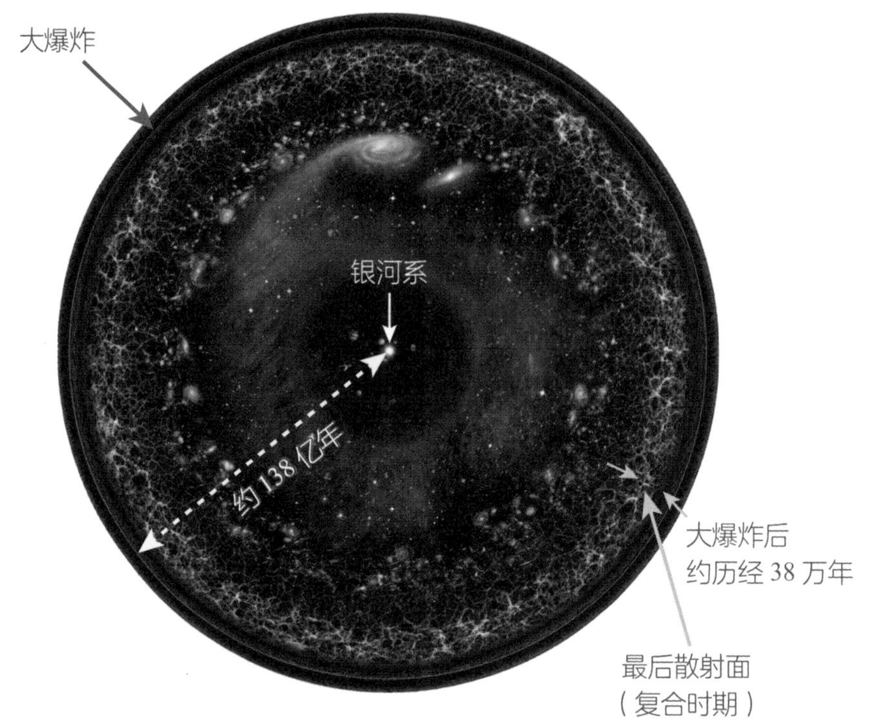

▲图 6　最后散射面是我们视线的终点，焕发着大爆炸余烬的微波背景辐射，传递早期宇宙的演化故事（Image Credits: P. C. Budassi; text added by H. Norman）。

Ⅳ

宇宙望远镜

1 星夜集光者：光学望远镜

人类执着地追求永恒，好奇心驱使我们执着地观察星空。然而，天体和我们的距离都非常遥远，即使是离我们最近的月球也有 38 万千米的距离。想要系统地研究天体，就必须仰赖望远镜，帮助天文学家尽可能收集来自天体的光线。人类的眼睛能够看见可见光，因为这个原因，可见光望远镜是天文学中发展最早的望远镜。

可见光望远镜的种类

可见光望远镜主要分为**折射式**和**反射式**两种形式。顾名思义，折射式望远镜主要利用光线穿过透镜的折射成像，而反射式望远镜则是利用凹面镜的反射成像。一般来说，折射式望远镜比较接近一般大众对望远镜的印象，反射式望远镜则是目前天文学界主流的望远镜，最著名的哈勃太空望远镜就属此类。可见光望远镜最重要的性能指标是主镜口径，主镜的口径越大，收集光线的能力越强，造价也越高。

▲图 1 （a）小型反射式望远镜；（b）小型折射式望远镜（Credits: Shutterstock）。

可见光望远镜是天文望远镜中最普及的种类。大致上可以分成两大部分：**镜筒**和**镜架**。镜筒是天文望远镜的核心，里面是望远镜的光学系统，望远镜的性能好坏，大部分便取决于光学系统。镜架负责承载镜筒的重量，若镜架上装有测量水平角和垂直角的经纬仪，镜筒只能上下左右移动；而镜架上的赤道仪有特殊的倾角设计，可以让镜筒的移动与天体东升西落的轨迹相符，方便使用者进行长时间的天文观测。

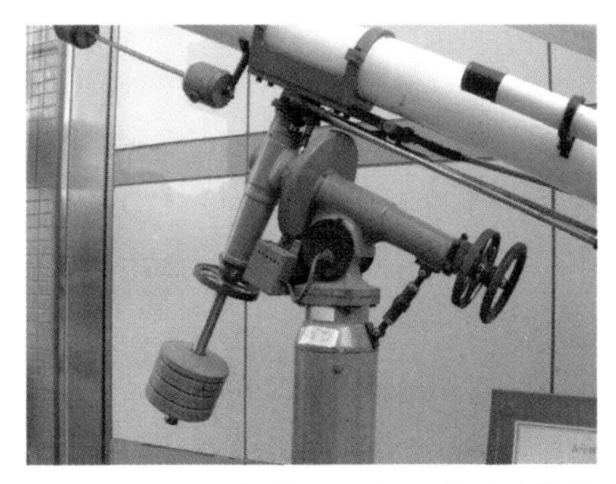

▲图 2 天文馆里展示的赤道仪（Credits: Wikimedia/Taiwania Justo）。

可见光望远镜的镜筒一般有寻星镜和主镜两种。寻星镜的口径较小，可见范围较大，可帮助使用者确定主镜的指向；主镜用来观测天体，通常口径较大，可见范围较小。折射式望远镜和反射式望远镜的差别就在于主镜。

折射式望远镜

折射式望远镜在镜筒前方有一片凸透镜，光线经过透镜折射后会聚到焦点。从焦点到镜片的这段距离称为**焦距**。

反射式望远镜

反射式望远镜的镜筒后方有一个凹面镜，用来收集光线。光线经过凹面镜反射，会在焦点附近成像。通常在焦点上会有一个平面镜，把光反射到望远镜侧面以便观测者观测。

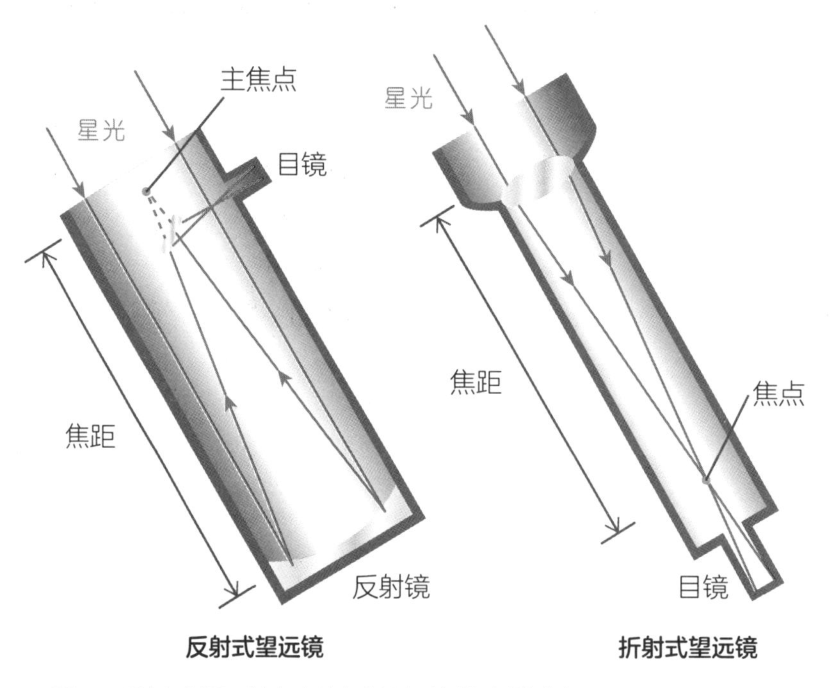

▲图 3　反射式望远镜与折射式望远镜的光学路径。

一般来说，望远镜的口径越大，集光能力和角分辨率就越好，所以主镜的口径是可见光望远镜最重要的性能指标。主镜的口径和焦距大多是固定不变的，焦距除以口径所得到的比值称为**焦比**，在摄影镜头上，这个数值也称为**光圈**。焦比越小，镜筒越短，望远镜的视野越明亮。如果要用肉眼进行天文观测，无论是反射式还是折射式望远镜，都需要使用目镜，只要选用不同焦距的目镜，就可以改变天文望远镜的倍率。

最早期的望远镜是一片凸透镜和一片凹透镜的组合。其中凸透镜比较接近观察的物体，所以称之为**物镜**；凹透镜比较接近眼睛，所以称之为**目镜**。以平常的生活经验来说，凸透镜就是“老花眼镜”，而凹透镜就是“近视眼镜”。

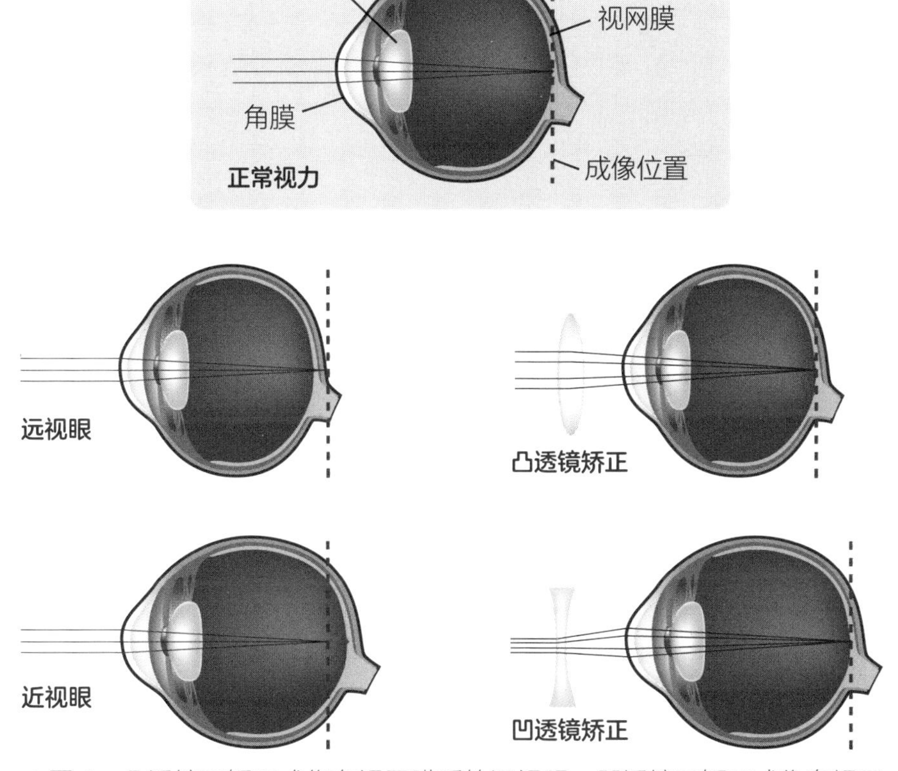

▲图 4　凸透镜可矫正成像在视网膜后的远视眼；凹透镜可矫正成像在视网膜前的近视眼（Illustration design: Shutterstock）。

望远镜的历史发展

望远镜是何时发明的？又是谁发明的？目前仍然没有确定的说法。根据科学史专家的研究，13 世纪末，意大利工匠已经可以制造老花眼镜，而近视眼镜则出现在 15 世纪。简单来说，望远镜就是凸透镜和凹透镜两种镜片的组合，但是望远镜这项发明却比近视眼镜延迟了 200 多年，可能因为望远镜具有军事及航海上的价值，发明人往往会因为私利而隐瞒这项科技。

1608 年在荷兰米德尔堡，有一位德裔眼镜制造商利珀希（Hans Lippershey）曾经向荷兰政府申请望远镜的专利，这是目前已知跟望远镜有关的最早文献记录。当时荷兰还有其他两人自称是望远镜的发明者，同时也已经有荷兰商人在法兰克福的市集上贩卖望远镜成品。最后荷兰当局认为“望远镜”太容易被复制，因此并没有授予利珀希专利权，反而跟他订立望远镜的制造合约。虽然利珀希的专利落空了，但新发明的消息已传遍欧洲。由此可知，望远镜在当时已是成熟的产品。

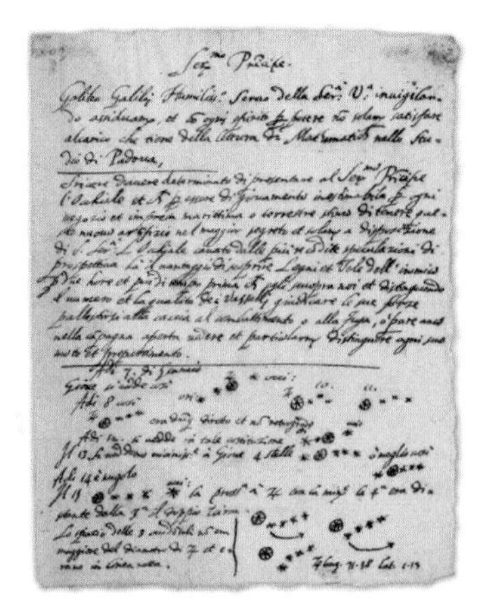

▲ 图 5　利珀希向荷兰政府申请专利的历史文献。

1609 年，意大利帕多瓦大学的教授伽利略听到望远镜发明的消息，根据已知的光学知识，开始自行制造望远镜。1609 年秋天，伽利略使用一组倍率 20 倍的望远镜，系统地观测天体并加以记录，其中最有名的观测有对月球表面、木星的四大卫星，还有金星盈亏的观测。绝大多数的天文学家都会同意，伽利略开启了天文学的望远镜时代。

伽利略使用的望远镜是凸凹透镜的组合，得到的是正立的虚像，光线并没有会聚。1611 年，天文学家开普勒把目镜改成凸透镜，虽然影像上下颠倒了，但得到的影像是光线真实会聚的实像。此后，天文学家使用的折射式望远镜，大多是基于开普勒望远镜的改良品。

能够把影像放大的除了凸透镜之外，还有凹面镜。相传古希腊人已经知道利用凹面镜聚焦太阳光取火。折射式望远镜被发明之后，一直都有科学家尝试利用凹面镜制造望远镜，但是凹面镜的焦点位置与光的入射方向相同，如果要用来观察远方的物体，必须找到改变光路径的方法。1670 年，大名鼎鼎的牛顿在凹面镜焦点附近放置一面斜镜，把凹面镜的成像引导到光路径的侧边，终于制造出第一架有实用价值的反射式望远镜。

▲图 6 牛顿制作的第一架反射式望远镜（复制品）。

可见光望远镜最重要的能力，就是代替人类的肉眼收集来自天体的光线，也就是**集光力**。望远镜的口径越大，集光效果越好，收集光线的效率越高，可以观测到更遥远的天体。望远镜的另一个性能指标为**角分辨率**，口径越大的望远镜，越能够分辨出更细微的天体构造，帮助天文学家理清更多细节，这就是天文学家尽力制造更大口径天文望远镜的原因。一般大众经常会误认为望远镜的倍率越大越好，实际上望远镜的倍率可以通过改变目镜的焦距来调整。

进行天文观测时，折射式望远镜和反射式望远镜各有优缺点，两者的发展也受限于当时的制造技术。对折射式望远镜来说，因为不同颜色的光线折射率不同，其焦点也有差异，于是就会有**色差**的问题。相反，反射式望远镜就没有色差的问题，但是它对反射面的材质和平整度要求特别高。

18 世纪，天文望远镜的制造技术有两个突破性的发展。在反射式望远镜这方面，1721 年，英国数学家哈德雷（John Hadley）研制出大口径的凹面镜。当时他交给英国皇家学会的望远镜口径只有 6 英寸（约 15 厘米），但是性能明显优于口径 7.5 英寸（约 19 厘米）的折射式望远镜。至于折射式望远镜，则发明了消色差透镜。1733 年，英国配镜师巴斯（George Bass）在霍尔（Chester M. Hall）的指导之下，组合两种不同材质的透镜，成功制造出消色差透镜。过去要消除望远镜的色差只能延长镜筒的长度，当时甚至出现过镜筒长超过 45 米的折射式望远镜。消色差透镜的发明大大减少了折射式望远镜的色差，让望远镜的镜筒可以做得更短、望远镜的功能也变得更好。19 世纪，折射式望远镜的制造技术发展到新高度，当时最著名的是美国叶凯士天文台（Yerkes Observatory）口径 1 米的折射式望远镜。与同样口径的反射式望远镜相比，折射式望远镜的制造成本比较高，主要有以下几个原因：

（1）反射式望远镜只需要磨制一面主镜，而折射式望远镜必须磨制两面主镜。

（2）折射式望远镜的主镜是凸透镜，外围薄，中间厚。望远镜越大，安装之后重量越重，越容易变形，因此折射式望远镜对主镜附近的材料及结构的要求相当高。

（3）折射式望远镜的主镜是透镜，玻璃内部必须要完美无瑕，即使是一点点的气泡都会影响折射式望远镜的性能。

相对来说，反射式望远镜就没有这些问题，只要镜面够平整、反射率够大，就可以达到天文学家的要求。1857 年，法国科学家傅科（Jean B. L. Foucault）想出了在反射镜面上镀银的方法。20 世纪以后，大型的可见光望远镜都设计成反射式望远镜的形式。无论是 20 世纪初期建造的海尔望远镜（Hale Telescope），或者是夏威夷毛纳基峰上的昴星团望远镜（Subaru Telescope）、凯克望远镜（Keck Telescope）等，基本上都是反射式望远镜。

▲图 7　位于毛纳基峰顶的昴星团望远镜和凯克望远镜（Credits: Shutterstock）。

2 苦尽甘来的深空观察者：哈勃太空望远镜

1609年，伽利略把自制的望远镜转向夜空，发现月球表面是坑坑洼洼的，发现木星有四大卫星[1]、土星有土星环，开启了太空观测的第一扇窗。在这之前，天文学家只能凭借肉眼和简单的测量仪器来观测天体的运动。因此伽利略的望远镜可以说是天文学发展史上的第一次重大变革，至于第二次重大变革，就是哈勃太空望远镜的发射与布置。

继哈勃太空望远镜之后，望远镜经历了很多次改良，科学家也致力于加大望远镜镜片的尺寸，希望得到分辨率更高的天文影像。随着制作望远镜的技术日趋成熟，人类进入太空时代以后，除了在地面布建大型望远镜之外，也开始把望远镜放到太空中。

混淆地面观测的困扰：星际物质

银河系盘面被大量星际物质遮挡，因而产生很多带状的黑暗区块。这些星际物质和形成恒星的物质相同，多数是分布非常稀疏的气体尘埃[2]。这

1. 木星的四大卫星后来被称为“伽利略卫星”，分别为木卫一（Io）、木卫二（Europa）、木卫三（Ganymede）、木卫四（Callisto）。
2. 详情请参 II-8《苍茫星空的轮回：星际物质》篇。

些尘埃像雾霾一样阻挡着我们的视线，造成地面观测的困扰，早期天文学家为了厘清这些暗区是“什么都没有”还是“有雾霾笼罩”而争论不休。

这些星际物质对视线的阻挡，让天文学家看不到银河系的完整分布。天文学家沙普利发现星际物质在银河盘面外的区域分布比较少，因此把注意力集中在盘面外的星系团。他学会利用变星判断星团的距离后，进一步分析位于盘面外的星团分布，意外发现银河系比原先所预估的要大很多，而且连太阳系的位置也跟人们原有的认知大相径庭，它不是位于银河系中央，而是处在银河系中恒星分布相对稀疏的郊区——这个惊人的发现为沙普利赢得“20世纪的哥白尼”的称号。后来在红外线望远镜的协助下，科学家终于能够穿透星际物质，清楚看到整个银河系的完整结构，也证实了沙普利的银河构造推论是对的。除了星际物质之外，地球的大气层也会阻挡处于红外线波段的星光。1923年，欧洲火箭之父——奥伯特（Hermann Oberth）就已经在其论文中提出太空望远镜卫星的构想，这种望远镜可有效避免大气层的干扰，观测到更清楚的红外线和紫外线星光。

备受挑战的升空之旅

历经数不尽的曲折和努力，1990年4月，在美国国家航空航天局（NASA）和欧洲太空署（ESA）的合作下，终于顺利实现了这个构想，成功把望远镜送上太空。这个太空望远镜在“发现者”号航天飞机的护送下进入卫星轨道，为了纪念天文物理学家哈勃，这个太空望远镜被命名为**哈勃太空望远镜**。哈勃在1929年发现宇宙正在膨胀，成为支持大爆炸理论的首要发现。哈勃太空望远镜的轨道高度大约为540千米，约95分钟就可绕地球一周，目前还在服役中。

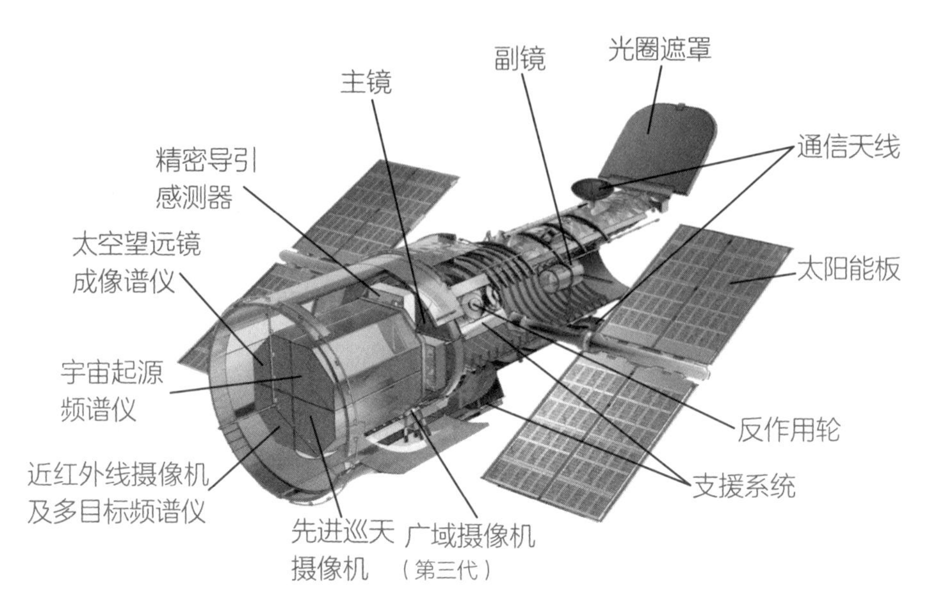

▲图 1　哈勃太空望远镜的构造示意图（Credits: NASA/GSFC）。

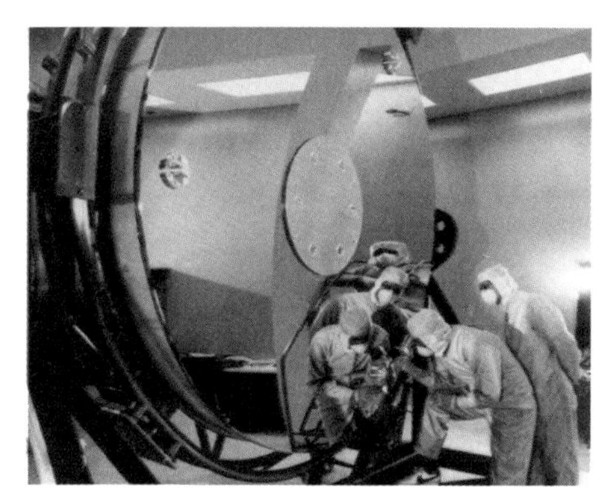

▲图 2　口径 2.4 米的主镜镀上一层反射铝薄膜后，技术人员正在做进一步的检查（Credits: NASA）。

哈勃太空望远镜的体积庞大，总长 13.2 米，最大口径 4.2 米；最初的总重量大约 10.9 吨，经过 5 次维修后，慢慢增加到 12.2 吨。常见货车的车厢，长约 6 米、宽约 2.4 米，高度约 2.6 米、重约 2.4 吨，因此哈勃太空望远镜的重量和体积大约和 5 个这样的车厢的规模差不多。

哈勃太空望远镜好不容易进入轨道，终于在 1990 年 4 月 25 日送回了第一张照片。但因照片失焦、模糊，NASA 的科学家才发现镜片设计错误，原先设计成天眼的哈勃太空望远镜，居然变成了一个“近视眼”！

历时40余年，这个卫星计划可说是多灾多难，各国科学家呕心沥血的努力因为一时疏忽而闹了一个大笑话，导致完全无法完成原先规划的观测任务。在极其尴尬的情况下，科学家们只能亡羊补牢，设法帮哈勃太空望远镜戴上矫正视力的镜片。1993年12月，NASA送上宇航员进行第一次维修。加上随后的4次维修，到2009年为止总共进行了5次维修[1]。

▲图3　尚未镀膜的蜂巢结构主镜片（Credits: NASA）。

图4是1993年的维修画面。当时电视有实况转播，画面上宇航员受到笨重的航天服限制，小心翼翼地拿着工具进行维修，极度缓慢的动作让许多观众看得心烦气躁，生怕小小的碰撞会毁了娇贵的仪器。不过随着维修任务顺利完成，戴上眼镜矫正视力后的哈勃太空望远镜终于可以为科学家提供清晰的高分辨率影像，为这场人为疏忽画下句点。

▲图4　1993年进行第一次维修，为哈勃太空望远镜戴上眼镜，矫正视力（Credits: NASA）。

筚路蓝缕：推动太空望远镜发展的重要推手

哈勃的天眼不仅为人类提供非常深远的视野，也改变了人类的宇宙观。但是回顾哈勃太空望远镜的发展史，其间可说是跌宕起伏，好事多磨。

1. 哈勃太空望远镜是NASA唯一有提供维修服务的卫星。

1946年，美国普林斯顿的天文物理学家斯皮策（Lyman Spitzer）开始鼓吹卫星望远镜的优点。苏联发射人类史上第一颗卫星“史普尼克”号后，美国不甘落后，于1957年开始筹建的航空航天局，很快就把两颗轨道天文观测卫星（Orbiting Astronomical Observatory，简称OAO）放上太空，进行初步的紫外线观测，为后续的大型太空望远镜计划铺路。

后来斯皮策积极与科学界、工商界接触，开始筹备大型太空望远镜（Large Space Telescope，简称LST）的计划，并在1969年获得美国科学院的初步同意。然而美国在同年完成阿波罗11号任务，在实现人类首度登陆月球的壮举之后，却开始紧缩太空预算，斯皮策的计划因而受到阻碍，望远镜的规模也因为预算减少而一再缩小。

随着航天飞机的发明，太空望远镜计划也开始加入太空维修、替换零件仪器的设计。整个设计团队的规模不断扩大，参与者包括数十个承包商、各大学的研究人员，以及好几个NASA科研人员。这个横跨21州和12个国家的团队，最后于1983年在美国的约翰斯·霍普金斯大学成立专门的太空望远镜研究所（Space Telescope Science Institute，简称STScI）。在紧锣密鼓的准备下，原本预计在1986年下半年要发射的太空望远镜计划，又因“挑战者”号航天飞机发生爆炸事故而无限期延宕，最后几经波折才在1990年顺利进入轨道。

哈勃太空望远镜的发展，得到很多人力的支持。有无数科学家为这个计划付出心力，除了斯皮策之外还有一个值得一提的人，她就是NASA第一位女性首席天文学家罗曼（Nancy Roman）。罗曼出生于美国田纳西州，其母亲是一名对大自然非常好奇的音乐老师，父亲则是一位在石油公司工作的科学家。罗曼11岁时与朋友组织了一个天文社团，每个礼拜都聚在一起讨论有趣的星座和天文现象；在高中时期就已经表现出对天文研究的喜好，并决定要以此作为人生的方向。

▲图 5　1986 年 1 月,“挑战者”号航天飞机在升空后不久爆炸解体，执行任务的 7 名宇航员全数罹难（Credits: NASA）。

罗曼于 1959 年顺利成为美国 NASA 的首席天文学家，致力于发展太空望远镜卫星，负责执行宇宙背景辐射探测者卫星（COBE）和哈勃太空望远镜等计划。因为这些重要贡献罗曼被尊为“哈勃（太空望远镜）之母”，其和被尊为“哈勃（太空望远镜）之父”的斯皮策都是推动哈勃太空望远镜发展的重要推手。

哈勃太空望远镜的观测仪器很多，口径 2.4 米的主镜片除了可以收集可见光，还可以观测红外线、紫外线。哈勃太空望远镜自从 1990 年开始服役以来，已经为科学家提供了很多珍贵的影像数据，让我们可以看清楚遥远宇宙，也就是非常早期的宇宙影像，这对天文学的发展非常重要。

▲图 6　宇宙一角：哈勃深空。照片中发现很多以前没发现过的星系，有些在大爆炸后 10 亿年就已形成（Credits: NASA/JPL/STScI Hubble Deep Field Team）。

图 7 是被称为**哈勃遗产场**（Hubble Legacy Field，简称 HLF）的影像，是哈勃太空望远镜继**“哈勃深场”系列影像**[1]之后，于 2019 年 5 月出炉的珍贵影像。这是在不同时间对同一个视角进行拍摄，经过很长一段时间累积后所合成的照片，显现出宇宙的一个小角落。这张影像中有很多科学家从未发现过的遥远星系，照片里有大约 265000 个星系，有的甚至是大爆炸后 5 亿年就已形成的星系。

1.“哈勃深场”系列影像包含哈勃深场（Hubble Deep Field）、哈勃极深场（Hubble Ultra Deep Field）和哈勃极端深场（Hubble Extreme Deep Field）。

▲图 7　宇宙更小一角：哈勃遗产场。这是哈勃深场影像一小角的精细影像，照片中的星系有些在大爆炸后 5 亿年就已形成 [Credits: NASA/ESA/G. Illingworth & D. Magee (University of California, Santa Cruz)/K. Whitaker (University of Connecticut)/R. Bouwens (Leiden University)/P. Oesch (University of Geneva)/the Hubble Legacy Field team]。

3 宇宙收音机：射电望远镜

什么是射电呢？射电又称为无线电波，或简称无线电，本质上跟我们眼睛可以看到的可见光相同，都是电磁波，只是波长比较长，大约在0.3 毫米以上。无线电在生活中很常见，例如手机就是利用无线电来传递信息的；汽车里常有的收音机接收的也是电台传来的无线电信号。

无线电波有什么用处

地球的大气层对于从太空来的电磁波有阻挡的作用，这个性质能保护我们不会轻易被紫外线伤害，但是如果大气阻挡了所有的电磁波，我们就没办法看到灿烂的星空了！所幸大气层留了两个波段的电磁波，让人类不用飞上太空也可以探索宇宙，其中一个是我们能看到的可见光以及紧邻的近红外线，另一个则是无线电波，就像开了两扇窗一样，因此这两个波段的电磁波也被天文学家称为**大气窗口**。假如人类的眼睛也可以看到无线电波，你将会看见无线电波跟可见光所呈现的夜空一样灿

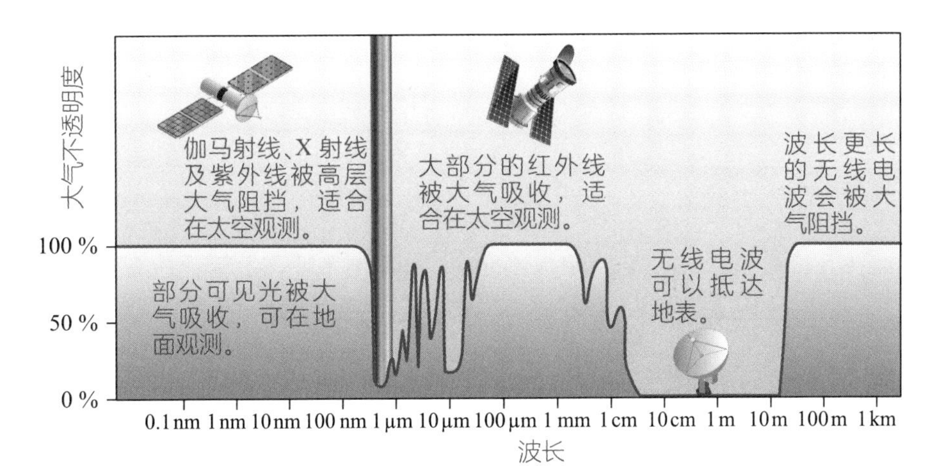

▲图 1　大气不透明度（100% 表示电磁波无法穿透大气层）与电磁波波长的关系，显示大气对无线电波是透明的（Illustration design: macrovector/vectorpocket/Freepik）。

烂！可惜因为眼睛的极限，人类一直等到机电工程有了初步发展，建造出射电望远镜以后，才真正欣赏到无线电波下无与伦比的夜空之美。

射电天文学之父——央斯基

世界第一座射电望远镜跟 20 世纪的电视天线类似，是线状的，靠导电金属感应无线电波的振荡接收信号，由美国贝尔电话公司的工程师央斯基（Karl G.Jansky）建造。原先的目的是要研究越洋无线电话可能受到的噪声干扰，然而央斯基却意外发现每天都会出现一个固定的电波信号。起先他猜测这个信号可能来自太阳，但在仔细测量以后发现每次信号出现的时间间隔是 23 小时 56 分钟，与地球

▲图 2　央斯基及他设计的射电天线（Credits: NRAO）。

绕恒星的周期相同，因此确定信号来自太阳系之外。而我们现在已经知道，这个强大的电波源其实就是银河系中心的超大黑洞。

射电望远镜的构造

由金属杆组成的线状射电望远镜，多数用于侦测波长较长的无线电波。波长较短的无线电波，则需要用到碟形天线，如美国国家射电天文台的格林班克望远镜（Green Bank Telescope）。碟形天线的功能如同可见光的反射望远镜，能把宇宙传来的无线电波聚集在焦点上。测量无线电的天文仪器，如“接收机”或“光谱仪”，就放置在焦点上。这些天文仪器的后端还会接上无线电波的传输线，把接收到的信号记录到计算机里，方便天文学家进行分析。

▲图 3　美国国家射电天文台的格林班克望远镜（Credits: NRAO）。

格林班克望远镜是目前世界上最大，且能自己转动的单口径望远镜[1]，镜面为椭圆形，长轴约 110 米，短轴则约 100 米。可以想象，这么大的望远镜需要很坚固的支撑结构，转动时也需要极高的稳定性，因此已达到现代工程的极限。但是对天文学家而言，这样的望远镜还是不够大！为了建造更大的望远镜，天文学家在 1960 年代就想出了挖掘山谷、以地面支撑望远镜镜面的方法，建造出**阿雷西博望远镜**（Arecibo Telescope）。这个口径约 305 米的超大望远镜位于波多黎各，曾是世界上最大的单口径望远镜（但不能转动）。此称号在 2016 年被中国的"天眼"[2]——500 **米口径球面射电望远镜**（Five-hundred-meter Aperture Spherical radio Telescope，简称 FAST）夺走。

▲图 4 "天眼"——500 米口径球面射电望远镜。

1. 非单口径的望远镜将在下文作介绍。
2. "天眼"的建成使用，可以将中国空间测控能力由月球同步轨道延伸到太阳系边缘，为中国火星探测等深空研究奠定重要基础。

望远镜的分辨率

射电望远镜越盖越大，并不是因为射电天文学家特别贪心，而是因为望远镜能得到的影像的精细程度，取决于望远镜的“分辨率（θ）”，而望远镜的分辨率是由望远镜的口径（D）及电磁波的波长（λ）决定，三者的关系如下：

$$\theta = 1.22\frac{\lambda}{D}$$

因为无线电波的波长比可见光长千倍以上，因此射电望远镜的口径也必须比可见光望远镜大千倍以上，才能达到相同的分辨率。

改善分辨率的有力工具：无线电干涉仪

为了解决射电望远镜分辨率太差的问题，英国天文学家赖尔（Martin Ryle）设计出革命性的**干涉仪望远镜阵列**，也就是将许多小望远镜摆在一起，共同组成一个大望远镜。在这样的系统下，干涉仪的有效口径便相当于距离最远的两个小望远镜之间的距离，如此一来便可将口径拉大到数千米！赖尔解决了合成小望远镜信号的数学难题，这个贡献使他获得到诺贝尔物理学奖。更重要的是，自此以后天文学家终于可以在同样的条件下比较可见光与无线电的分布了！

最著名的两个无线电干涉仪，分别是美国的**央斯基甚大阵**（Karl G. Jansky Very Large Array，简称 JVLA），以及位于智利的**阿塔卡马大型毫米波与亚毫米波阵列**（Atacama Large Millimeter/submillimeter Array，简称 ALMA）。这两个干涉仪的不同之处在其接收波的波长。第一代 JVLA 在 1973 年就建造完成，测量的波长范围在 0.7 厘米到 4 米之间。ALMA

▲图 5 阿塔卡马大型毫米波与亚毫米波数组（Credits: ESO/C. Malin）。

测量的波长是毫米（mm）及亚毫米（即零点几毫米）的范围，而这种短波长无线电波的接收器，需要有超导[1]零件来降低噪声，因此 ALMA 迟至 2013 年才开始让天文学家使用。建造 ALMA 所需的经费庞大，需结合国际的力量，美洲、欧洲、亚洲在天文研究上有较大投资规模的国家几乎都有参与，迄今已经运用 ALMA 的观测数据取得丰富的成果！

无线电干涉仪组成的望远镜，相互之间的距离可以很远，现在的技术甚至可以让远在不同大陆的望远镜干涉[2]成功。现今最大的跨洲干涉仪是**事件视界望远镜**（Event Horizon Telescope，简称 EHT），包含 ALMA 以及世界上其他大型的亚毫米望远镜，还有 EHT 的基线长度最长等效于

1. 超导：在某一温度下，电阻为零的特性。
2. 干涉：当两列或两列以上的波相互重迭，产生新波形的物理现象。

地球口径（约 12742 千米），使其分辨率最高可达 17 微角秒。天文学家需要这样的高分辨率来分析黑洞及其阴影的影像，此黑洞影像的理论预测可在电影《星际穿越》中看到。

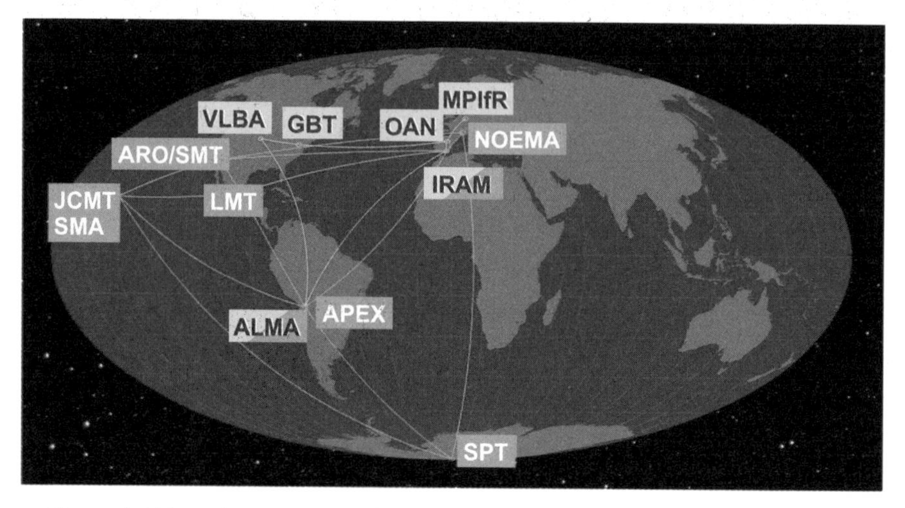

▲图 6　事件视界望远镜（Credits: ESO/O. Furtak）。

▲图7　包含广义相对论的黑洞理论，预测能看到黑洞背后传来的光，称为黑洞阴影（black hole shadow）（Credits: Shutterstock）。

4 远近有谱：多普勒效应和宇宙学红移

自古以来，人们对天上的繁星赋予了诸多想象，更想通过观测星辰的运行来揣摩宇宙的奥秘。1929 年，哈勃在那张记录着不到 30 个星系的运动速度与距离的关系图上大笔一挥，整个宇宙似乎在那一瞬间震动了起来！

“宇宙膨胀”可说是 20 世纪最名实相符的“惊天动地”大发现，而**宇宙学红移**（cosmological redshift）则是“动态空间”的具体呈现。要理解宇宙膨胀的观念，我们得先回顾天文学家如何测量遥远天体相对于我们的运动速度，以掌握宇宙学红移的精义。

从天而降的星光，往往携带着丰富的天体信息。电磁波是紫外线、可见光、红外线、无线电波等各色、各频段光线波统称。由于光速是频率与波长的乘积，不同颜色的光，具有不同的频率，对应到电磁波谱的不同波段上。

揭开不连续光谱的神秘面纱

早在19世纪初期，人们便已知道当高热物体发出的光照向棱镜的一端时，经过棱镜的折射后，会在另一端投射出如彩虹般从红到紫的连续色光分布，这一现象被称为**连续光谱**。此外，将含有某种特定元素的气体加热至发光并让光线射向棱镜时，会在某些特定波长上出现明亮的线条，这些线条被称为发射谱线。由发射谱线所形成的光谱，我们称之为**发射光谱**。若在一光源与观测者之间放置特定元素气体，则会在由光源形成的连续光谱上制造出特定波长的暗淡线条，这些线条被称为吸收谱线。若连续光谱中包含了吸收谱线，我们称此光谱为**吸收光谱**。至于这些不连续的谱线究竟是什么？其背后的物理机制又是怎么一回事？这些问题直到20世纪量子力学诞生后，科学家才终于揭开这层神秘的面纱。

早期量子物理学家根据严格的量子化条件建构出原子模型，才成功地解答了上述的疑问。假设原子中的电子只能具有某些非常明确的能量，且这些能量如阶梯般分布[1]，能级越高，所具有的能量值越大。当原子被光轰击时，只有具备恰当能量值（或特定频率）的光线才能被吸收，使电子从某一个较低的能级跃迁到另一个较高的能级；而所有其他频率的光线都将毫无阻碍地直接穿过原子或被其反射。另一方面，当电子处在较高能级时，虽具有较高的能量，但也相对不稳定，因而倾向抛掉多余的能量，以便降回较低的能级，而被抛掉的能量就化成带着特定频率的光发射出来。换言之，原子只会吸收或发射出具有特定频率的光，因此透过棱镜观察特定元素气体的光谱时会发现，光谱中呈现出特定的亮线或暗线[2]。

1. 如阶梯般分布，即能量的分布是不连续的。
2. 光谱中特定的亮线或暗线所对应的就是被发射或被吸收的特定频率的光。

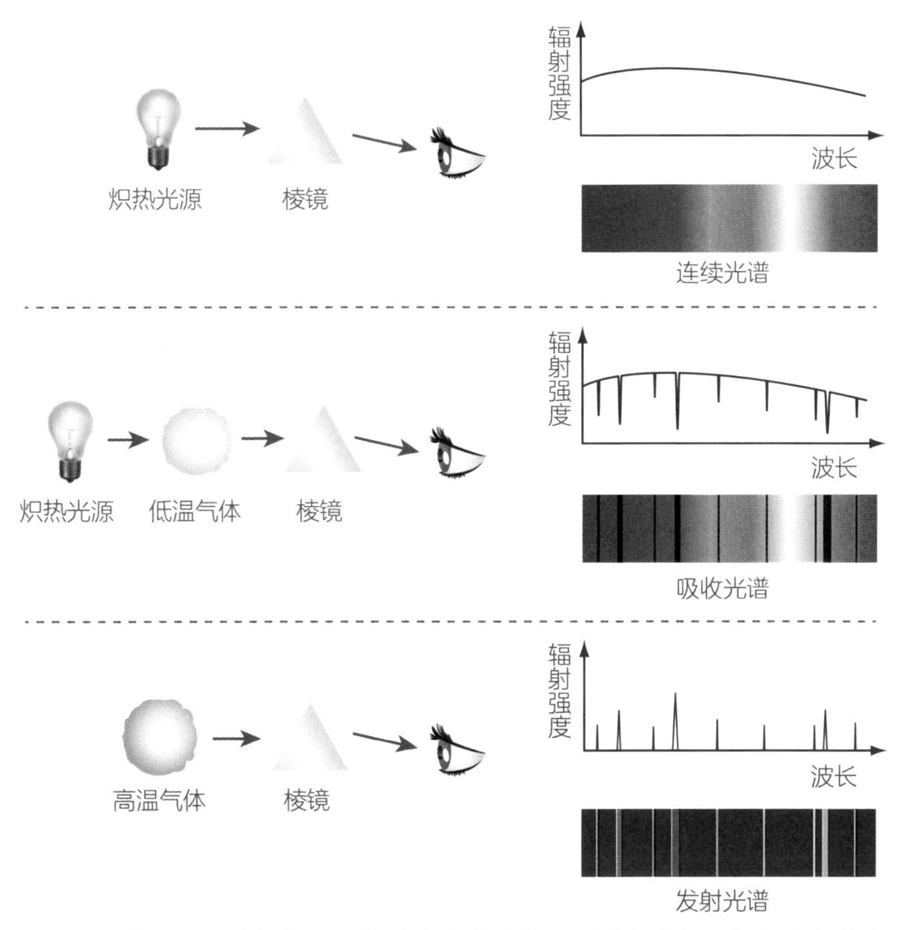

▲图 1　棱镜可用来解析高温物体发出的光线，形成色光如彩虹般分布的连续光谱。吸收谱线或发射谱线则可依据气体、光源和观测者三者间的相对位置来判定（Illustration design: Freepik）。

当然，19 世纪的科学家没学过量子力学，不会知晓这些谱线的成因，但他们通过实验测量，确实发现不同的材料具有不同的谱线。在 1850 年代前，科学家便已认清每种元素皆拥有独特的特征谱线。因此，元素发出的谱线就如同该元素的特殊指纹一样，我们可以通过观测光谱的特征来鉴别元素。

多普勒效应

1848 年，法国科学家菲佐（Armand H. L. Fizeau）发现，通过测量光谱线的变动，就可以测定发光体与观测者间的相对运动关系。这基本上与奥地利物理学家多普勒（Christian A. Doppler）于 1842 年发现**声波波源与观测者相对运动时，观测者接收到的声波频率与波源发出的频率不同**的现象一致，也就是多普勒效应（Doppler effect）。

多普勒效应

当波源朝着观测者运动时，观测者所接收到的声波频率比波源发出的高；相反的，当波源背离观测者运动时，观测者所接收到的声波频率比波源发出的低。

举例来说，当救护车不停向你逼近时，你听到的警铃声会变得越来越高亢；当救护车逐渐远离你时，你听到的警铃声则会变得越来越低沉。

想象有一列火车与我们相隔某段距离，车上有一位鼓手正以固定的时间间距击打鼓面，发出清晰的鼓声。由于火车仍在一段距离外，声波的传递需要时间[1]，所以每当鼓面受到敲击时，我们经过一段时间后才会听到该次敲击的鼓声。距离越远，该次鼓声抵达我们所在位置所需的时间就越长。假如火车正朝着我们的方向前进，则火车与我们之间的距离会随着每次击鼓的瞬间而缩短，使得鼓声抵达我们所在位置所需的时间也随之缩短。因此，即使鼓手击鼓的节奏固定，实际上我们听到连续击鼓声的时间差却比鼓手每次击鼓的时间差要来得短。击鼓的时间差变短，也就是鼓声的周期缩短，代表击鼓时所发出的声波波长变短，声音的频

1. 一般状况下，声速约每秒 340 米。

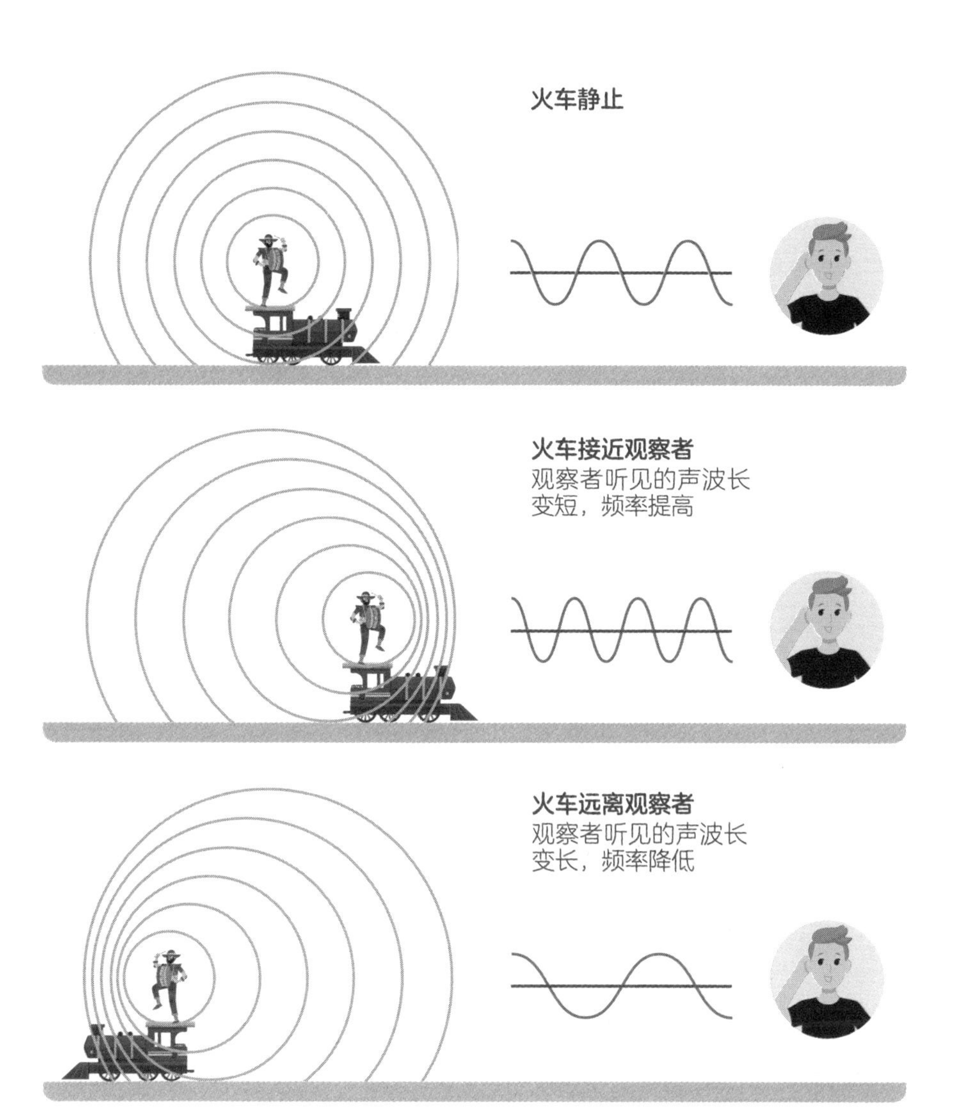

▲图 2　多普勒现象示意图（Illustration design: Freepik）。

率因而升高。相反，若火车逐渐远离我们，其与我们之间的距离变长，鼓声波长会因而展延，声音频率也就随之降低了。

多普勒红移和宇宙学红移

具有波动特性的光也会出现同样的效应，这就是菲佐在 1848 年的预言。天文学家观测天体光谱时，只要比较测量到的特征谱线与期望看到的谱线，确定两者间的差异，就能推论光源的移动速度。

事实上，我们可以预先观察静止光源的特征谱线分布，接着再与测量到的特征谱线分布加以比较，分别得到每条谱线的偏移量，便可计算出光源相对于观察者移动时所引起的波长变化。波长差异越大，代表光源移动的速度越快。若光源向我们靠近，测得的谱线波长会比相对静止时来得短，所观测到的光波频率相对提高，这时特征谱线将朝连续光谱上的蓝光波段偏移，此现象被称为**多普勒蓝移**（blueshift）。反之，若光源远离我们，测得的谱线波长比原波长还长，所观测到的光波频率相对降低，谱线就会向红光波段偏移，此现象被称为**多普勒红移**（redshift）。

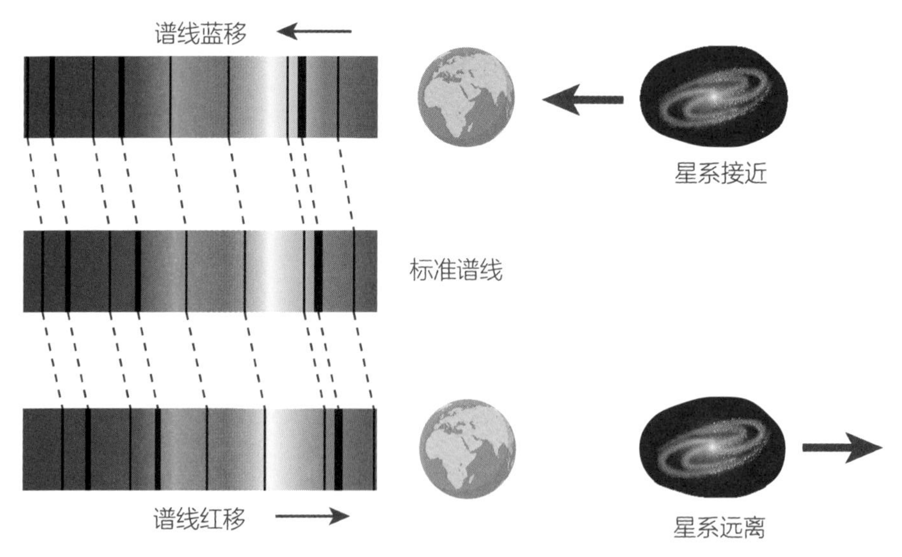

▲图 3　星系接近地球，特征谱线显示蓝移；星系远离地球，特征谱线显示红移（Illustration design: Freepik）。

虽然波源与观测者的相对运动会造成彼此间的距离随时间变化而呈现出多普勒效应，但相对运动并不是导致波源与观测者间距变化的唯一因素。大爆炸理论认为，在广阔的时空尺度上，星系本身的局部运动速率远小于空间膨胀的速率。因此，我们基本上可将每个星系视为静止且固定在空间中其原先所占据的位置。这样一来，当空间膨胀时，遥远星系相对于我们之间的距离就会随着时间累积而增加，造成星系特征谱线朝红光波段偏移的现象，这就是所谓的**宇宙学红移**。

在此必须强调宇宙学红移与多普勒红移的观念差异。乍看之下，这两个现象都是光源与观测者间的距离随时间增加所引起的，但起源却不相同：多普勒红移是相对运动造成的，而宇宙学红移却是因空间膨胀导致距离扩增而呈现在光谱上的结果，并非天体实质穿越广大空间所造成的变化，两者不可混为一谈！

5 上帝的望远镜：引力透镜

引力透镜的基础是光在空间中传播时，因受到区域引力场影响而发生偏折的效应，此效应是爱因斯坦等效原理的直接体现。想象一下，当你乘坐一部无窗电梯时可能遭遇的两种状况：加速向上与自由落下。当电梯加速向上的瞬间，你的身体因为惯性而静止于原来的高度上，但电梯硬把你往上推，你会感受到体重似乎骤然增添了不少；另一方面，当你乘坐电梯下楼时，在电梯从静止开始下降的瞬间，惯性试图让你保持在原来的高度上，但当电梯突然下降时，身体失去支撑，你就误以为身处于自由落下的状态，重力的牵引倏忽消失，体重好像瞬间归零。

行星们为什么会转弯

这就是爱因斯坦在1907年发现的等效原理：**引力造成的效应与物体加速运动时的效应是相等的**[1]！爱因斯坦据此悟出引力其实算不上是一种“作用力”，运动中的物体所感受到的引力大小基本上与其质量无关，而是受到空间弯曲的影响。当空间中存在具有质量的物体时，它就

1. 详情请参III-1《科学巨擘们的传承故事：伽利略、牛顿与爱因斯坦》篇。

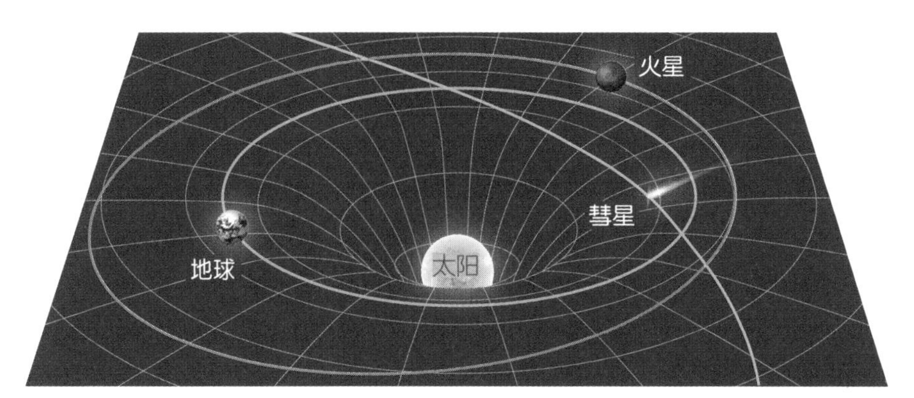

▲图 1　若将空间视为有弹性的橡皮膜，可看出行星轨道的成因是太阳周围空间被其庞大质量所扭曲，迫使原本直行的行星沿弯曲的空间运动，形成顺势转弯的轨道。

会成为引力场源，并且使周围的空间弯曲。空间弯曲的程度取决于引力场源的质量：**引力场源的质量越大，代表引力场的强度越强，会使空间弯曲得越厉害**。太阳系的行星轨道就可以用这种概念来理解：太阳的庞大质量会造成整个太阳系空间发生弯曲[1]，当行星在太阳所产生的引力场中移动时，我们以为它们是自己向前直行的，事实上这些行星却是被迫沿弯曲的空间而运动的，顺势转弯形成各自的绕日轨道。

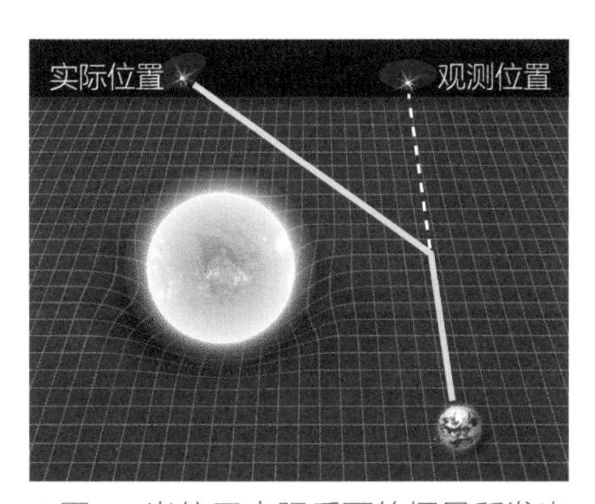

▲图 2　当位于太阳后面的恒星所发出的光紧邻着太阳旁边通过时，其运动路径会因受到太阳引力场的影响而偏折。由于地球上的观测者总是认为光是沿直线传播过来的，因此会认定发光的恒星位于直线延伸的正前方。

光在空间中传播时，会受到区域引力场的影响而发生偏折，这种现象也可以用相同的方式解读。由于重力不是一种"作用力"，因此被其吸引的物质，无论是否具有质量，在向前直行的

1. 比起太阳的质量，各行星的质量太小而可忽略。

过程中，都会受空间弯曲的影响而顺势转弯，造成运动路径的偏折。爱因斯坦曾经因此预言：“**当星光行经太阳周边时，会受太阳引力场扭曲而偏折**。”此现象在 1919 年天文学家观测日食的时候被证实，爱因斯坦本人更因此而声名远播。

摆在宇宙中的天然放大镜：引力透镜

当遥远光源发出的光行经大质量天体周边的空间时，会受到该天体的引力场影响而产生偏折，在另一端聚焦成像，这就如同光线通过透镜时会发生的现象，因此我们将此效应称为**引力透镜**。另外，造成光线偏折的天体被称为透镜天体，而光线在偏折聚焦后可能形成光源的多重影像。任何具有质量的天体，都可能使行经其周边的光线发生偏折，因此在各种不同尺度上，都可能观察到引力透镜的现象。根据尺度与效果的差异，天文学家一般将引力透镜分为三类：**微引力透镜**、**弱引力透镜**、**强引力透镜**。

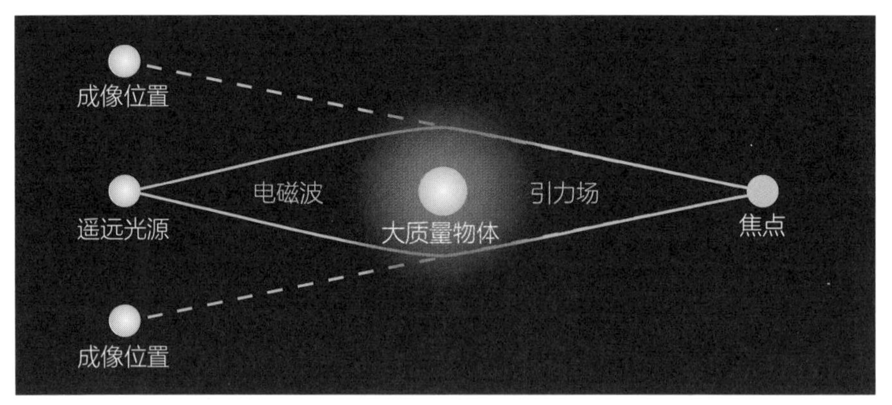

▲图 3　引力透镜成像的基本原理：遥远光源所发出的光，经大质量天体造成偏折后，在另一端聚焦成像。

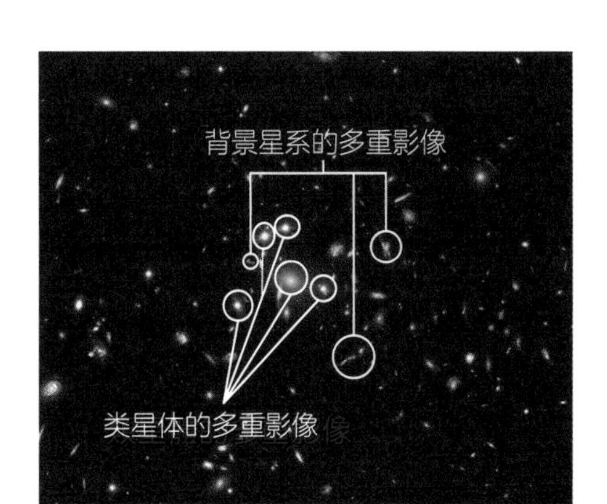

▲图 4 引力透镜产生壮观的多重影像。图中透镜天体的强大引力场，对同一个背景星系制造出 3 个不同影像，另对一个遥远的类星体制造出 5 个不同影像 [Image credits: NASA/ESA/K. Sharon (Tel Aniv University)/E. Ofek (Caltech)]。

(1) 微引力透镜

当透镜天体的质量仅相当于恒星等级时，所造成的引力透镜效应比较微弱，因此被称为微引力透镜。由于微引力透镜天体的引力场不够强大，一般无法让我们观测到微透镜成像，但足以在光谱上呈现出背景光源亮度瞬间增强的现象。天文学家利用这个背景光源亮度变化的特性来搜寻分布在银河系中的暗淡天体，包括黑洞、中子星、白矮星、红矮星、棕矮星，甚至系外行星等。

(2) 弱引力透镜

目前宇宙学的主流模型认为太空中布满了数量庞大的暗物质[1]。由于这些奇异的暗物质并不与电磁波作用，我们只能通过引力作用辨识它们的存在。遥远星系发出的光在穿越广阔空间抵达地球的途中，必然会遭遇暗物质，因此理论上来说，大多数星系的影像都经过暗物质引力场的扭曲，发生大约 1% 程度的形变，这就是所谓的弱引力透镜效应。

通过统计星系团的平均透镜效应，我们不需要知道星系团中个别星系的影像究竟遭受多大程度的扭曲，就能测量弱引力透镜。为达此目的，宇宙学家必须先假设，星系团里所有的星系的形状大致都呈椭球状。另外，还需假设这些星系形状的方位在太空中随机分布，并不遵循一定的

1. 详情请参 II-9《遮掩天文学发展的两朵乌云：暗物质与暗能量》篇。

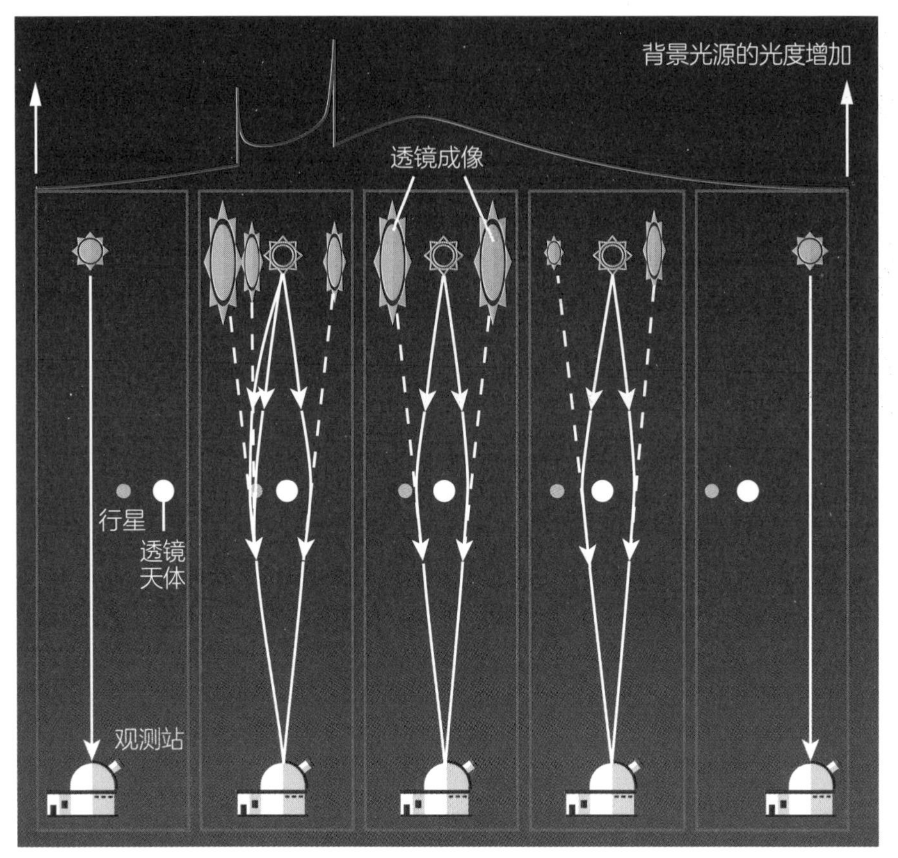

▲图 5　当行星或矮星等暗淡天体经过观测者与背景光源之间时，会造成背景光源的亮度发生增强的变化，此即所谓的微引力透镜效应（Reference: The Planetary Society; illustration design: macrovector/Freepik）。

走向。倘若该空间真的出现了弱引力透镜效应，当透镜会聚光线时，会将所有星系的影像朝某一方向拉伸，这样一来，该空间星系形状的方位便会朝某一特定走向排列，偏离原本无规律分布的形态。宇宙学家可据此测量出弱引力透镜的大小，利用弱引力透镜效应，将其作为探测宇宙间暗物质分布的利器。

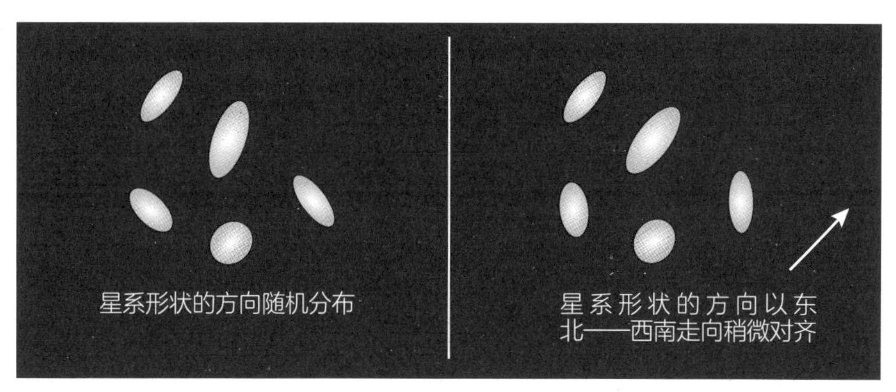

▲图6　左侧图案显示星系形状的方位分布并无规律；右侧图案则显示星系形状的方位大致朝东北-西南的走向排列。

（3）强引力透镜

当引力透镜效应强大到可让我们直接看见天体影像的形变或多重影像时，我们将此现象称为强引力透镜效应。强引力透镜通常发生在大尺度的宇宙范畴里，由质量巨大的星系团与其拥有的暗物质来扮演透镜天体的角色。当更遥远的背景星系发出的光通过这些透镜天体时，往往会被其强大的引力场大角度偏折，星系的影像因而被剧烈扭曲，造就出外形诡异却异常壮观的天文奇景，例如爱因斯坦环、爱因斯坦十字、深空笑脸及“Abell 2218”多重影像等。

搜寻宇宙早期形成的星系

引力透镜效应除了作为暗物质存在的直接证据外，更可用来搜寻宇宙早期星系的踪影。由于引力透镜的聚焦功能，非常遥远的大质量星系团基本上就等同于宇宙级放大镜，有如终极望远镜，映照出大爆炸后 5 亿年内形成的星系影像。

NASA 在 2018 年初宣布，通过星系团“SPT-CL J0615-5746”的聚焦，哈勃太空望远镜观测到在早期宇宙所形成的一个胚胎星系“SPT0615-JD”的影像。通常在如此遥远的深空里拍摄到的星系都只是点状光影，无

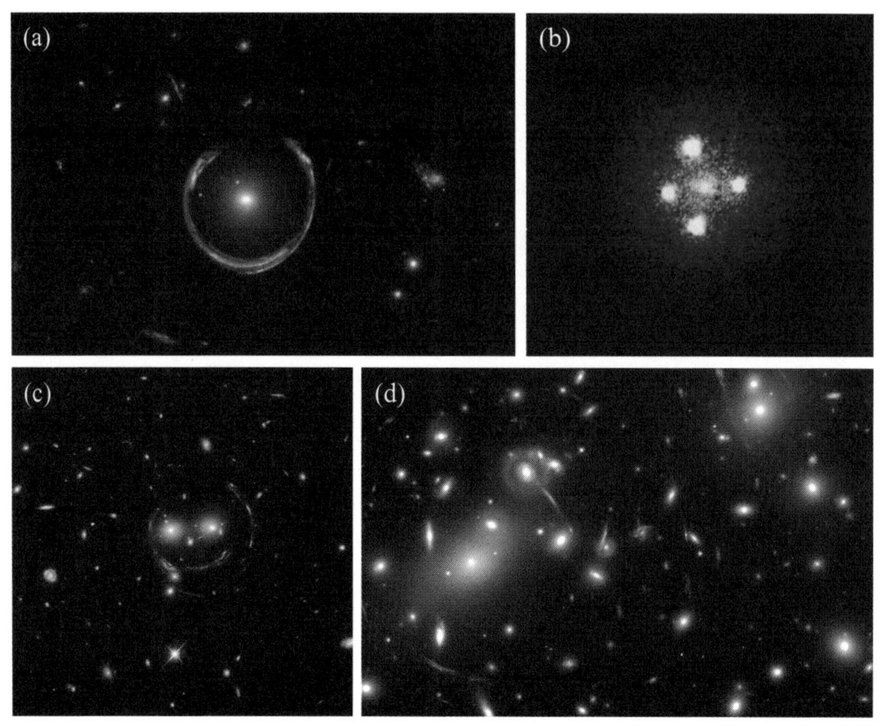

▲图 7 （a）爱因斯坦环；（b）爱因斯坦十字；（c）深空笑脸；（d）“Abell 2218”星系团的强大引力扭曲了背景星系的影像，并形成多重影像 [Credits:（a）NASA/ESA/HST;（b）NASA/ESA/STScl;（c）NASA/ESA/JPLCaltech;（d）NASA/A. Fruchter（STScI）et al./WFPC2/HST]。

法透露更多早期星系的物理特性。但“SPT-CL J0615-5746”星系团不仅放大了“SPT0615-JD”的影像，更将其外貌扭曲延展成一个长约 2 弧秒 [1] 的拱形天体。在分析这个透镜影像后，天文学家发现“SPT0615-JD”的质量不超过 30 亿倍太阳质量，约为银河系质量的 1%；而其真实大小则不及 2500 光年，大约只有我们银河系的卫星星系小麦哲伦云的一半。可见早期星系的性质，与我们银河系这种现代星系大相径庭。未来，随着观测到越来越多这类胚胎星系的透镜影像，相信我们终能掌握星系形成的秘密！

1. 弧秒：arc second，量测角度的单位，又称为角秒。1 度等于 60 角分，1 角分等于 60 角秒。

▲图 8　胚胎星系“SPT0615-JD”的透镜影像。“SPT0615-JD”在大爆炸后 5 亿年内形成，是一个质量、宽度皆远远不及现代星系的宇宙早期胚胎星系（Credits: NASA/ESA/STScI/B. Salmon）。

6 化不可能的观测为可能：X 射线望远镜

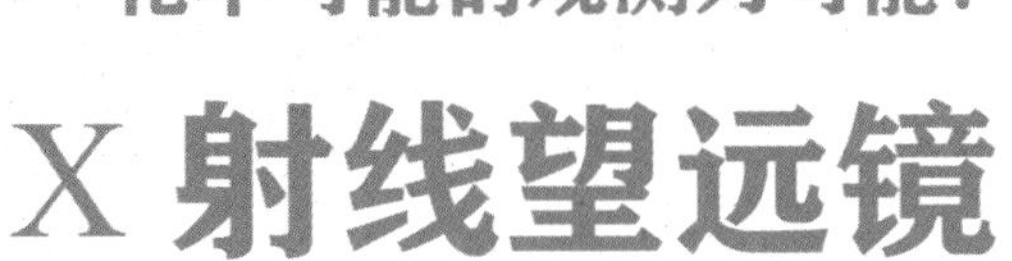

我们日常生活中所接触到的 X 射线应该是在医院内。医生可以通过 X 射线来了解人体内部的状况，现在许多牙医诊所也有 X 射线设备，可见 X 射线在医疗上的使用已极为普遍。另一个常见 X 射线的地方是机场，海关人员会利用 X 射线透视旅客的行李，检查有没有携带违禁品。而在工业与科学研究上，X 射线也是相当有用的工具。

X 射线是什么

第一个发现 X 射线的人是伦琴（Wilhelm C. Röntgen），他因为发现 X 射线而获得第一届诺贝尔物理学奖。最初发现 X 射线时，没有人知道它究竟是什么，直到后来的研究才发现，原来 X 射线的本质是电磁波。它跟无线电波、可见光、红外线、紫外线及伽马射线一样，都是电磁波谱的一部分，只是 X 射线的波长较短，大约只有可见光波长的千分之一。它的许多行为比较像粒子而不像波，光波可被视为一颗颗的粒子，我们称之为**光子**（photon）。每颗光子都带有不同的能量，光波的波长越短，所对应的光子能量越大。以下我们大多以 X 射线光子来描述 X 射线，但是在天文学中，通常以光子的能量[1]来描述 X 射线，而不是像可见光用波长，无线电波用频率来描述。

日常所见的 X 射线，除了极少数是由放射性元素产生，绝大部分都是人工制造出来的，不外乎是将带电粒子（通常是电子）加速（或减速）而产生的。但我们现在要问的是：星星会产生 X 射线吗？如果会，要怎样去观测它呢？

先从天文学的发展说起

无论是从历史记载或考古证据来看，几乎所有的民族都在研究天文学，这是一门很古老的学问。为什么呢？原因很简单，因为只要是晴朗的夜空，都可以看到星星。然而为什么人类能以肉眼看到星星呢？因为地球的大气对可见光来说几乎是透明的。星光远道而来，在通过大气层时，仅少部分被大气吸收或散射，其他绝大部分都能顺利抵达地面。其实地球的大气只为电磁波开了两个窗口，一个开在无线电波波段，另一个则开在可见光波段（包括一小部分的近红外线与极少部分的紫外线），其他波段的光皆无法穿透大气，其中也包括 X 射线。X 射线会被大气中的氮与氧强烈吸收，这与我们之前想象 X 射线穿透力很强的概念不同。如果人类的肉眼看到的是 X 射线而非可见光，我们的夜空将会变得一片漆黑，古人也发展不了天文学。事实上，我们应该感谢地球大气阻挡了从天而来的 X 射线，不然生物恐怕难以在地面上生存。

我们可以说，在 1950 年代前的天文学都是可见光天文学，之后才有其他波段的天文学陆续出现。那么 X 射线天文学是何时问世的呢？因为大气几乎把 X 射线完全吸收掉了，所以我们必须冲出大气层才能加以观

1.X 射线光子的能量单位通常使用千电子伏特（kilo electron volt，缩写为 keV）。

测，第二次世界大战时，德军发明了“V-2”火箭，使得冲出大气层观测成为可能。然而还有另一个问题：是否值得特地跑到大气层外，对星星发出的X射线进行观测呢？

X射线观测的起点

在地球上往天空看，最强的X射线源是太阳。它之所以是最强的X射线源，那是因为它离我们太近了。事实上，太阳所发出的X射线仅占其总发光量的百万分之一。如果把太阳摆在3200光年外（这段距离不算太远，还在银河系内），以1960年代初期的技术水平，必须将侦测器的灵敏度提高1000亿倍才能观测到。因此当时天文学家预测，就算把X射线望远镜放在太空中，能看见的除了太阳以外，至多也只有一些行星或卫星反射太阳光发出的X射线，所以他们对到外层空间做X射线观测并不感兴趣，更别提要开发X射线望远镜了。当然，那时的太空技术也还没有那么先进。

但这件事在1962年有了戏剧性的变化。由贾科尼（Riccardo Giacconi）率领的研究小组，利用装置在探空火箭上的盖革计数器[1]，尝试对月球表面与太阳风里高能粒子相互作用产生的X射线进行观测。探空火箭可飞离地面约200千米高，但受限于火箭无法在高空中停留太长的时间，能扫描月球附近的时间仅有短短数分钟。然而他们在第二次的实验中，却意外发现天蝎座附近存在一个强烈的X射线源。由于其强度之大绝不可能是任何太阳系内的天体反射太阳光所致的，表示太阳系外有强烈的X射线源，继而开启了X射线天文物理学研究的新纪元。贾科尼也因为这个重大发现，获得了2002年的诺贝尔物理学奖。

---

1. 盖革计数器：Geiger counter，一种用于探测电离辐射的粒子探测器。

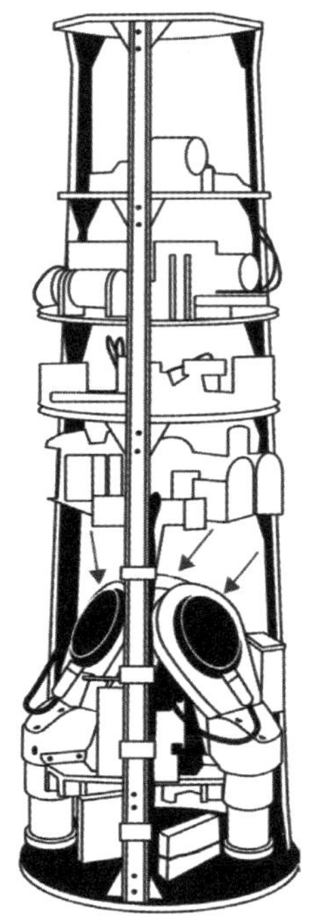

贾科尼的发现当然引起了天文学家浓厚的兴趣。但在外层空间观测谈何容易？虽然当时已有人造卫星，但要制作一个纯为天文观测的人造卫星仍需假以时日才能实现。天文学家继续努力，在 1960 年代不断利用探空火箭与探空气球等方式观测，陆续发现了 30 多个强烈 X 射线源。但这些光源究竟是什么？由于资料实在太少，无法深入研究，直到卫星式的 X 射线望远镜升空、进行观测后，才有了突破性的进展。

1970 年，第一个卫星式的 X 射线望远镜"Uhuru"卫星[1]升空，它的主要任务就是巡天，寻找更多的 X 射线源。"Uhuru"卫星在服役的 3 年期间，除了将探索到的太阳系外 X 射线源数目增加到 300 多个外，也在研究其中一个 X 射线源——半人马座 X-3（Cen X-3）的资料后，正式揭晓这些强烈 X 射线源的谜底。原来这些强烈 X 射线源，大部分是 X 射线双星[2]，半人马座 X-3 就是第一个被证实为 X 射线双星的天体。

▲图 1 （上）2002 年的诺贝尔物理学奖得主贾科尼；（下）他当年发现第一个太阳系外 X 射线源所用的仪器（Credits: ESO/Nobel Media AB）。

1. "Uhurn"卫星：第一个卫星式的 X 射线望远镜，1970 年 12 月 12 日于肯尼亚发射，由于发射当日正好是肯尼亚国庆节，就以当地的斯瓦希里语"自由"命名，所以也有人把它翻译为"自由号"。

2. 详情请参 V-7《能量爆棚！奇特的 X 射线双星》篇。

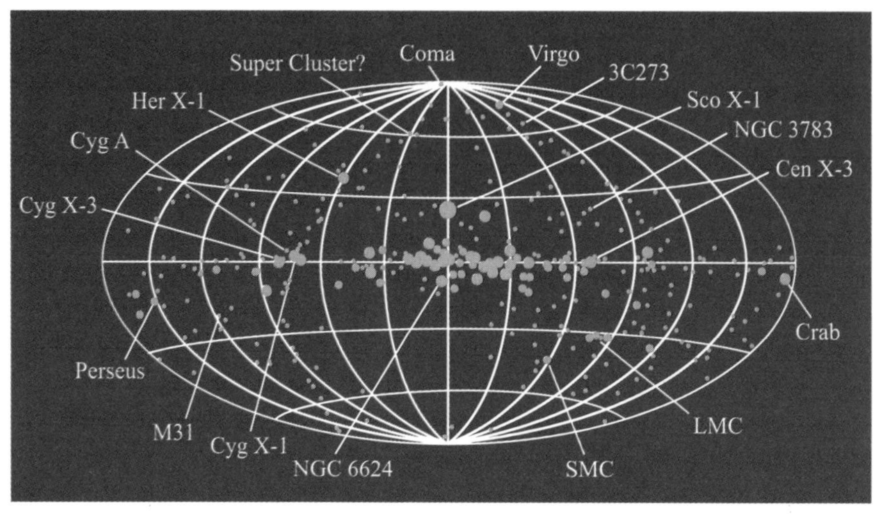

▲图 2 “Uhuru”第四版星表，呈现 3 年任务期间发现的 X 射线源（Reference: IRA）。

“Uhuru”卫星观测发现半人马座 X-3 有一颗快速自转的中子星，会发出周期 4.8 秒的脉冲，但这个周期又以 2.09 天的周期上下浮动，且其脉冲信号每隔 2.09 天就会消失一段时间。天文学家因而判定半人马座 X-3 是一个轨道周期为 2.09 天的双星系统，脉冲周期会有起伏是因轨道的多普勒效应[1]所致，而脉冲之所以会周期性消失则是因为中子星被其伴星所掩食。

而“Uhuru”卫星及后续的 X 射线望远镜观测也发现，不只是 X 射线双星，其他星星也会发出 X 射线。当然，这些星星并不是像太阳一般的恒星，而是某些奇特的天体，如 X 射线脉冲星、超新星爆发遗迹、活动星系核与星系团等。这些 X 射线望远镜大大扩展了 X 射线天文学的范围，此后美国、欧洲各国与日本等国家纷纷投入 X 射线望远镜的研发与观测，使 X 射线天文学成为天文学中的重要分支。近年来，一些发展中国家也陆续研发 X 射线望远镜，如中国的“慧眼”卫星工程与印度的首颗天文科学卫星“AstroSAT”等，使 X 射线天文学的研究及发展越来越精彩。

1. 详情请参 IV-4《远近有谱：多普勒效应和宇宙学红移》、V-6《生死与共的伙伴：双星》篇。

升空吧！ X 射线望远镜

既然从宇宙来的 X 射线无法在地面观测，我们就得设法将 X 射线望远镜送出大气层。要怎么做呢？主要有几种方式：

（1）用探空火箭，可飞离地面约 200 千米，缺点是观测时间短（仅数分钟）。

（2）用探空气球，相较于探空火箭有较长的观测时间（可接近 100 天），缺点是只能飞至约 40 千米高的天空，在此高度之上仍有残存的大气会吸收 X 射线，因此仅可观测光子能量较高的 X 射线。

（3）用卫星式或架设在国际太空站上的 X 射线望远镜，这是最好的观测方式，可让望远镜完全脱离大气层，目前 X 射线天文学的主要成就都是来自此类望远镜。

望远镜的运作，早期仅可维持数年，但最近有些 X 射线望远镜已运作近 20 年，状况还非常好。这些望远镜大部分是独立的卫星，目前仅有日本的“MAXI”望远镜与美国的中子星内部成分探测望远镜（NICER）架设在国际太空站上。但无论以哪一种方式将 X 射线望远镜带到天空，它都不像地面上的望远镜能比较随意地增添设备；也就是说，X 射线望远镜的重量与体积都受到限制。因此我们很难要求一个

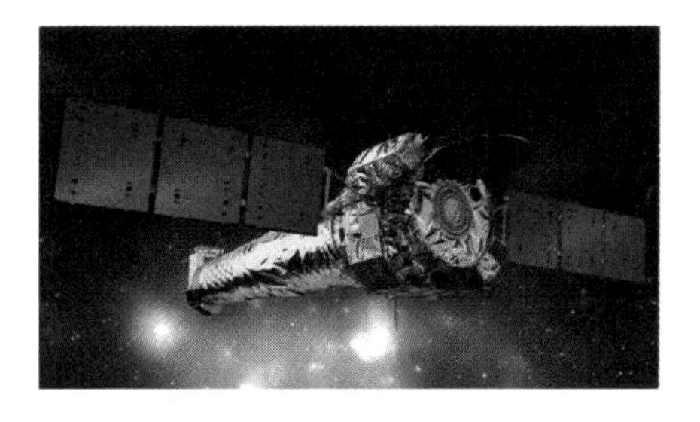

▲图 3　目前拍摄 X 射线影像最好的钱德拉 X 射线观测卫星，于 1999 年 7 月越升空，至今仍在进行观测（Credits：NASA/CXC/NGST）。

▲图 4　附挂在国际太空站的 X 射线望远镜 NICER（Credits: NASA）。

X 射线望远镜做到完美的程度，比方说要同时拥有最好的影像能力、最佳的光谱分辨率和最广大的视野等，只能针对某些特色予以加强，如钱德拉（Chandra）X 射线观测卫星的目的是获得最清晰的 X 射线影像，视野无法太大；而雨燕卫星（SWIFT）的主要任务是监视宇宙中的伽马射线暴，必须要有很大的视野才能有效率地搜寻。根据不同的任务取向，望远镜的设计均有所不同。

X 射线望远镜与其他的望远镜类似，大体上可分为光学部分（如镜片）、分析仪器（如滤镜、光谱仪）、侦测器（如 CCD[1]）与后端处理设备。地面上的望远镜长得都差不多，但 X 射线望远镜的长相却很多样化，有些甚至长得像一个箱子，让人很难想象它其实是一架望远镜。有些 X 射线望远镜甚至不能成像，也就是说它拍不出星星，这恐怕与许多人对于望远镜的印象相差很远。

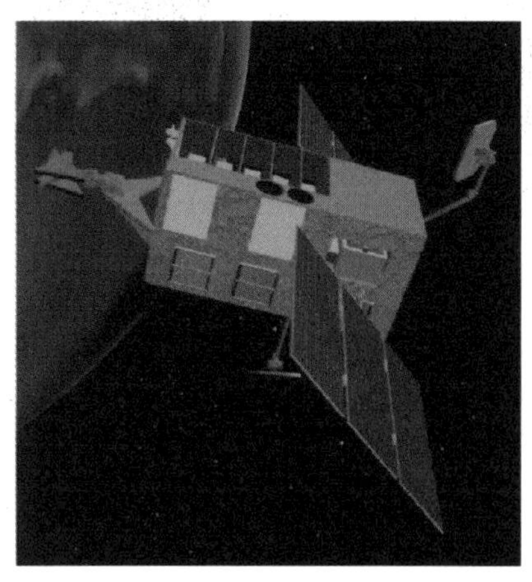

▲图 5　“RXTE”是一个非成像 X 射线望远镜，是不是长得像一个箱子（Credits: NASA）。

不能成像的望远镜要怎么观测

在解决这个疑惑之前，我们先来谈谈成像望远镜。要成像很简单，但是要先能分辨 X 射线来源的方向。依照成像方式的差异，可将分辨 X 射线来源方向所依赖的光学系统分成

1.CCD：电荷耦合器件（chargecoupled device），是一种感光组件，可以将影像转变成数字信号，被广泛应用在数码摄影、天文观测及高速摄影等技术上。

两种。

第一种光学系统与一般的可见光望远镜类似，用镜片反射成像。一般的可见光望远镜有一个碟形的抛物面镜，用来集光与聚焦；但这种镜片用于 X 射线就行不通了，因为 X 射线会被镜片吸收。反射 X 射线的镜片必须做成筒状，让 X 射线以很小的擦面角反射，这是目前能让 X 射线成像最好的光学系统。但这样的系统有两个缺点：

（1）有效集光面积太小。

（2）只能反射光子能量较低的 X 射线。

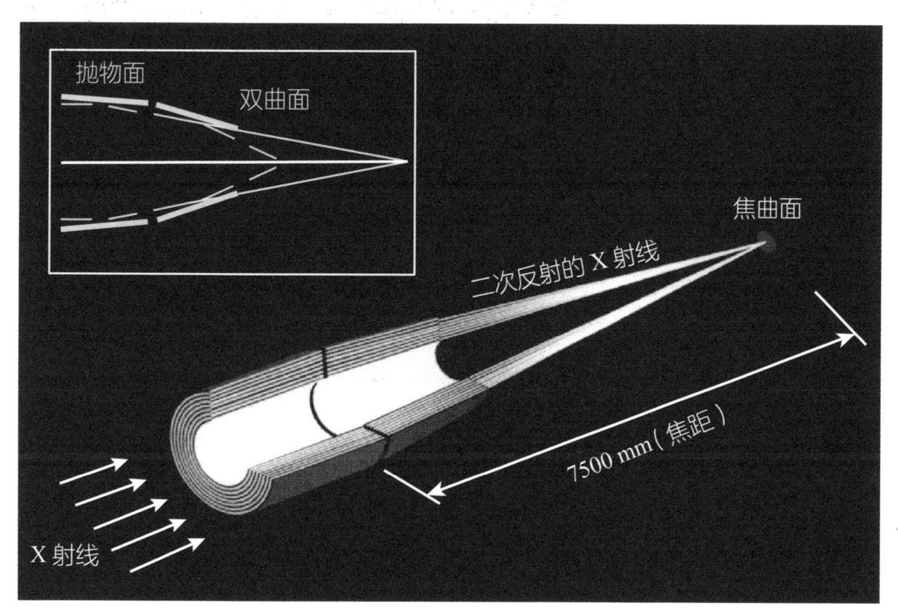

▲图 6　利用镜面反射成像的 X 射线望远镜镜片，X 射线的擦面角必须很小，前端镜组做成抛物面状，相当于一般可见光望远镜的主镜，后端镜组做成双曲面状，相当于可见光望远镜的副镜（Credits: ESA/ESTEC）。

针对第一个缺点，可利用多层镜片增加有效面积，但这么做可能会牺牲掉能让 X 射线完美聚焦的镜片形状。至于第二个缺点，目前科学家利用多层膜反射的方式，将可反射的 X 射线光子能量提高不少，核分光望远镜阵（NuSTAR）就是实际应用的例子。然而，对于需要集光面积够大的望远镜才能进行研究的科学主题，这种望远镜就不适用了。

另一种光学系统是利用**编码模板**成像，只要把一种有特殊孔洞排列的板子投影在侦测器上，经过特殊处理后就能还原天空的影像。这种技术比较容易制成大视野的望远镜，所以一些 X 射线巡天望远镜都是使用这种技术。

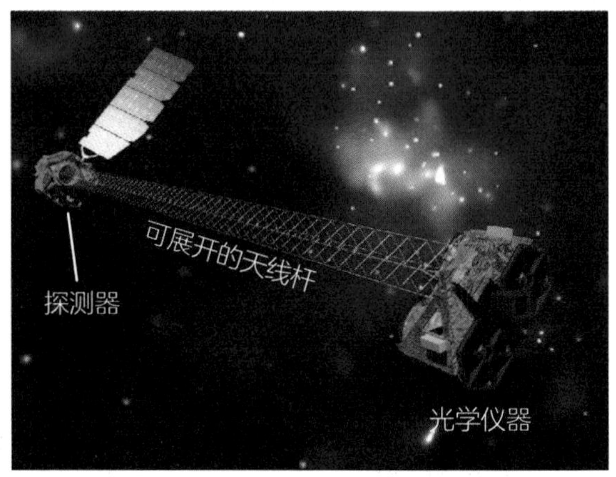

▲图 7　利用镜片反射 X 射线成像方式的“NuSTAR”望远镜，可将高能量 X 射线光子成像（Credits: NASA）。

重点来了，不能成像的望远镜要怎么观测呢？它要如何分辨接收到的 X 射线是从哪个 X 射线源传来的呢？其实它也有个简单的光学系统——准直仪。准直仪可采用以管窥天的方式，将视野局限在一个很小范围内，它长得像蜂巢一样，里面有很多的“管”。这种非成像望远镜可以达到相当大的有效面积，缺点是在此范围内，无法区别出超过一个以上的 X 射线源。

如果以人的眼睛比喻望远镜，光学系统就相当于晶状体，而侦测器则像是视网膜。要作为 X 射线望远镜的侦测器必须符合两个条件：

（1）能有效吸收 X 射线光子

一般而言，X 射线望远镜的侦测器也是利用光电效应[1]，与可见光侦

1. 光电效应：光照射物体时，使物体发射出电子的一种物理反应，发射出的电子称为光电子。

▲图 8　钱德拉 X 射线观测卫星与差不多时间升空的“XMM”牛顿卫星镜片比较。(a)由于钱德拉 X 射线观测卫星要求影像完美，对镜片形状要求十分严格，所以镜片很重，只能做 4 层，牺牲了有效集光面积；(b)“XMM”牛顿卫星的镜片多达 58 层，虽然影像品质不如钱德拉 X 射线观测卫星，但大大增加了集光面积(Credits:(a)Chandra X Ray Observatory/NASA；(b)ESA)。

测器不同的是，它会吸收 X 射线光子而打出原子的内层电子，变成光电子。原子序较大的原子吸收率较高，如正比计数器[1]的氙(Xe)与闪烁计数器[2]中碘化钠的碘。

(2)吸收 X 射线光子后能产生可侦测的反应

上述所打出的光电子会继续与侦测器发生反应，通常这些光电子的能量很高，可以把能量再次释放在侦测器内，但并不是所有的物质都会产生可侦测的反应。如一块铅，虽然它很容易吸收 X 射线光子，但可能侦测不到什么反应。

那侦测器可能有哪些反应呢？在闪烁计数器中，高能的光电子会在

1. 正比计数器：利用气体作为介质的一种探测器，可对单一粒子进行计数，输出信号的脉冲幅度与入射的辐射能量成正比。
2. 闪烁计数器：利用射线或粒子让闪烁体发光，通过光电组件记录射线强度和能量的探测器。

▲图 9　编码横版，利用投影的方式分辨 X 射线的入射方向（Credits: IRFU/CEA, APC/CNRS）。

碘化钠晶体内冲出一堆电子空穴，这些电子空穴很快会再次结合电子而放出可见光，这时在侦测器外的光学感应元件（如光电倍增管[1]）能侦测到这些光，将它转换成电子信号并放大，由后端设备继续处理。如果信号能配合望远镜内的时钟，我们就可记录 X 射线光子的抵达时间，进一步做光变分析；如果入射的 X 射线光子能量越高，反应就越大，我们就可以记录 X 射线光子能量，进一步做光谱分析；如果侦测器可以侦测到 X 射线光子的位置，配合光学系统，我们就可以知道 X 射线的入射方向，进而建立影像。这些被侦测到的信号经过数字化处理，就可以供天文学家从事天文研究。

不同于地面上的望远镜，X 射线望远镜要在太空中做观测，不但得适应极端的环境条件，而且几乎没有机会进行维护，所有的要求都非常严格，所以望远镜虽不大，造价却相当惊人。然而，即便整个过程的要求都非常严谨，仍可能发生一些意外，比如升空后卫星失联或未如预期运行，甚或在升空后不久仪器就损坏无法使用。但大部分的 X 射线望远

1. 光电倍增管：一种对光非常敏感的真空管，可使入射的微弱信号增强。

镜都能顺利地依照计划执行任务。目前仍有许多 X 射线望远镜在外层空间服役，有的已经持续服役将近 20 年了，有的才刚开始一年多。它们每天 24 小时观测不辍，我们对这些 X 射线望远镜抱持着高度期待，希望它们在任务结束前能为人类的科学文明增添新的篇章。新的 X 射线望远镜计划也不断被提出，未来将成为现行望远镜的继任者。我们可以期待将来会有更新的、更好的 X 射线望远镜，替人类更深入地探索这个奥妙且令人着迷的宇宙。

7 宇宙事件的行光记录器：伽马射线望远镜

平常我们大概很少听到“伽马射线”这个词。如果有人提起，要不就是核电厂发生核外泄事故，要不就是在谈核医学使用的诊断与医疗工具。事实上，我们生活的环境里一直都有天然的伽马射线，只是剂量很小，对人体不会有什么影响。这些天然的伽马射线主要来自地壳中的放射性物质，或者是因宇宙射线与大气作用而产生的。

伽马射线是什么

伽马射线本质上和无线电波、红外线、可见光、紫外线及 X 射线一样，都是电磁波，只是波长不同而已。伽马射线在波长最短的一端，波长仅约千分之一纳米或更短。没错，这里提到的**纳米**（nanometer）就是大家耳熟能详的“纳米技术”的纳米，它是一个长度单位，等于十亿分之一米，跟原子的大小差不多。千分之一纳米则是一兆分之一米，也有人把它称为**皮米**（picometer）。

因为波长这么短的电磁波性质跟粒子比较相近，所以常被称为“光子”，而不是电磁波。一个光子带有一定的能量，波长越短，对应的能量越高。讨论光子以及其他粒子的能量时，最常用的单位是**电子伏特**（eV）。一个电子伏特是一个电子被一伏特的电压加速所获得的能量大小，这个单位其实非常小。麦当劳的汉堡，每个大约有 400 千卡[1]的热量，假如用电子伏特代替千卡这个单位，就要在 1 后面加上 25 个 0 才行！一个可见光光子的能量约为一个电子伏特；X 射线则约一千电子伏特（keV）；而能量在几百 keV 以上的光子则统称为**伽马射线光子**，它们也常进一步被分成百万电子伏特（mega electron volt，缩写为 MeV）、十亿电子伏特（giga electron volt，缩写为 GeV）以及一兆电子伏特（tera electron volt，缩写为 TeV）的光子。能量比较低的伽马射线，像是 MeV 级的，也被称为**软伽马射线**。

相较于无线电以及可见光，伽马射线的能量算是很高的了，但是这些高能量的光子并不会直接从外层空间穿越大气层到达地面，大气几乎阻挡了所有来自外层空间的伽马射线，所以宇宙中伽马射线的观测和 X 射线天文学一样，是从人类进入太空时代之后才开始发展的。不同能量的光子（也就是不同波长的电磁波）与物质发生的主要反应各有不同，因此侦测不同能量的光子要用不同的技术与侦测器材料，甚至连伽马射线用来侦测 MeV、GeV 和 TeV 光子的方法也都不同。本文将只聚焦在 MeV 等级，也就是软伽马射线。

软伽马射线有何特别之处

软伽马射线的观测是很困难的，但是在宇宙中却有着丰富且重要的现象。一般来说，大部分的天文学家都同意宇宙中比铁重的元素是在超新星爆炸时产生的，而且其中有许多会放出特定伽马射线的元素，例如

1. 卡：卡路里，一种热量单位，其定义为在 1 个大气压下，将 1 克水提升 1 摄氏度所需要的热量。1 卡 ≈ 4.18 焦耳。

钴与镍。这些伽马射线的能量大约都在 MeV 范围内，不过目前却只在1987 年和 2014 年的两次超新星爆炸事件中观测到微弱的证据，显示钴衰变所放出的 0.847 MeV 及 1.238 MeV 谱线。

更多更明确的观测证据显然会对元素形成以及超新星爆炸的理论有重大影响。另外，银河系中心区域有很强的 0.511 MeV 谱线辐射，这是由电子与正电子成对湮灭造成的。这些大量正电子是天文物理中存在了近半世纪的难题，有各种可能的答案，其中也有人推测它们是由某种暗物质衰变而来的，至今仍莫衷一是。伽马射线暴也是软伽马射线天文学里的重要课题；其他各种中子星与黑洞等天体系统也都有软伽马射线辐射，因此这个光子能量范围的观测极其重要。

捕捉电子游离的瞬间：康普顿望远镜

可见光望远镜可以利用折射透镜或反射面镜来聚焦成像；如果换成伽马射线，这些透镜或面镜会被直接穿透，其中的原子也可能会和伽马射线发生反应，所以是完全行不通的。天文学家发现软伽马射线光子最容易和物质中的电子发生散射反应，于是就利用这个性质来设计软伽马射线望远镜。光子与电子的散射反应是美国圣路易斯华盛顿大学的康普顿（Arthur Compton）于 1923 年发现的，因此这个反应过程被称为**康普顿散射**，而所有利用康普顿散射原理制造出来的天文观测仪器则被统称为**康普顿望远镜**（Compton Telescope）。

到目前为止，最具代表性的康普顿望远镜是 NASA 的 “Imaging Compton Telescope”，若用中文可以逐字翻译为“成像康普顿望远镜”，不过这个名字有点画蛇添足，毕竟望远镜不就用来成像的吗？但它的英文原名也非常一般，可能跟其他仪器的名字十分类似，所以我们通常以

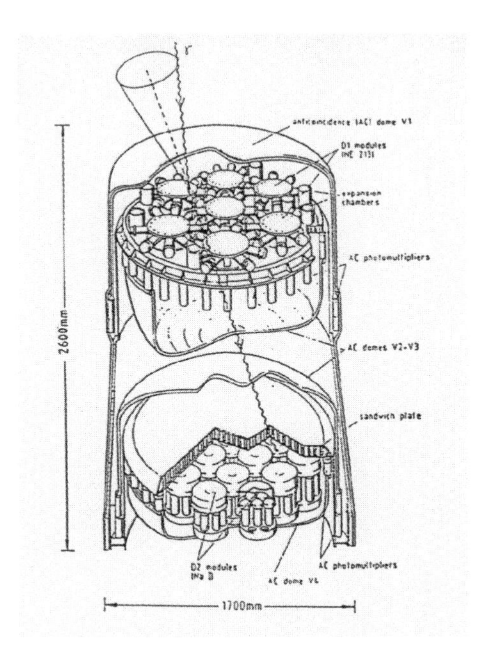

▲图 1　COMPTEL 的结构与工作原理图。入射光子从上方进入，与上层的闪烁体侦测器数组散射，然后被下层闪烁体侦测器数组吸收（Credits: NASA）。

其英文缩写“COMPTEL”来称呼它。“COMPTEL”是 NASA 放在一个大型天文观测卫星——康普顿伽马射线天文台（Compton Gamma Ray Observatory，简称 CGRO）上的 4 个仪器之一。“CGRO”从 1991 年到 2000 年间在绕地轨道上进行天文观测，获得很多重大的成果。

“COMPTEL”主要由上下两层闪烁体侦测器数组组成。闪烁体有许多可能的材料，例如碘化钠晶体就是常用的一种。在闪烁体中被入射光子散射或吸收入射光子而激发跃迁的电子会使闪烁体发出荧光，用光电倍增管或其他类似功能的仪器来侦测这些荧光，就能测量电子发生跃迁的位置及它吸收的能量。

“COMPTEL”的上层闪烁体侦测器数组作为一个散射层。从“COMPTEL”上方来的 MeV 光子在这一层发生康普顿散射，把部分能量传递给电子，造成电子激发跃迁，而散射后的光子如果打到下层闪烁体侦测器数组，就可能会经由光电效应跃迁一个电子而被吸收。测量上、下两层闪烁体侦测器数组中电子跃迁发生的位置以及跃迁电子吸收的能量，可以在某种程度反推出入射光子的入射方向与光子能量，接着就可以进行影像以及光谱的分析了。

“COMPTEL”的特色是上下两层闪烁体侦测器数组相距约 2 米，可以利用反应发生的时间先后顺序来排除从下方来的背景光子。光子飞越 2 米的距离大概需要 7 纳秒（nanosecond），也就是十亿分之七秒，以现有的技术来说这很容易区分。虽然天文观测卫星是在外层空间做观测，但从地球大气层来的伽马射线仍然很强，另外还有一些带电粒子撞击人造卫星也会产生伽马射线，而遥远天体所发出的伽马射线相较之下非常微弱，因此排除背景光子就变成一项非常重要的工作。

如此一来，整个仪器会变得很庞大，而重量、体积与能耗向来是太空仪器的重要限制。同时，这样的设计只能侦测到那些散射后打到下层闪烁体侦测器数组的光子，散射后飞往其他方向的光子则会损失掉，仪器的灵敏度也因此降低。因此软伽马射线天文学的发展一直都受限于观测仪器的灵敏度与空间分辨率。

康普顿望远镜的接班人

为了提高软伽马射线观测仪器的灵敏度，全球各地的几个研究团队一直持续在进行新的仪器设计与测试，努力发展下一代的康普顿望远镜。目前进度较快的是一个称为**康普顿成像光谱仪**（Compton Spectrometer and Imager，简称 COSI）的计划。“COSI”是由美国伯克利加州大学主导研发的，参加的团队包括美国劳伦斯伯克利国家实验室，以及法国的天文物理与行星科学研究所（IRAP）。

“COSI”的核心是由 12 片高纯度锗侦测器排成的数组，每片高纯度锗侦测器长、宽各 8 厘米，厚度则是 1.5 厘米，两面有互相垂直的 37 条条状电极。如图 2 所示，入射光子可能发生多次康普顿散射。就像“COMPTEL”一样，测量高纯度锗侦测器数组中电子跃迁发生的位置以

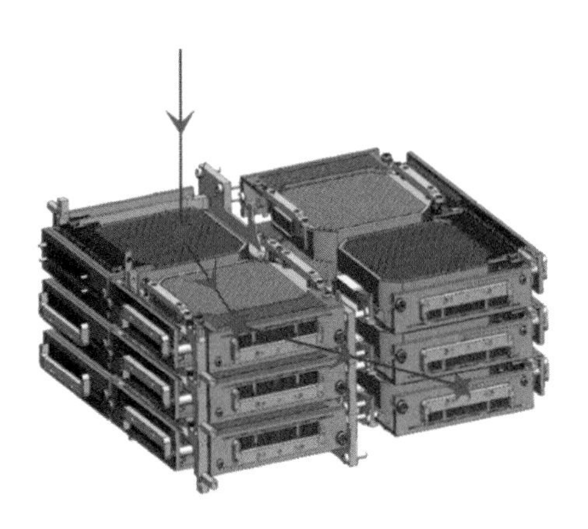

▲图 2　COSI 的核心，由 12 片高纯度锗侦测器排成的数组。紫红色线段是光子的路径（Credits：COSI 团队）。

▲图 3　一片高纯度锗侦测器。正面有垂直方向的条状电极，从背后的镜子里可以看到背面有水平方向的条状电极（Credits：COSI 团队）。

及跃迁电子吸收的能量，可以在某种程度反推出入射光子的入射方向与光子能量，接着就可以进行影像以及光谱的分析了。“COSI”的好处在于使用了高纯度锗，光子发生散射的概率比较大，多次散射的机会也比较大，对于电子跃迁发生的位置和跃迁电子吸收的能量都可以测量得比较准确，因此光子的入射方向也会判断得比较准确。即使因为时间差远小于纳秒而不能测量各次散射的时间顺序，也能从方向的判定来大幅排除背景光子，提高侦测器的灵敏度。同时，相较于“COMPTEL”,“COSI”散射后往各方向去的光子也都较能被捕捉到，这对提高灵敏度也是一大帮助。

为了验证“COSI”使用的新技术可行，在真正放上天文观测卫星之前，“COSI”已经进行了好几次平流层的高空气球飞行试验，最近的一次是在 2016 年 5 月 17 日，它从新西兰瓦纳卡升空，在 33 千米的高空环绕地球一圈多，最后于 7 月 2 日降落在秘鲁。这次飞行除了侦测到银河系中心的 0.511 MeV 辐射、蟹状星云、活动星系半人马座 A，以及黑洞 X 射线双星天鹅座 X-1 之外，也发现了编号 160530A 的伽马射线暴，成功地验证了“COSI”作为下一代康普顿望远镜的性能。

目前版本的“COSI”体积与重量都远小于“COMPTEL”，但其灵敏度已经比“COMPTEL”略胜一筹。在未来的天文观测卫星任务中，一个扩大版的“COSI”将可以把软伽马射线天文学中的康普顿望远镜灵敏度提高数十倍。一台灵敏的康普顿望远镜（或者称为康普顿相机）也可以在核医学影像及环境辐射侦测等方面有很好的应用。

▲图 4 “COSI”团队人员合照。这是 2016 年“COSI”飞行前在新西兰瓦纳卡进行整合测试时拍摄的，“COSI”被放在人员背后的高空气球酬载框架内，外围包覆了铝箔纸，如翅膀展开的太阳能板可提供整个任务所需的能量（Credits:“COSI”团队）。

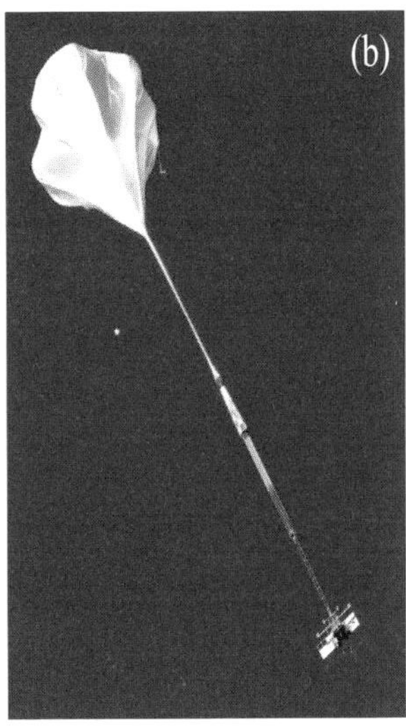

▲图 5 （a）“COSI”在 2016 年高空气球飞行升空前的照片。气球已经充入适量的氦气，吊车则吊着酬载框架，准备让它升空；（b）刚升空不久的“COSI”。气球尚未完全膨胀，酬载框架在图的右下方，与气球连接的橘红色部分是降落伞，任务结束时降落着陆用（Credits：“COSI”团队）。

▲图 6 “COSI”在距地面 33 千米的高空。此时气球直径大约膨胀到 200 米，酬载框架几乎看不到了（Credits：“COSI”团队）。

8 缉拿通行无阻的穿透者：中微子与中微子望远镜

中微子（neutrino）的概念是由物理学家泡利（Wolfgang Pauli）提出的，目的是解释β衰变的实验结果。图1显示一个原子序为Z、原子量为A的核子[1]经β衰变后，转换成原子序为$Z+1$、原子量为A的核子，并放出一个电子。如果β衰变的末态仅有两个粒子，则依据能量、动量[2]守恒，末态粒子只能有一种方式瓜分初始态的总动能，然而实验上所测得的电子动能能谱却呈现宽广的分布。这个结果一度使物理学家相当困惑，甚至到了要将能量守恒放弃的地步。

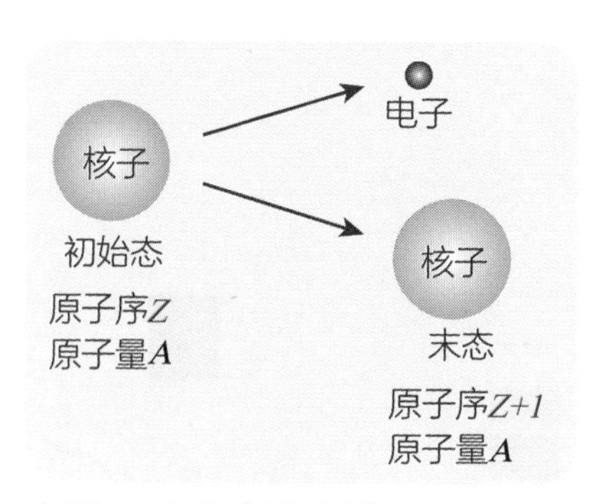

▲图1　β衰变示意图。

1. 核子：nucleus，指组成原子核的粒子。
2. 动量的定义是质量与速度的乘积，代表物体在运动方向上维持原来运动趋势的能力。当物体的动量越大，要改变它的运动趋势就越困难。

解谜金钥匙：中微子

1930 年，泡利提出 β 衰变的末态应有第三个粒子——**中微子**存在。因为 β 衰变的过程产生中微子，而中微子带走了一部分的能量，如此一来电子能谱会呈现连续分布的现象也就不奇怪了。泡利假设中微子是呈电中性、无质量、自旋为 1/2 的粒子，而且与其他粒子的交互作用十分微弱，所以当时在实验室中尚未被观测到。泡利对中微子的性质描述并未随着粒子物理的发展而受到挑战，特别是在格拉肖（Sheldon Glashow）、萨拉姆（Abdus Salam）及温博格（Steven Weinberg）的粒子物理标准模型中，中微子仍被视为无质量的粒子。这个认知直到 1998 年才有了改变，这一年，日本超级神冈实验室证实中微子的质量并不为零。

由于中微子与其他粒子的交互作用非常微弱，使得侦测中微子成为物理学家的一大挑战。1956 年，科温（Clyde Cowan）和莱因斯（Frederick Reines）终于侦测到中微子。他们在实验过程中运用质子捕捉中微子而产生中子及正电子，其中中微子是由核子反应炉里的 β 衰变产生的。由于中微子与质子的反应截面积极小（仅约 10^{-44} 平方厘米），因此这个实验需要大量质子来捕捉中微子。

1962 年，莱德曼（Leon Lederman）、施瓦茨（Melvin Schwartz）、斯坦伯格（Jack Steinberger）及他们的合作者发现了第二类中微子，这类中微子被命名为 *μ* **中微子**（ν_μ），有别于 β 衰变中的**电子中微子**（ν_e）。在这次实验之前，物理学家普遍认为中微子只有一类，即使他们知道中微子可从 π 介子及 *μ* 子（muon）[1] 的衰变而来。施瓦茨等人利用美国布鲁克海文国家实验室（Brookhaven National Laboratory）的粒子加速器 [2] 产生 π

1. π 介子和 μ 子都是比中子、质子轻的粒子。
2. 该粒子加速器为“Alternate Gradient Synchrotron”，简称“AGS”。

介子，再让 π 介子衰变而来的中微子与核子碰撞，产生带电粒子。实验分析显示这些带电粒子为 μ 子而非电子，因此证实 π 介子衰变出的中微子有别于 β 衰变中的电子中微子。2000 年，美国费米国家实验室（Fermi National Accelerator Laboratory）第一次直接测到第三类 τ 中微子（ν_τ）。

独树一格的中微子望远镜

中微子望远镜是众多天文探测器中的一种。一般天文望远镜探测的是天体的电磁辐射或宇宙射线[1]，中微子望远镜则是探测天体释放的中微子。前面提过中微子的反应截面积非常小，因此中微子探测器必须具有庞大的体积，以增加中微子与探测器内物质发生反应的概率。

中微子望远镜与一般天文望远镜扮演互补的角色，它主要有两个优点：

（1）中微子不带电，从天体到地球的行进过程中不会因为空间磁场影响而发生偏折，也几乎不会与星际物质反应而改变行进方向，因此只要能探测到天体中微子，就可以直指中微子的源头方向。

（2）由于中微子与其他粒子的相互作用很微弱，所以在行进过程中不太会被吸收，可以穿透物质；相较之下，電磁辐射或宇宙射线在行进过程中就很容易被吸收，无法传递得太远。很明显，中微子望远镜可以看到宇宙更深的地方。

1. 详情请参 II-7《浪迹天涯的星际漫游者：宇宙射线》篇。

▲图 2　冰立方中微子天文观测站的真实影像和侦测到遥远中微子源的虚拟图像合成图（Credits: IceCube/NSF）。

目前运作最成功的中微子望远镜，是冰立方中微子天文观测站（IceCube Neutrino Observatory）。冰立方天文观测站坐落于南极冰层，从 2005 年开始建设，并于 2010 年底竣工。观测站共有 5160 个光学传感器模组，设置在地面下 1450～2550 米深处。为什么要将光学模组埋得这么深呢？这是为了阻绝大气 μ 中微子的背景信号，而所有光学模组散布的体积约为 1 立方千米。

侦测中微子的方法依中微子的种类而异。以 μ 中微子为例，当 μ 中微子与冰原子碰撞，弱交互作用会将 μ 中微子转换成带电的 μ 子，μ 子在行进过程中会发出人眼可见的蓝光，可被光学传感器记录下来。利用 μ 子的轨迹可以反推 μ 中微子的入射方向，原则上，科学家可据此判断出 μ 中微子究竟来自哪个遥远的天体。

中微子望远镜的重大发现

2013 年，冰立方团队发表天体中微子的侦测结果，证实太阳系外存在高能量的中微子源。他们侦测到的 28 个中微子事例，其能量介于 $3\times10^{13}\sim1.2\times10^{15}$ 电子伏特[1]，迄今这类的高能量中微子事例仍持续累积中。2017 年 9 月 22 日，该团队侦测到一颗中微子“IceCube-170922A”，其能量约为 3×10^{14} 电子伏特。由于此中微子符合在线极高能事例的筛选条件，于是望远镜立即发送警报，通知全球的合作望远镜投入检视。

冰立方测得的事例指出中微子源位于猎户座附近，在上述警报发布后的几天内，两个伽马射线望远镜：NASA 的费米伽马射线太空望远镜（Fermi Gamma-ray Space Telescope）及位于加那利群岛的魔法望远镜（Major Atmospheric Gamma Imaging Cherenkov Telescope，简称 MAGIC）领先群雄，在相同位置也侦测到高能量的伽马射线，来源是已知的耀变体[2]“TXS 0506+056”，距离地球约 40 亿光年。

除了伽马射线的研究，其他望远镜团队也进行 X 射线及无线电波等波段的测量。这项进展不但确认耀变体为高能天体中微子的源头之一，同时也确立中微子望远镜在多信使天文学[3]的重要地位。

---

1. 目前人造加速器最多可以将质子加速到具有 10^{12} 电子伏特的能量等级。
2. 耀变体：blazar，是众多活动星系的一种，又称为活动星系核。详情请参 V-8《内在强悍的闪亮暴走族：活动星系》篇。
3. 多信使天文学：multi-messenger astronomy，结合多种方法（各种电磁辐射、中微子等）研究同一个天体。

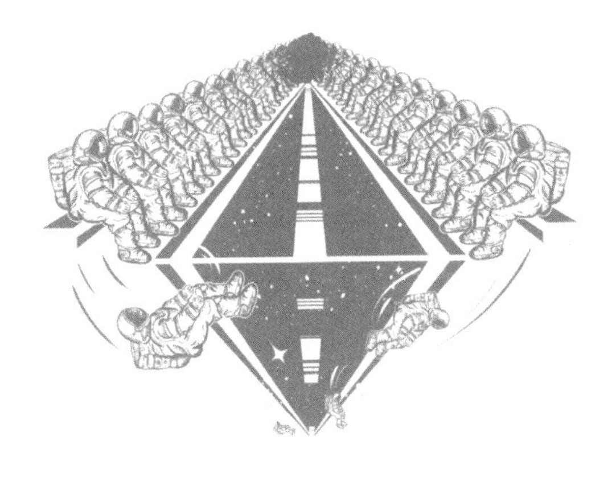

V

宇宙狂想曲

1 遥远的邻居：系外行星

系外行星是指太阳系以外的行星。这个名词之所以那么饶舌，是因为我们原本以为，只有人类居住的地球所处的太阳系有行星。至于其他恒星附近到底有没有行星，人类虽然一直对此十分好奇，但很长一段时间里却几乎对此一无所知。直到 1992 年前后，天文学家终于找到了系外行星！

翻开人类的历史，虽然一直有战乱、有灾难，但是伟大的发明以及重大的发现非常多。系外行星的发现，对于生活在地球这个行星上的我们来说，就像当年哥伦布发现新大陆一样令人振奋！

哥伦布在新发现的美洲大陆上，很快遇见了印第安人；在天文学家发现的系外行星上，也会有像印第安人一样的原住民吗？当未来地球不再适合人类居住时，我们能像当年的美洲移民一样，举家搬到系外行星上去吗？在讨论这些问题之前，我们先看看天文学家是如何发现系外行星的。

▲图 1 “TRAPPIST-1”系外行星系统想象图（Credits: NASA/JPLCaltech）。

见微知著，恒星的光暗藏玄机

天气晴朗的夜晚，天空中的亮点大都是恒星，而行星不会自己发光，假如它们躲在恒星旁边，我们要如何找到它们呢？聪明的天文学家心想：既然恒星会发出明显的亮光，就从恒星的光来找线索吧！

大多数人都看过彩虹，也知道在日常生活中，我们看到的光其实是由不同颜色的光组成的。大家或许也都听过微波、无线电波、X 射线等神秘而看不见的电磁波。不管是看得见的，还是看不见的，事实上它们都是各种不同波长的电磁波，而恒星的光，就是由它们所组成的。这些电磁波能提供什么样的信息呢？先用声波当例子好了。

当你在马路上看见救护车朝着你站的位置急驶而来时，会听见救护车的鸣笛声越来越急促（频率变高），听起来很刺耳；反之，当救护车离你而去时，它的鸣笛声则越来越低沉，似乎就没那么刺耳了。这不是错觉！而是著名的**多普勒效应**[1]。

1. 详情请参 IV-4《远近有谱：多普勒效应和宇宙学红移》篇。

假如恒星的旁边有行星，因为彼此之间存在万有引力，恒星和行星都会绕着它们的质量中心，以类似椭圆的轨道运行。由于行星远小于恒星，所以行星走的轨道较大，而恒星走的轨道则非常小。这小小的轨道运动，使得恒星时而靠近我们，时而远离我们。于是天文学家从望远镜接收到的光，波长也就时而变短，时而变长，呈现周期性变化。从波长变化的周期可得知系外行星的公转周期；另外，从波长变化的程度还可以算出系外行星可能的质量范围。

另一方面，当这个行星刚好走到我们和它所绕行的恒星之间时，恒星发出的光会被它遮挡掉一些，因此会变得暗一点。而这个行星会在轨道上继续运行，当它不再遮挡恒星的光，这时我们看到的恒星又会变得跟原来一样亮，这整个过程被称为**凌星**（planet transit）事件。行星在轨道上周而复始地运转，每绕恒星一圈，就会造成一次凌星事件，因此凌星事件会不断发生。连续两次凌星事件的时间间隔，就是行星的公转周期。当天文学家发现某个恒星每隔一段固定的时间就发生一次凌星事件，代表这个恒星旁边一定有行星！

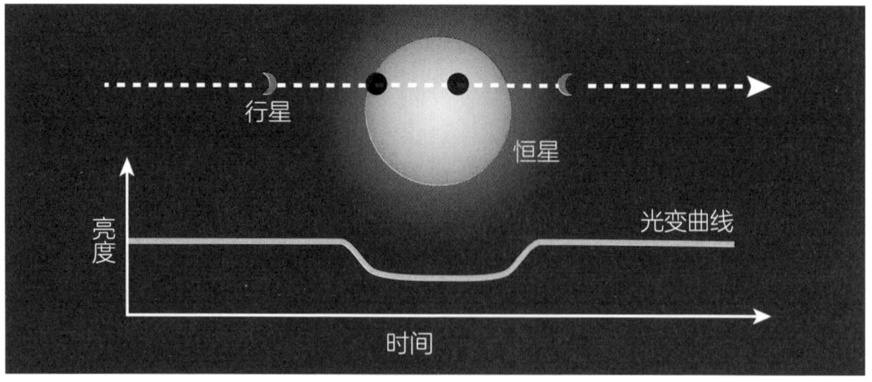

▲图 2　凌星事件示意图（Reference: NASA Ames）。

光是靠多普勒效应及凌星事件，天文学家便已发现 3000 多个系外行星。这些系外行星五花八门，有像木星那么大的，也有像地球大小的，还有被证实大气里有水分子的。而它们所围绕的恒星，有些很像我们的太阳，有些则比太阳小很多，还有些是特殊的中子星，让人目不暇接，也十分神往，恨不得可以乘坐最新式的太空飞船，飞过去看一看。

前往新地球

目前已知的众多系外行星之中，离地球最近的大约有 4 光年。光年是在天文学上常用的长度单位，指光行进一年的距离。距离我们 4 光年远的行星，若有一艘可以以光速前进的太空飞船，大约飞行 4 年就可到达。虽然人类目前所拥有的太空飞船，耗费 4 年的时间连太阳系的边缘都到不了，却已经有科学家提出新的点子，希望能打造出超高速太空飞船！

如果未来人类真的可以成功地以超高速飞行，一旦有人下定决心启程，他们应该就会一去不复返，永远地离开地球。虽然这趟旅程会很辛苦，却是意义重大的破冰之旅，将为人类的历史翻开崭新的一页。为了让这趟旅程更加顺利，我们必须做好万全的准备。那么要从哪里开始准备呢？

（1）透彻了解未来将要登陆的系外行星

虽然天文学家已经发现了数千个系外行星，但是对于这些行星的表面温度、大气组成、气候变化和地理环境等，却只有非常粗浅的估计与猜测，几乎可说是一无所知。为此，我们应该要发展出更大、更好的望远镜，让天文学家可以更深入地研究系外行星。我们也需要更多有志之士投入对系外行星的研究工作。唯有完全了解系外行星，我们才能决定目的地，也才能做其他的后续准备。

（2）让太空飞船有足够的能源

我们需要更多人才加入研发的行列，帮助人类加快科技发展的脚步，使太空飞船除了在出发时有充足的能源，还可以在太空环境中补充能源。

太阳不断地放射能量，其内部的结构会慢慢改变。当它演化到后期，会渐渐变成体积庞大的红巨星[1]。地球上的水将会因为太靠近太阳表面而被蒸发。但是在这些事件发生之前，聪明的人类可能老早就移居到系外行星去了。朋友们，你们说是吗？

1. 详情请参 II-5《星星电力公司：恒星演化与内部的核聚变反应》篇。

2 行星的呼啦圈：行星环

太阳系里的 4 个外行星——木星、土星、天王星和海王星，它们都有环系统，其中土星环最庞大壮观。这些环系统的特点在于它们的物质分布，离行星中心都不超过一个**洛希**（Roche）**半径**。

洛希半径的意义是什么呢？如果有些物体只利用彼此的引力相互吸引并连接在一起，当它们的轨道越靠近行星，所受到的潮汐力[1]就会越大。从数学式可以推导得知，当这些以引力连接在一起的物体与行星之间的距离小于洛希半径时，潮汐力会大于这些物体彼此的引力，这时连接在一起的物体会被扯裂，恢复成不相连接的个体。换句话说，在洛希半径的范围之内，两个小物体在低速碰撞后会立即分离，不能连接彼此成为更大的物体。因为这个物理条件，各个行星环系统基本上都由许多小型物体和粒子组成。行星大致上环可依其组成来源归纳为两种：

1. 潮汐力：是一种拉长物体的假想力，是物体两端受到的引力强度差异所导致的。以地球为例，远离月球的一端所受引力较小，靠近月球的一端所受引力较大，两端的引力差会拉伸地球的海水，此引力差即为潮汐力。

（1）土星环

土星环非常大，表面都是水冰。它所含的物质总量相当于一个半径约 100 千米的卫星。土星环可能是由某个绕土星运行的卫星在土星的洛希半径附近分裂后形成的碎片组成的；但也可能是某个从外太阳系飞来的大型彗星，刚好在飞越土星时进入其洛希半径，受到潮汐力作用分裂成碎片而形成的。

（2）木星、天王星和海王星的环

这 3 个环系统的物质大多是厘米或毫米级大小的细粒，从光谱测量得知其成分为硅。这些环的宽度最多只有几十千米，每个环的总质量最多等同一个大小约 10 千米的物体。这些环可能是环绕行星的小卫星受到宇宙尘粒高速碰撞所溅射出来的碎片，也可能是某颗小卫星碎裂而形成的碎片。

太阳系中最显眼的行星环：土星环

行星环的形成，除了有洛希半径这个因素，还有其他重要的力学作用参与其中。首先，绕着行星进行开普勒运动的小型物体互相碰撞时会消耗能量，并遵守角动量守恒，因此它们的轨道会逐渐集中到一个扁盘上，并且向内、外侧扩散。由此可见，一定要有外力作用才能保持其结构的稳定性。

有哪些外力参与其中呢？土星环最外侧（A 环）的边界是由在外围的卫星土卫十（Janus）的引力作用所界定。A 环和 B 环之间的卡西尼环缝则是由土星环和另一个卫星土卫一（Mimas）发生周期 2∶1 的轨道共振作用形成的。至于 B 环和 C 环之间的缝隙，目前只有利用纳米级带电尘埃粒子的电动力学才可以解释。土星环中的物质由无数冰质粒子组成，乍看之下土星环很庞大，但它的厚度实际上只有 100 米左右。

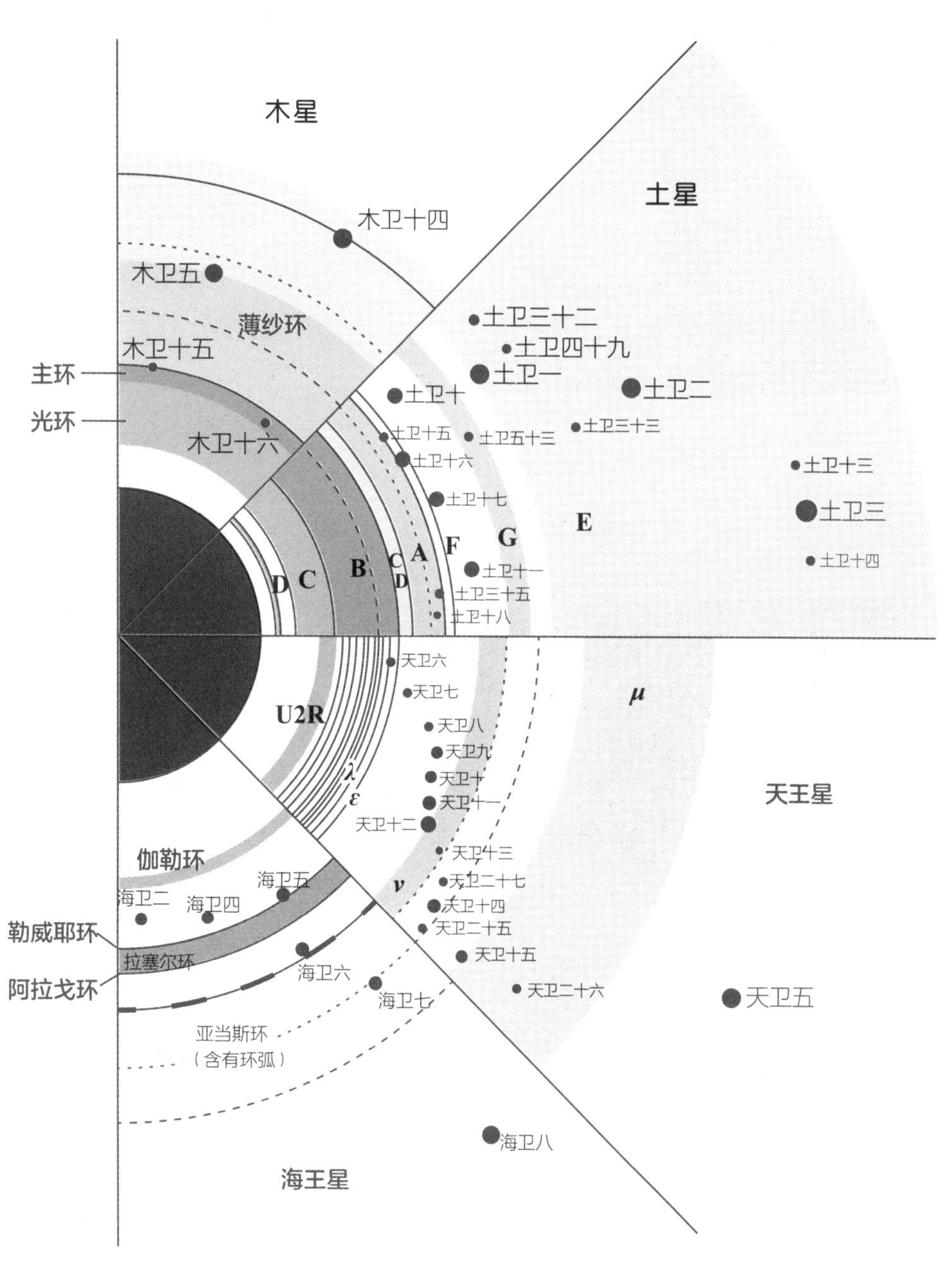

▲图 1　4 个外行星环系统的比较示意图 [Reference: J. A. Burns, D. P. Hamilton, M. R. Showalter (2001). *Interplanetary Dust.* Berlin: Springer.]。

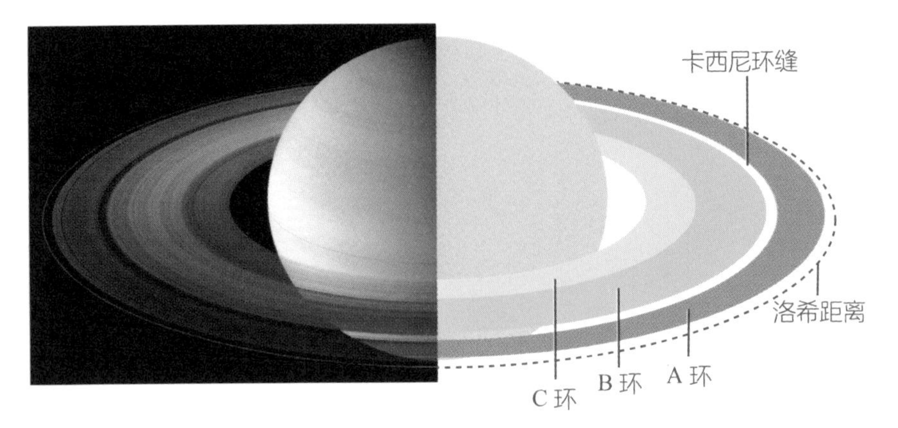

▲图 2　土星环的大型结构，主要部分从外到内可分为 A 环、B 环及 C 环。卡西尼环缝中物质稀薄，将 A 环和 B 环分开（Image credits: NASA/JPL-Caltech/Space Science Institute）。

▲图 3　卡西尼号土星探测器在穿越土星赤道平面时所拍摄到的土星环，因为厚度太薄，几乎看不见了（Credits: Cassini Imaging Team/ISS/JPL/ESA/NASA）。

除了卡西尼环缝之外，我们还可以在土星环系统中找到许多由卫星共振作用所产生的密度波动变化。其中有个很特别的窄环结构位于 A 环之外，被命名为 F 环。第一次发现这个窄环时，科学家便提出两点疑问：

（1）是何种物理机制让 F 环的物质分布维持窄环的形状？

（2）为什么 F 环的某些位置会出现类似几条丝绢捆绑在一起的扭结状？

这两个问题在卡西尼号土星探测器进行近距离的侦察后，已经真相大白。原来在 F 环两旁各有一颗卫星，分别是土卫十六（Prometheus）和土卫十七（Pandora）。其中土卫十六的引力作用有利于将粒子集中到同一个轨道的窄环系统，更有趣的是，土卫十六的轨道与 F 环相交，所以它可以周期性地切入 F 环，改变它周围的粒子轨道，将这些粒子扯离 F 环。

▲图 4　在土星环的 A 环观察到一圈圈的密度波结构（Credits: NASA/JPL-Caltech/SSI）。

▲图 5　土星环的 F 环因为与小卫星土卫十六（右）作用而产生的一段又一段的“切痕”，土卫十七（左）则不会与 F 环作用（Credits: NASA/JPL-Caltech/SSI）。

▲图 6　土星环 A 环中的一个螺旋桨结构（Credits：NASA/JPL-Caltech/SSI）。

▲图 7　A 环中的小卫星土卫三十五（Daphnis）有着椭圆形的形状（上），在其所经之处两边产生波浪形的物质密度分布扰动（下）（Credits：NASA/JPLCaltech/SSI）。

除了直径 10 米左右的粒子之外，在土星环中也存在一些比较大的个体，当这些个体和邻近的物质发生碰撞或引力弹射时，可以产生各种天体结构。例如：在 A 环中可见到一种叫作“螺旋桨”的物体，呈现相对速度较低时的吸积过程，但受限于土星的潮汐力，这些物体长大到某一程度便会停滞成长或分裂，符合所谓“分久必合，合久必分”的说法。

在 A 环中还有一些空隙，可以从中找到几个直径若干千米大的小卫星，它们会利用引力作用把环上的粒子推到两旁，同时又产生轨道扰动，产生波浪形的结构传播到远处。

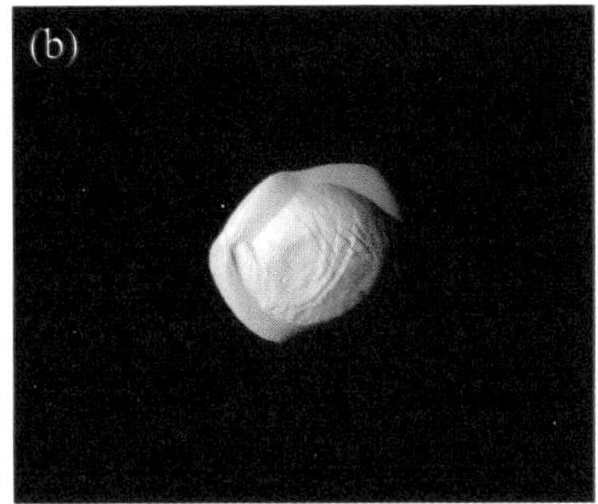

▲图 8 （a）在另一个环缝中的小卫星土卫十八（Pan）；（b）土卫十八被一个微小粒子组成的扁盘围绕着，成为土星环中的一个环系统（Credits: NASA/JPLCaltech/SSI）。

稀薄的木星环

木星环有几个部分：轨道半径是木星半径的 1.806 倍的主环是最主要、也是最亮的环，由两颗卫星木卫十五（Adrastea）和木卫十六（Metis）的表面物质溅射到围绕木星的开普勒轨道所形成，物质的粒径约为 15 微米。在主环外面还有两颗卫星——木卫十四（Thebe）和木卫五（Amalthea）[1]，在它们的轨道之内各自产生了一个非常稀薄的环。

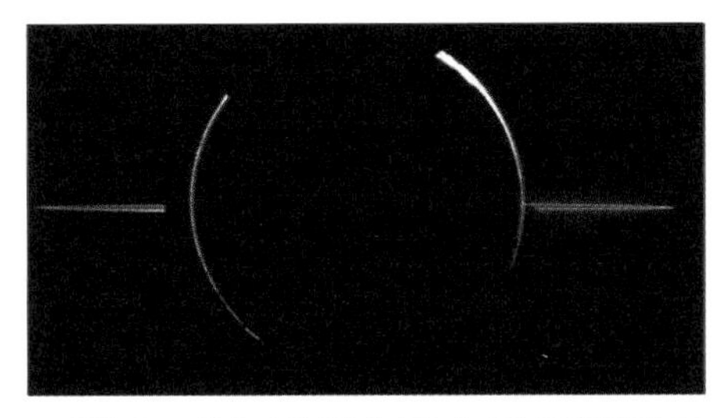

▲图 9 “伽利略”号木星探测器在 1996 年 11 月所拍摄的木星环 [Credits: NASA/JPLCaltech/Galileo Project,（NOAO）, J. Burns（Cornell）et al.]。

▲图 10 木星环外围的尘埃粒子分布状态。主带是曝光过度的部分；木卫十四和木卫五产生的稀薄环结构则在其外侧（Credits: NASA）。

1. 木卫十四的轨道半径约为木星半径的 3.11 倍；木卫五的轨道半径约为木星半径的 2.54 倍。

天王星的环系统

因为天王星的自转轴差不多与黄道面位于同一平面，所以不同时间从地球上观察它的环系统会有不同的投影角度。

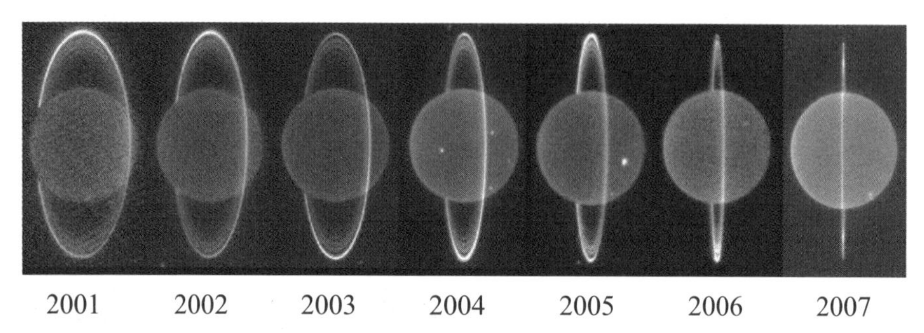

▲图 11　从 2001 年到 2007 年，凯克望远镜用红外线摄影仪所拍摄的天王星环系统影像。最主要的是 ε 环（Credits: W. M. Keck Observatory）。

天王星环的构造非常复杂。最亮的 ε 环两旁有一对守护卫星——天卫六（Cordelia）和天卫七（Ophelia），它们把物质局限在 20～100 千米宽的轨道区域；但其他的窄环却没有找到相应的卫星进行同样的动力学局限机制。ε 环的物质粒径介于几厘米到几米之间，微米级的粒子很少，科学家推测，这可能是因为天王星外球层的摩擦作用所致；也就是说，ε 环的形成可能和某颗小卫星受到碰撞而破裂成无数碎片有关。

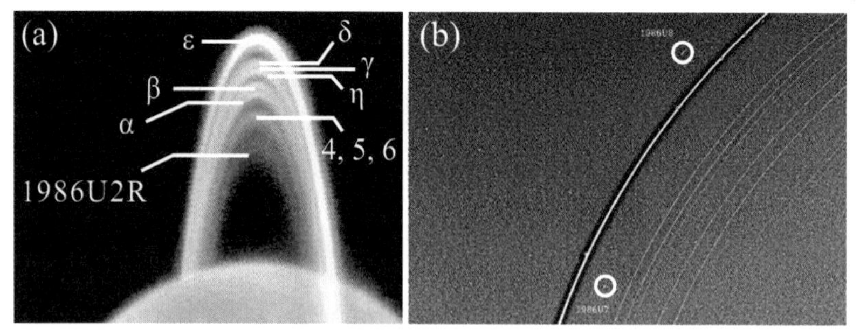

▲图 12　（a）利用图像处理方法得到天王星环系统 ε 环内部的环结构；（b）ε 环和它的一对守护卫星天卫六和天卫七 [Credits:（a）W. M. Keck Observatory;（b）NASA/JPL-Caltech]。

海王星的环系统

除了地面上的天文掩星观测以外，有关海王星环系统的信息主要来自 NASA 的旅行者（Voyager）二号行星际探测器飞越海王星时拍摄的影像。海王星有 3 个主要的窄环，分别以对发现海王星有重要贡献的 3 位天文学家命名：亚当斯（John C. Adams）、伽勒（Johann G. Galle）、勒威耶（Le Verrier）。其中有些环因为邻近卫星的引力作用，会出现不连续的弧状结构。目前我们对这些相关的动力学作用还不够清楚，如同天王星的环系统，尚待未来的太空探测提供更详细的信息，才能更全面地了解。

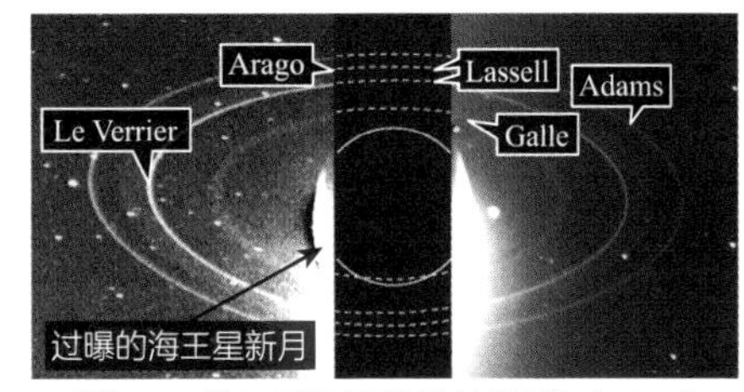

▲图 13　海王星环系统的影像（Credits: NASA/JPL-Caltech）。

3 太空旅行的矛盾：孪生子的疑惑

快乐的时光总是短暂，有的时候我们总觉得时间流动得特别慢——这是你大脑感觉到的时间。有人可能会说：“这个不准啦！你看你的手表，时间流都是固定的，大家的物理时钟都一样快。”下次如果有人再这么说，你可以用专业的口吻提出异议：“根据相对论，对我而言，不同运动状态下的时钟，物理时间流是不一样的，而且实验结果确实如此。”

无风不起浪：从麦克斯韦方程式到时间流

话说在 20 世纪的头几年，物理学出现了一个当时大家觉得不大不小的危机。有人指出：描述带电粒子和电磁场相互作用的麦克斯韦方程式（Maxwell equations）有点怪怪的——在它们等号左边描述电磁场的部分，具有**洛伦兹对称**[1]，也就是做完一种称为“洛伦兹变换”的坐标变换后，式子变得一模一样，看不出有何变化；但等号右边描述带电粒子运动的部分，拥有的却是**伽利略对称**（Galilean symmetry），两边的对称性

1. 洛伦兹对称：Lorentz symmetry，荷兰物理学家洛伦兹（Hendrik A. Lorentz）于 1904 年提出。

并不相同。这表示不管经过洛伦兹、伽利略，还是其他你想得到的坐标变换以后，麦克斯韦方程式两边至少有一边会变形。如此一来，到底哪一个形式的麦克斯韦方程式是最基本的呢？我的实验室和你的实验室适用的麦克斯韦方程式是一样的吗？若不一样，我们的实验结果对照起来有意义吗？

和其他的物理理论一样，有人觉得这不是太大的问题，麦克斯韦方程式在实验室的尺度和精确度下能用就好。也有人认为这是洛伦兹对称的问题，主张修改方程式左边描述电磁场的部分，让它具有伽利略对称。而爱因斯坦则属于第三派，认为带电粒子的运动也应该要符合洛伦兹对称才对。

1905 年，爱因斯坦发现，只要假设真空中的光速在所有坐标之下看起来都是一样的，再假设所有匀速运动的观察者都是平等的[1]，那么他就可以为带电粒子凑出具有洛伦兹对称的运动方程式。于是，在对的时刻作出对的贡献，爱因斯坦一举成名。

但这和时间流有什么关系呢？且让我们想象一个最基本的时钟：如图 1 所示，利用光子在两面镜子之间的弹跳来计时，每次光子撞到镜子，就相当于时钟的指针动一格。假如你和你的时钟都是静止的，而镜子之间的距离是 3 米，那么光子从一面镜子跑到另一面镜子所需的时间大约是 10 纳秒（这在现代的实验室中已经是仪器可以分辨的时间范围），所以我们的这个时钟相当于指针每 10 纳秒跳一格[2]。

1. 这些假设并不离谱，从 1881 年开始，迈克尔逊（Albert A. Michelson）和后来加入的莫雷（Edward W. Morley）就一直测不到真空中光速的变化。

2. 其实若是没有光子从时钟里撞到灰尘或杂质散射出来，进入你的眼睛或仪器中，你是看不到这个时钟模型里面的光在镜子之间跑来跑去的。不过这不妨碍我们用这个

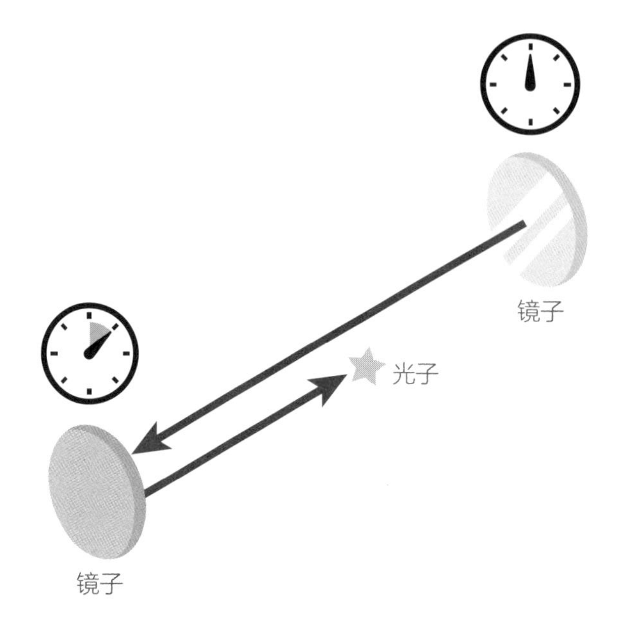

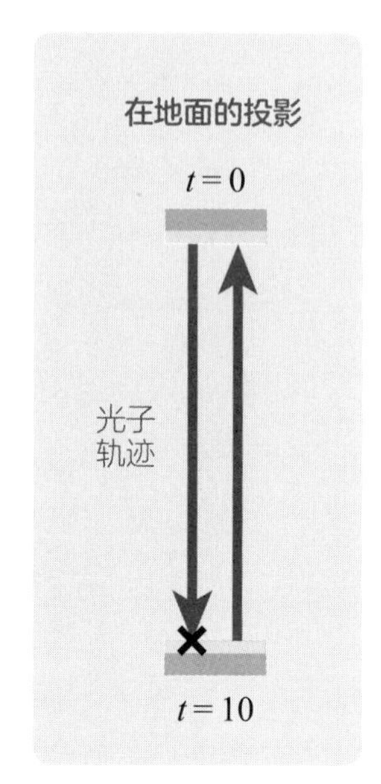

▲图 1　光子在静止的镜子之间弹跳示意图。

现在假设这个时钟沿着垂直两片镜面轴线的方向，相对于你作匀速运动。由于光速在你的坐标下是固定的，对你而言，光子从一面镜子到另一面镜子走的是斜线，路径比较长，因此你会觉得光子要花超过 10 纳秒的时间才能到达彼端（撞到图 2 中的“✖”处），所以这个处于运动状态的时钟指针每动一格的时间，就比你的静止时钟慢一些。

这就是狭义相对论的**时间膨胀**（time dilation），在实验和观测中都已经获得证实。比如说，某些粒子的半衰期很短，不过在加速器中撞出来的那些粒子，在实验室的仪器观察下，却可以经过很久才衰变。这是因为它们从撞击处飞出来的速度，相对于静止的实验室仪器来说非常快，

思考实验来推论。你可以把本文中时钟内部光子的来回运动想象成电磁速度，最快也就是真空中的光速。因此这个时钟在一定程度上可以模拟原子、分子，甚至基本粒子中可以用来计时的物理特性，比如说辐射和衰变。

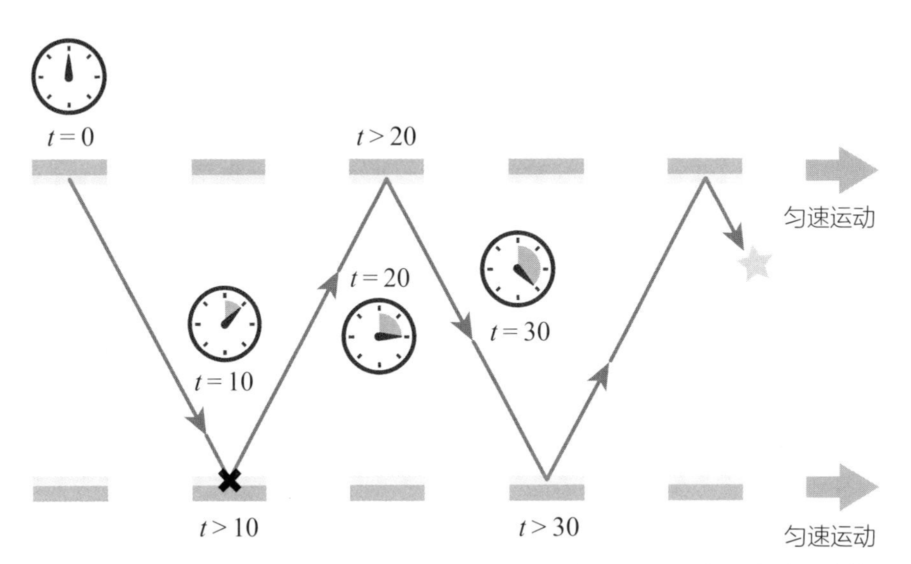

▲图 2　两面镜子向右做匀速运动，感觉光子要花超过 10 纳秒的时间才能到达彼端。

所以正如狭义相对论所预测的，它们的时间流动对静止的观察者而言是非常慢的。

学过狭义相对论的双胞胎

假设有一对同卵双胞胎，一个叫成双，一个叫成对，他们从出生后就在完全相同的环境下长大，连成长和衰老的速度也完全一样，打架总是平手。有一天，兄弟俩打算来一趟太空旅行，可惜他们长得太胖了（而且一样胖），挤不进同一艘太空飞船。经过一番讨论后，他们决定让成双留在地面的管制中心当联络官；而成对则乘上太空飞船进行太空旅行，在太空飞船进入预定轨道后，以高速向海王星定速巡航。假设这段时间两个人吃的食物、用的东西、呼吸的空气都一样，身体成长的速度也一样。

从地面联络官成双的角度来看：他觉得自己是静止的，而成对正相对以高速行进。根据狭义相对论，太空人成对的时间过得比他慢，所以成对长得比自己慢。成双心想，下次打架自己一定会赢。而从太空人成对的角度来看：成双和地面管制中心以高速远离自己。根据狭义相对论，地面联络官成双的时间过得比他慢，所以成双长得比自己慢。成对也心想，下次打架自己一定会赢。

两兄弟都觉得自己会打赢。其实这也没什么不好，只要不碰面、不打架不就没事了？但成对回家的日子终究还是来临了。成对利用海王星的引力场改变太空飞船的方向，朝地球高速返航。返航途中，情况还是跟之前类似：成双觉得成对长得比自己慢，成对也觉得成双长得比自己慢，所以两人都还是自信满满，觉得赢的一定会是自己。

当成对回到地球跟成双相见的那天，就是两兄弟要一决胜负的时刻。问题来了，到时究竟是谁比较强壮？又是谁会赢呢？

谁赢都对？让人伤透脑筋的孪生子悖论

这就是相对论中有名的“孪生子问题”。如果你和成双或成对一样，从头到尾都用教科书里的狭义相对论来推论，大概就会陷入“双方说的都对”的矛盾，无法得到结论。前人把这个问题称为**孪生子悖论**（Twin Paradox），对此伤透了脑筋。大家都想知道，到底结果会是谁赢？事实上，如果成对没作弊，纯粹比力气的话，答案会是成双赢！因为他在地面经历的时间实际上比成对多一点，所以也多长大了一点。

这就怪了，难道狭义相对论出错了吗？当然不是！爱因斯坦在狭义相对论中曾提及：**加速运动是绝对的，不是相对的**。而成对在太空旅行时，并非全程都和成双作相对匀速运动。就算忽略太空飞船发射时和降落时的加速度，成对在海王星转弯的那一小段航程，也是加速运动而非匀速直线运动。

做匀速直线运动的人，如果不看别的参照物，就无法得知自己的状态是静止（速度为零）还是运动（速度不为零）。就算有参照物可看，也不知道是自己在动，还是参照物在动。但是做加速或减速运动（速率和方向改变）的人，即使闭着眼睛也知道自己是在加速还是减速。不信的话，下次乘公交车时可以闭上眼睛感受一下。由于搭乘太空飞船的成对并没有从头到尾都觉得自己好像静止或一直在做匀速直线运动，和待在地面上的成双经历不同，因此两人经历的时间一长一短，并不奇怪。

话说回来，只要海王星给太空飞船的加速度够大（当然，不能大到摧毁太空飞船），那么成对转弯的时间就只占整段旅程的一小部分，几乎可以忽略，将整趟旅程都视为匀速直线运动，如此一来就适用于狭义相对论的讨论范围。然而，成双会赢的结论依然不变。

为什么成对还是长得比较慢，而不是和成双一样快呢

其实成双“觉得成对的时钟变慢”，是从“匀速直线运动观察者的**雷达时间**（或**坐标时间**）”得出的推论。它的操作型定义[1]如下：成双先发出一个雷达脉冲，以光速射向成对，打到成对再反弹回来。成双收到反射信号后，便可以记录在雷达脉冲打到成对的当下，自己的时钟应该指在几分几秒。因为从发信时刻到收信时刻，脉冲来回跑了一趟，所以成双可以很自然地推论，脉冲打到成对的时间，应该就是发信时刻和收信时刻的正中间。例如在图 3 中，成双会“觉得”成对的 A 事件发生在 t_A，而 B 事件发生在 t_B。

1. 科学上的定义可分为“概念型定义”和“操作型定义”。前者多以文字叙述概念，比较抽象；后者则会显示出观察、测量等研究方法或步骤，以比较具体的描述下定义。

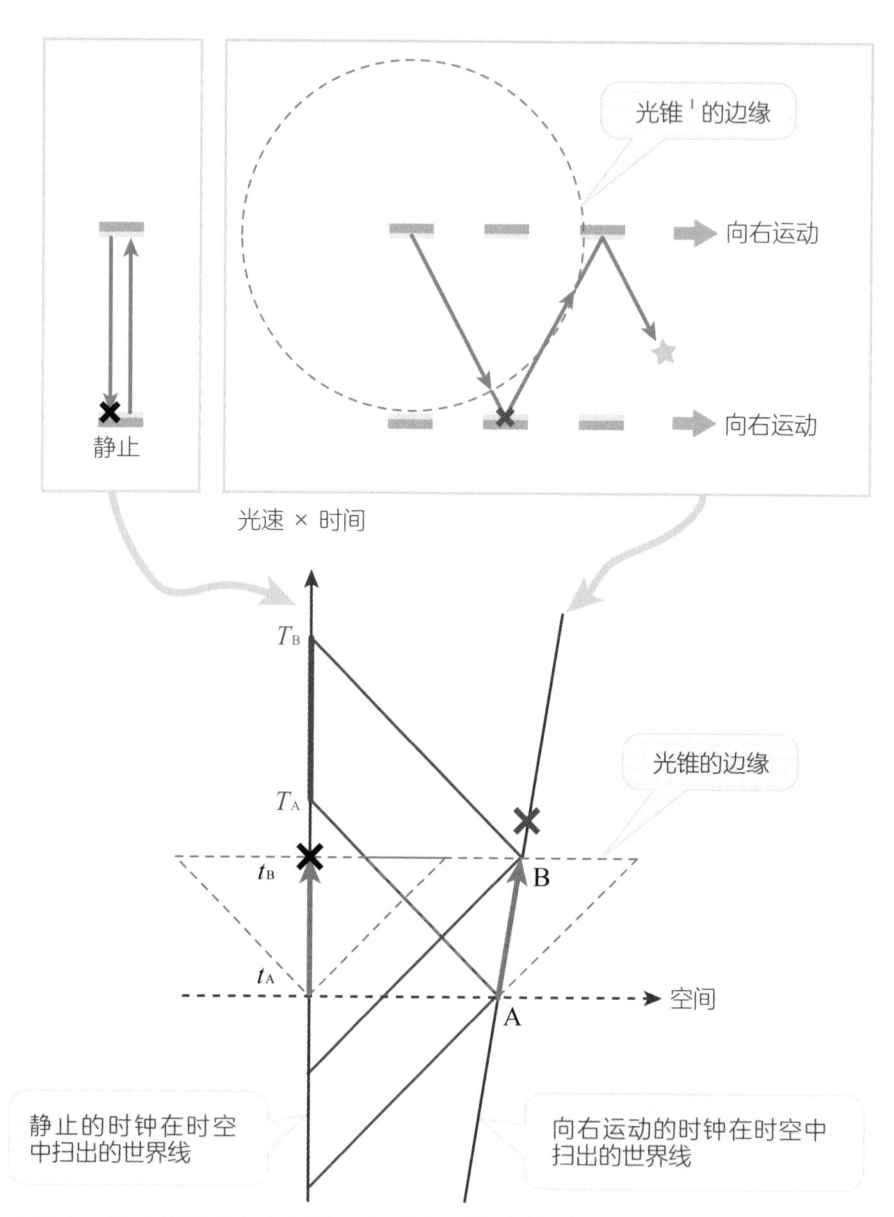

▲图 3　静止的观察者在雷达坐标观察到静止的时钟和向右运动的时钟的世界线。

---

1. 关于光锥的说明，请参 I-3《黑色恐怖来袭！吃不饱的黑洞》篇。

假如成双和成对各自依照自己的时钟，每秒发出一个雷达脉冲，然后收集反射信号，记录一系列脉冲撞击对方的事件。以成双的时钟为准，将脉冲撞击成对的时间和成对在这段期间送来信号的时间加以比对，成双和成对之间有相对的直线运动，不管他们是相互远离还是相互靠近，成双都会觉得成对的时钟秒针每两次跳动的时间间隔（***X-A***），比自己时钟的一秒要长（t_B-t_A），因此成双会得出“成对的时钟变慢”的推论。反之，若成对做同样的事，也会得出“成双时钟变慢”的推论。这两种时间流看似矛盾，其实并没有什么问题，就只是两人各自用的坐标不同而已。

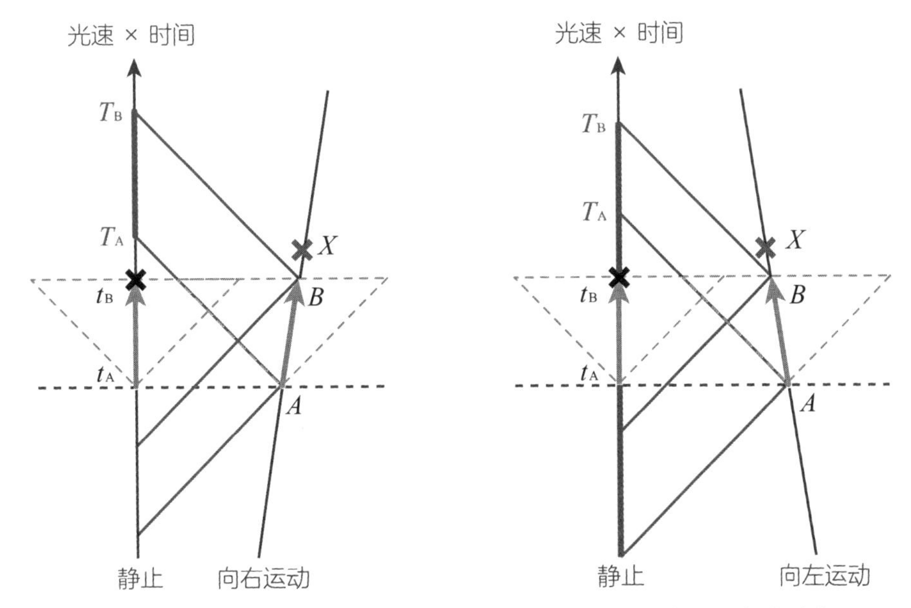

▲图 4　从静止的观察者在雷达坐标下观察到静止的时钟和向右（相互远离）、向左（相互靠近）运动的时钟的世界线，可见时间膨胀和方向无关。

“雷达时间”这招在成对做加速运动的期间还是管用的。如果成对乖乖地照刚刚的方法做，就会推论：“在成对做加速运动的那段期间，成双的时钟忽然变快，然后超车了！”因此最后两人都会得到成双经历的时间较长的结论。

运动观察者觉得静止的时钟比较慢：
$t'_B - t'_A > t_B - t_A$

运动的观察者觉得静止的时钟比较慢：
（$\tau'_v > \tau'_o$）
静止的观察者也觉得静止的时钟比较慢：
（$\tau_v > \tau_o$）

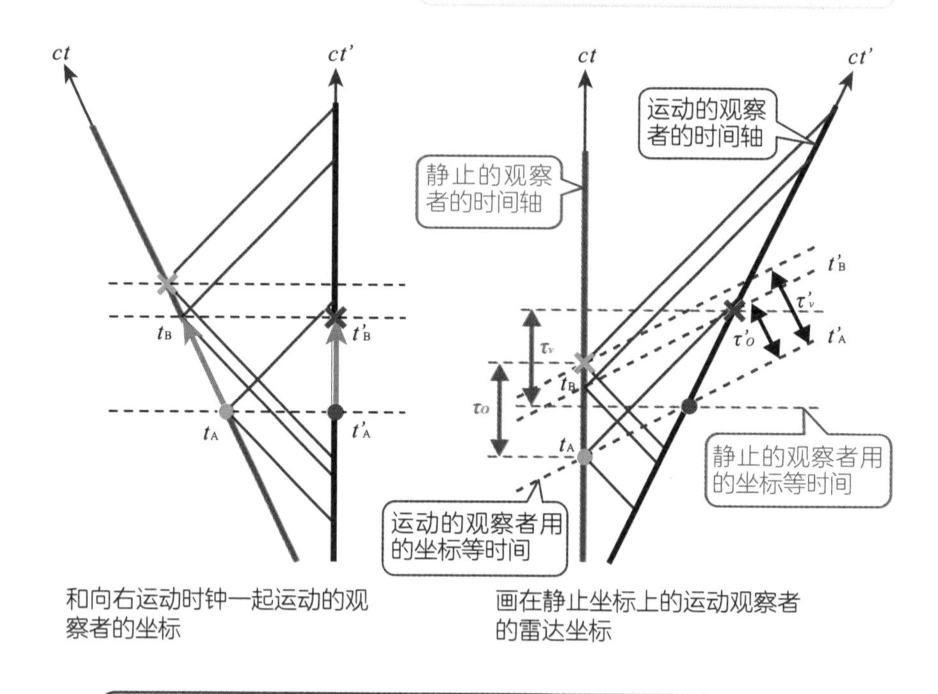

t'_A：运动的观察者记录到光子从时钟一端出发的时刻
t'_B：运动的观察者记录到光子到达时钟另一端的时刻
t'_A：运动的观察者觉得静止的观察者在 t'_A 那一刻的时间读数
t'_A：运动的观察者觉得静止的观察者在 t'_B 那一刻的时间读数

▲图 5　当观察者也处于运动状态时，会觉得静止的时钟比较慢。图中的等时面是收集不同时间发出和弹回的雷达信号所描绘出来的。

你动我不动！观察对方发射的信号

如果还是觉得很抽象的话，以下提供一个比较简单的观点。秘诀是：不用主动从发射的雷达脉冲和反射信号来推论，而是被动观察对方发过来的信号。

假如在地球上的成双和在太空的成对约好，依据各自的时钟，每秒向对方发出周期性的光脉冲信号。那么成双在成对的去程时（互相远离），会“观察”（不是“觉得”）到成对发送的信号周期变长、时钟影像动作变慢（图 4 左的 T_B-T_A）；回程时（互相靠近）信号周期变短、影像动作变快（图 4 右的 T_B-T_A）。是不是觉得这个现象似曾相识？没错，这就是多普勒效应[1]。

同样地，成对在去程时，会观察到成双送来的信号周期变长，回程时信号周期则变短。假如成对在去程和回程的直线速度方向相反但是速率相同，做加速度运动的时间又短到可以忽略，那么简单分析后就可以发现：如图 6 所示，太空人成对观察到地球上成双的时钟是慢动作的期间（左图深蓝线条）和快动作的期间（左图浅蓝线条）一样长；而地面联络官成双观察到太空人成对的时钟是慢动作的期间较长（右图深绿线条），快动作的期间较短（右图浅绿线条）。因此在两人会合的时候将会发现，成双的时钟已经多跳了好多格，也就是成双经历的时间会比太空人成对长。这很像欧基里得几何学中，三角形两边之和必大于第三边的原理。只不过在**时空**[2]（四维非欧基里得“空间”[3]）中，大小关系倒过来了。

1. 详情请参 IV-4《远近有谱：多普勒效应和宇宙学红移》篇。
2. 时空：spacetime，由一维时间 × 三维空间所形成的四维“几何空间”，在物理上称为“闵可夫斯基空间”（Minkowski space）。
3. 一般人所认知的空间属于三维欧基里得空间（有前后、左右、上下三种可以自由移动的方向）。在几何学中，欧基里得空间可以扩展到更高维度。

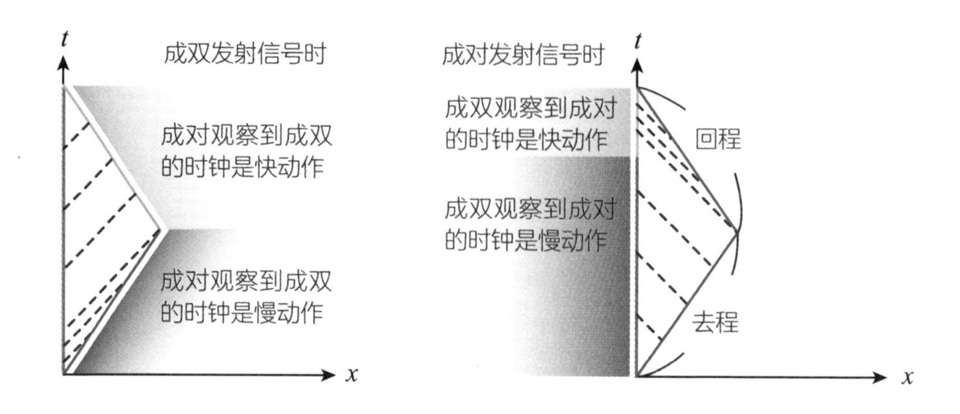

t
成双发射信号时
成对观察到成双
的时钟是快动作
成对观察到成双
的时钟是慢动作
x
成对发射信号时
t
成双观察到成对
的时钟是快动作
回程
成双观察到成对
的时钟是慢动作
去程
x
成双在时空图上的路径（在地球上，没有空间的变化）
成对在时空图上的路径
发射信号

▲图 6　时空图。

4 宇宙的时空旅行：虫洞

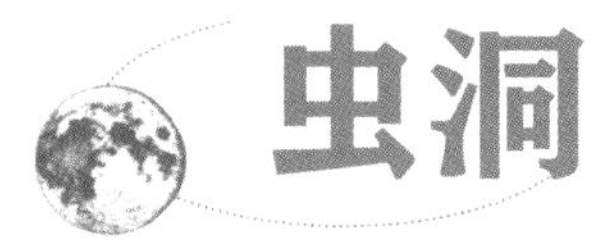

知名漫画家藤子·F．不二雄的漫画《哆啦A梦》描述一个少一根筋的小学生大雄，糊涂到他的玄孙（孙子的孙子）觉得大雄需要他的保护才能平安长大，因此经过书房的时空抽屉，从未来世界送了哆啦A梦这只机器猫来守护大雄。类似的时空旅行故事，剧情多在描述主角想回到过去修正自己曾经犯下的错误，结果反而越帮越忙，闹得一发不可收拾。

故事里圆圆胖胖、非常可爱的哆啦A梦有个百宝袋，可以随意拿出很多好玩的道具，其中最受欢迎的就是任意门，只要把门打开，立刻就能到达遥远的地方。这个任意门，其实就是物理学家所谈到的“可以旅行的虫洞”。

著名的科幻影集《星际迷航》（*Star Trek*）里，也有一个类似的道具——传送器，可以把人或物品分解后传送到另一个地方重组，任何东西都可以在一瞬间被送至遥远的地方。这些道具原本都是科幻创作者或电影编剧顺应故事剧情，随意想象出来的，但是到了1985年，却成为物理学家认真看待的研究课题。

当科幻变成现实：一切都源于想象

故事的缘起是致力于科普推广的天文物理学家萨根（Carl Sagan）于1980年代编写的一部科幻小说《接触》（*Contact*）。这是一本关于太空探险的科幻小说，当时非常畅销，后来也被改编成热门的同名电影《超时空接触》。

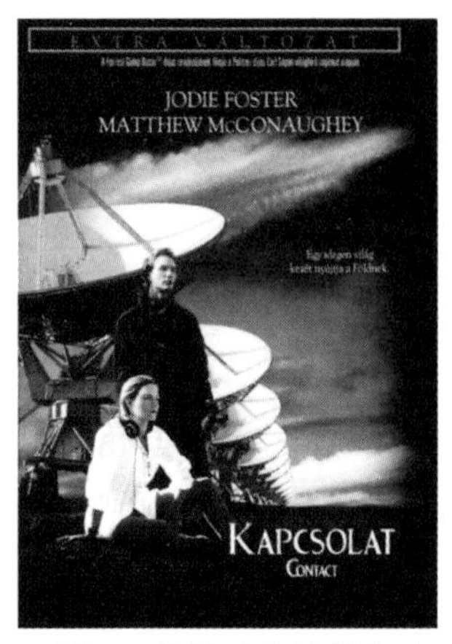

▲图1 《超时空接触》电影海报（Credits:BFA/Alamy Stock Photo）。

萨根是美国康奈尔大学物理系的教授，不但参与NASA太空探索任务的规划，还主持一系列享誉全球的电视节目《探索宇宙》（*Cosmos: A Personal Voyage*），是家喻户晓的明星科学家。据说出版社为了邀稿，预付200万美元请他写书，还告诉他“不管写什么都可以”，他因为盛情难却，最后才会创作出《接触》这本畅销小说。

因为萨根是天文物理学家，希望小说里的剧情不要违反任何物理定律，但是想到遥远的宇宙和外星人接触，势必要有比光速更快的旅行方式，因此他把写完的草稿寄给加州理工学院的物理系教授索恩（Kip S. Thorne），问他这种类似任意门的快速旅行工具到底可不可行。

这位索恩教授大有来头，不仅和萨根一样是著名的物理学家，还在2017年因为侦测到引力波而获得诺贝尔物理学奖。2014年轰动全球的科幻电影《星际穿越》（*Interstellar*），便是由他担任科学顾问和执行制作人的。

索恩一收到信就把这想成是“物理学家对物理学家”的提问，因此相当认真地把这个问题当成研究课题来思考。当时很多人都希望黑洞可以作为**虫洞——理论上在宇宙中可以连接两个不同时空的隧道**。但是任何物体接近黑洞的事件视界[1]时，相邻两点间的引力差异实在太大了，这种引力的差异是超强的潮汐力，会把所有物质都拉成细细的面条状，所以黑洞根本不适合作为宇宙旅行的工具。

▲图2 《星际穿越》电影海报（Credits: PictureLux/the Hollywood Archive/Alamy Stock Photo）。

如果虫洞存在会怎样

从北京到纽约最短的路程，不是乘飞机飞行十几个小时的大圆航线[2]，而是直接在地上打一个洞，笔直地通向纽约。虽然目前我们还没有能力挖通这条隧道，但可以想象一下：假如这条隧道真的存在，从北京的洞口跳下去，需要多久可以抵达纽约的洞口？答案是40分钟以内。（往下跳的时候记得头下脚上，就像选手参加跳水比赛一样，这样一来掉出洞口的时候就可以头上脚下，姿势优雅地抵达美国的“大苹果”——纽约。）

索恩设想：如果我们可以在宇宙任意两点间，打造一个类似从北京直达纽约的隧道，就可以快速连接“看起来”很遥远的宇宙远方。问题来了，这个被他的博士论文指导教授惠勒（John Wheeler）称为“虫洞”的隧道，到底应该要满足怎么样的物理条件？

1. 详情请参 I-3《黑色恐怖来袭！吃不饱的黑洞》篇。
2. 大圆航线：沿着地球圆周（以地球半径为半径）飞行的航线。

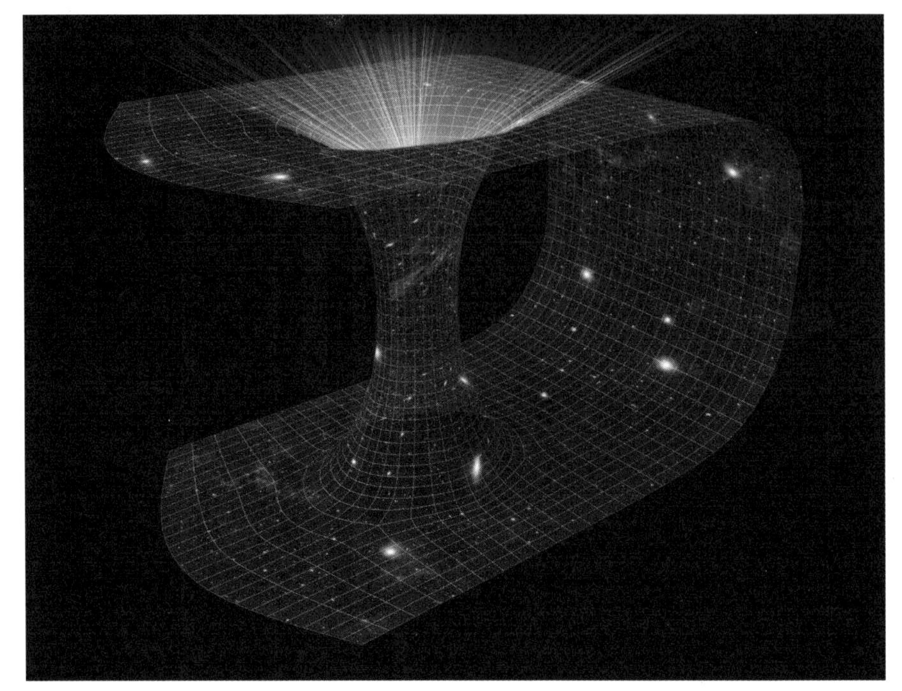

▲图 3　虫洞的 3D 模拟图（Credits: Shutterstock）。

广义相对论被提出后，很多人都讨论过类似的虫洞解，包括爱因斯坦和罗森（Nathan Rosen）也曾在更早期提供了一个类似的时空解，被称为**爱因斯坦—罗森桥**，但是和黑洞一样，并不适合时空旅行。

索恩以过去的研究为基础，试图找出一个可以旅行用的虫洞。他先假设有个虫洞可以让太空飞船进入，并在一年内快速抵达织女星，但是经过仔细推算，却发现组成这种虫洞的物质必须带有负能量，很难稳定存在，因为任何带有正能量的物质一进入虫洞，就会和带有负能量的物质一起毁灭。到目前为止，科学家还不知道如何维持这个虫洞的稳定性。

有个著名的科学家就大胆预言：人类也许要等一千年后才有能力任意搭建一座稳定的虫洞。后来萨根在小说里也避重就轻，把搭建虫洞的工作推给已经灭绝的“外星人”，拒绝回答如何建造虫洞这个难题。

有趣的是，索恩还发现只要有两个一来一回的虫洞，就可以设法设计出时光机器，回到旅行者尚未出发的时空。因为这个惊人的发现，时光机器不再只是科幻小说家或电影编剧毫无根据的空想，也让当时的物理学家为之疯狂，开始认真思考时光机器存在的可能性和可能造成的影响。

当时科学家一头热地探讨相关问题，有个漫画家便画了一本漫画表达他的忧心与讽刺。画里有一家出租时空车的小店，招牌上写着“出租一小时 10 元”。后来有位顾客来租车，却提早一小时还车，反过来向老板收取 10 元的“出租费用”，租赁业变成赔本生意。这篇漫画暗示人类的经济结构、生活方式都是建构在“传统”的因果关系上，一旦有了时光机器，带给人类的影响将是全面性的冲击，不只是电影剧情里笑笑闹闹、沸沸扬扬的喜剧而已。许多物理学家为了消除人们对时光机器的顾虑，便开始设想千奇百怪的理由，希望得到“**即使时光机器存在，时光旅行的人还是无法改变既定的过去**”这个结论。

幽默的索恩教授不但在 1988 年把研究成果发表在知名的物理期刊《物理评论快报》(*Physical Review Letters*)上，还写了一篇比较通俗的科普文章发表在《美国物理学刊》(*American Journal of Physics*)，建议所有大学都可以拿虫洞模型来教广义相对论。他甚至还将自己的研究成果改写或期末考卷的命题，用来测试那个学期修课的学生。据说学生的考核结果出奇的好，让索恩确认这是教学的优良典范。

索恩说，这个模型实在简单到让人怀疑人生，虽然他相信应该有别人早就想过这个模型，但是找遍文献都找不到类似的报告。看到这里可能很多读者都会心痒痒的，很想赶快学点广义相对论，再来仔细看看这个神奇的时光机器。

5 另一个世界存在吗？平行宇宙

一支太空搜救队经过虫洞，穿越时空回到地球附近。当大家正在庆祝终于可以回到地球时，突然有人发现眼前的地球看起来似乎不太一样了，虽然外表还是原来的地球，可是自转的速度好像变快了……

这种故事情节经常在科幻电影里出现，非常引人入胜。我们不禁要问：这是可能发生的吗？为什么？那会不会我们一觉醒来，世界就变了？转念一想，如果睡一觉世界就会改变，可以把今天发生的坏事都变不见，那该有多好！

其实这就是平行宇宙的概念！平行宇宙若真的存在，或许很多电影里想象的画面就会成真，我们也都可以心想事成。为什么说“或许”呢？因为就算平行宇宙真的存在，发生的概率也是个未知数。就像很多人去买彩票，希望一夜致富，可是大部分的人都会失望，因为中奖概率实在太低了。这是同样的道理。

什么是平行宇宙呢

谈到平行，就会联想到两条平行线。平行的概念就是不相交，也就是互不相干。既然如此，平行宇宙不就是指有两个以上的宇宙，彼此互不相干吗？如果不相干，那一般人所幻想的、科幻电影所设定的故事场景，显然跟平行宇宙的概念有些不同。所以在谈平行宇宙前，我们要先探讨两个问题：

（1）两个以上的宇宙其实是在讲多重宇宙，所以得先了解多重宇宙。

（2）不同的宇宙有可能会互相交错吗？这得引进量子力学的解释，称作“多世界诠释”。

可观测宇宙

近代宇宙学理论给了很好的预测，观测结果也非常吻合理论[1]。创生后的宇宙可能是无限大的，可是跟我们相关的**可观测宇宙**却是有限的。光速是传递信息的极限速度，如果宇宙有年龄，跟我们相关的空间大小大约是宇宙边缘和地球之间的距离。把光当成一把尺，利用光速乘以宇宙年龄，也就是光从宇宙边缘来到地球所花费的时间，就可以估算出这段距离，而这个空间也就是所谓的可观测宇宙。

举个例子，假设全世界的邮差同步在 12 月 15 日早上将所有小朋友寄给圣诞老人的信以陆运及海运等方式往北极运送，经过一天后，圣诞老人会收到全部的信吗？

---

1. 详情请参 III-3《余韵未绝的创世烟火：大爆炸》、III-4《早期宇宙的目击证人：宇宙微波背景辐射》篇。

答案是不会。圣诞老人会先收到住在附近的小朋友的信，越远的信会越晚寄到。假设邮差送信的时速是每小时 80 千米，两天过后，他所移动的最远距离是 80（千米 / 时）× 48（时）=3840（千米）。所以圣诞老人只会收到半径 3840 千米范围内的信，在此之外的小孩子有什么愿望，他都无从得知。在这一刻，对他而言，这个范围内的空间才有意义——可观测宇宙就是这个概念。若继续等下去，圣诞老人会收到更远的小朋友的来信，他可以服务的地域就会变大；可观测宇宙也是如此，会随着观测时间拉长而越变越大。

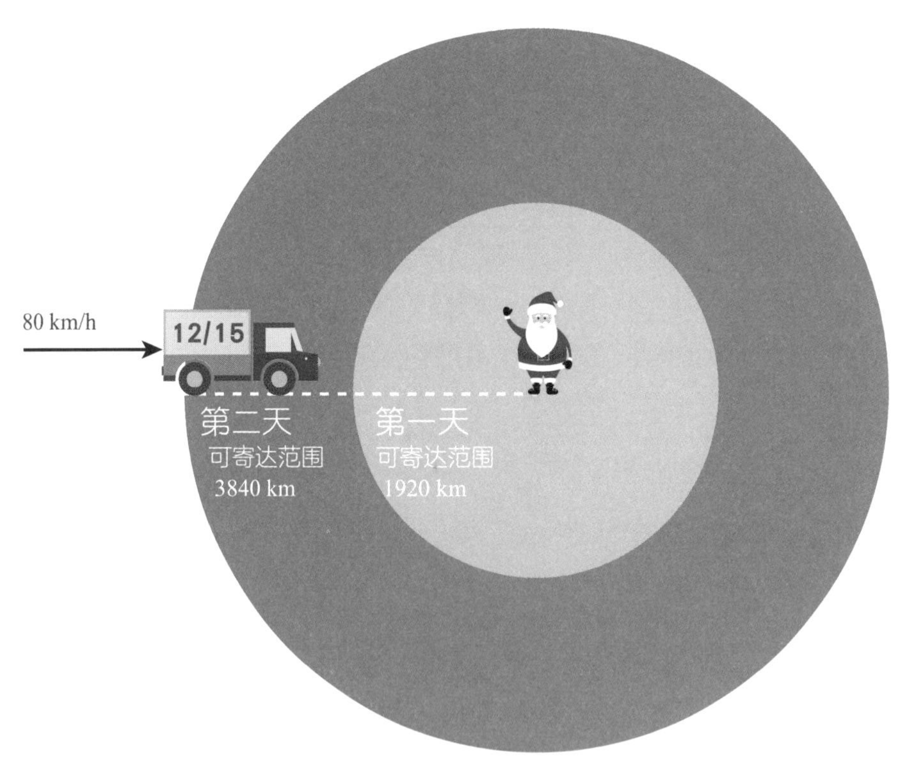

▲图 1　对圣诞老人而言，邮件可寄达范围内的空间才有意义；就像对人类而言，可观测宇宙之内的空间才有意义（Illustration design: Freepik）。

多重宇宙

在宇宙创生时，小的宇宙在很短的时间内陆续产生，可能会有无限多个小宇宙。这些小宇宙的物理定律、物理常数、初始条件或许各不相同。在这么多的宇宙中，即使概率很小，也不排除可能有个跟我们的可观测宇宙几乎一模一样的小宇宙，那里可能也有一个地球，更甚者，可能还有另外一个你。可是那个宇宙在非常遥远的地方，理论上，由于光速是有限的，那个宇宙不会跟我们有任何关联，这跟一般人的想象是不一样的。

另外一种“多世界诠释”跟奇特的量子力学现象有关，于 1957 年由艾弗雷特（Hugh Everett）提出。量子力学一般的阐释是：“在你观察一个物理量之前，存在无限多的可能性，你可以说它们是真实存在的，虽然预期发生的概率大小不同，可是一旦你观察它，就只会有一种结局，而且回不去了。”这跟生活中常讲的概率有点不一样，以丢铜板为例，虽然出现正、反面的概率各半，可是一旦丢出铜板，终究只会有一个结果——不是正面就是反面，但在丢出铜板之前，这个结果并不存在。

我们可以再举有名的“薛定谔的猫”来谈古典物理跟量子力学的差别：把一只猫跟一个装有毒气的罐子一起放进不透明的箱子里，当下次再打开箱子时，猫是活着还是死了呢？

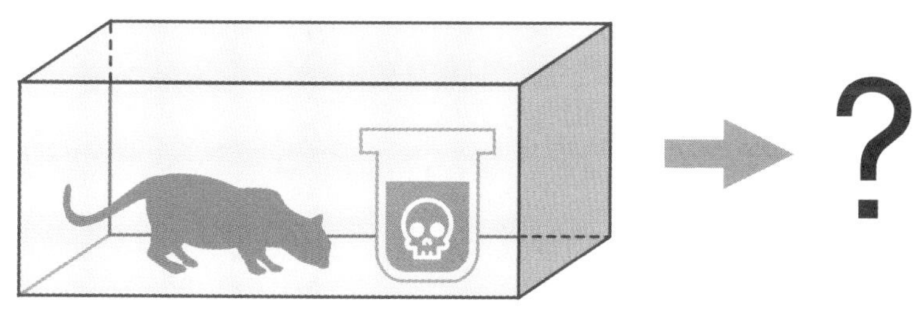

▲图 2 把一只猫跟一个装有毒气的罐子一起放进箱子里，下次打开箱子时，猫是活着还是死了呢？

从古典物理的角度来看，不管猫是活着还是死了，都是在打开箱子前真实发生的事，只是我们看不到而已；可是从量子力学的角度来看，在打开箱子前，两种情况都是真实存在的，只是当箱子打开的那一瞬间，我们只会看到一种情况，而另一种情况则会消失。很奇妙吧？更奇妙的是，艾弗雷特认为，即使打开箱子并看到猫死掉了，另外一个猫还活着的情况并没有消失，而是会在另一个世界继续存在！

想象一下，最后一班回家的车只剩下一张车票，你跟另一位乘客以丢铜板来决定谁可以乘坐。在丢出铜板前，你的未来有两种可能：一、开开心心回家睡觉，隔天约会顺利，从此过着幸福快乐的日子；二、流落街头，隔天失约，被甩了，悲惨地自哀自怜。以一般人的认知，丢出铜板之后，这两种不同的未来只有一个会成为事实，另一个则不会发生。这是我们所认知世界的运行法则，可是艾弗雷特的“多世界诠释”是一种多重宇宙的概念，他打破了观察后就只剩下一种现实的想法。

艾弗雷特认为，即使你观察并得到一个结果，其他的可能性依然继续存在，而且是真实的。若把时间也放进去考虑，那就表示真实存在的历史轨迹不止一条，也就是所有可能的世界都是真实存在的，并不会因为被观测之后就只剩下一个。回到刚刚假设的故事情境，即使你丢铜板输了，流落街头，但另一个世界依然存在，你还是有机会回到幸福快乐的未来。这种平行宇宙提供了很多的想象空间，也比较吻合一般科幻电影的故事情节。

6 生死与共的伙伴：双星

宇宙中超过一半的恒星为双星，有些甚至是多星互绕的系统。一般认为恒星形成时，云气收缩会造成快速自转，在损失角动量的过程中，可能发生两种情形：一种情形是先形成星周盘，最终可能形成行星；另外一种情形则是形成双星。

双星有哪些种类

（1）光学双星

两颗星在天空中的位置看起来相近，称为**光学双星**。从地球上看去，它们似乎很邻近，但事实上两颗星可能相距甚远，运动相异，彼此并无关连。

真正的双星会因为彼此的引力吸引而绕着质量中心运动。要是能够分辨出两颗星，并测量出它们互相绕行的轨道，这就是**视双星**。一般以较明亮者或质量较大者为主星，称之为 A；较暗淡或质量较小者则为伴星，称之为 B。

▲图 1　北斗七星从斗柄末端算来的第二颗星，称为“北斗六”，也叫“开阳”，是中国古代掌管官运及财运的“禄星”，用肉眼就能清楚分出两颗星。其中比较亮的英文名为“Mizar”，本身是个 4 颗星的系统，比较暗的那颗“Alcor”也是双星，因此开阳其实是个六星系统（Credits: Big Dipper: A. Fujii; Mizar &Alcor: F. Espenak）。

（2）光谱双星

有一类双星在影像中无法看出两颗星，但是通过谱线的多普勒效应[1]可以推测出它们的轨道运动，这就是**光谱双星**。有些光谱双星显示出两种形态的谱线，由于双星互绕的结果，两种形态的谱线随时间分别蓝移、红移，这种类型即为**双谱线光谱双星**。有时候伴星太暗，光谱中只能看到单一形态的谱线随着时间发生周期性的蓝移、红移，这种类型则是**单谱线光谱双星**。

1. 详情请参 IV-4《远近有谱：多普勒效应和宇宙学红移》篇。

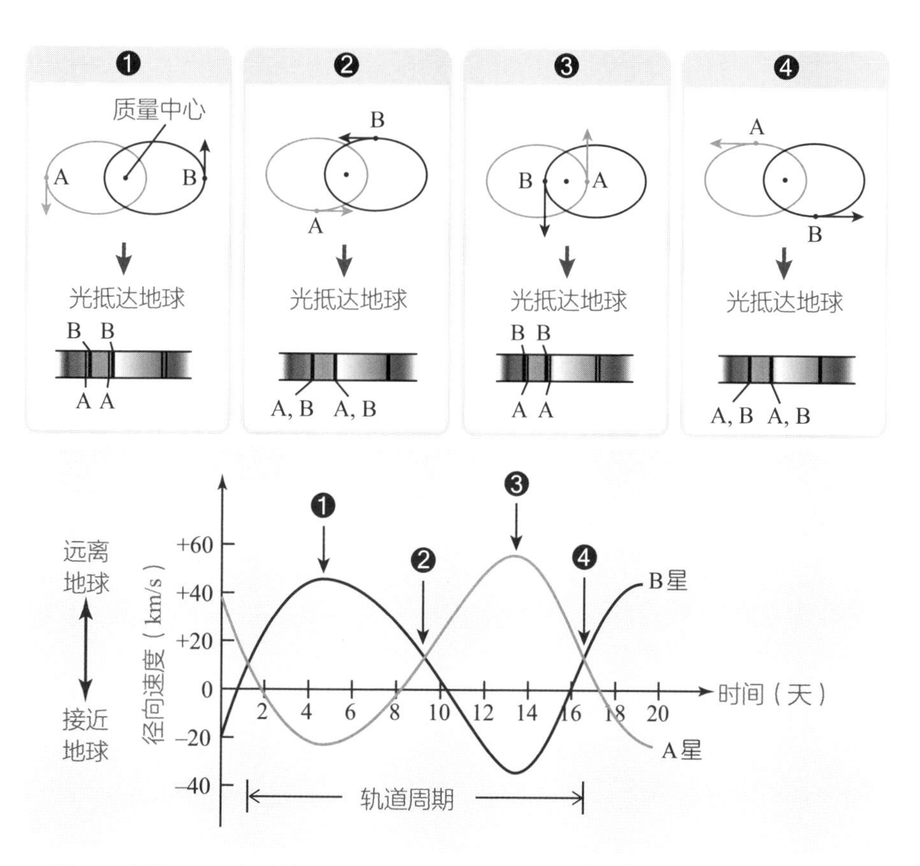

▲图 2　光谱双星的谱线会随着双星互绕（处于 ❶、❷、❸、❹ 的状态）而周期性改变波长，如图中的双谱线光谱双星，两组光谱来回对应变化。居于 ❶ 状态时，A 星朝向地球而来，谱线蓝移；此时 B 星离地球而去，因此红移。居于 ❸ 状态时，情形相反。而居于 ❷ 或 ❹ 状态时，两星运动皆垂直于视线，没有多普勒效应，因此两组光谱重叠。若 B 星太暗，只能看见 A 星谱线呈周期性变化，则为单谱线光谱双星。

（3）食双星

另有一类双星的轨道平面几乎与我们的视线平行，以致会发生遮掩，也就是“食”的现象，这就是**食双星**。有些情况即使没有发生“食”的现象，还是可以经过精确的测量，测得从伴星反射的光线，或是因伴星的潮汐力造成主星产生特殊的亮度变化，依此推测伴星的存在。

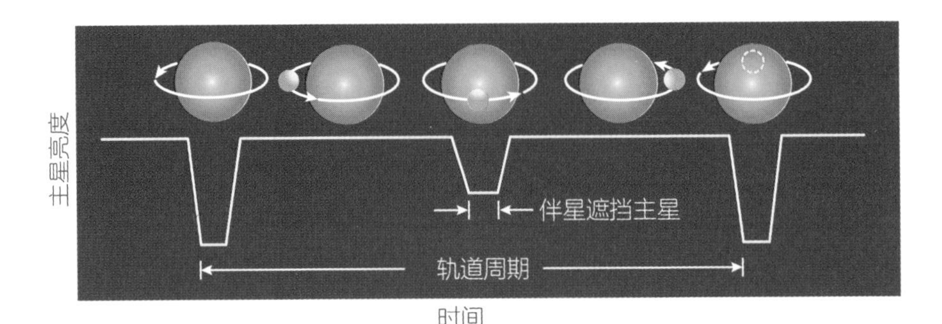

▲图 3　食双星的示意图。若两星轮流遮掩，亮度会出现周期性变化。这里的例子显示的是当比较热（蓝色）的星球被遮住，亮度会下降；当比较热的星球遮住后面体积比较大，但是表面比较冷的星球，整体亮度也会变暗，不过下降程度比较小（Reference: NASA/GSFC）。

大陵五食双星（Algol）

大陵五（Algol; β Persei）是个食双星系统，光变周期约为 2.87 天，其中较亮的主星是颗 B 型主序星，伴星则是 G 型巨星[1]。当伴星挡住主星时，整个系统的亮度在 4 小时内从 2.1 星等变暗成 3.3 星等。反之，当主星挡住伴星时，亮度（次极小）仅变暗 0.06 星等，变化不明显。此系统另有周期 1.862 年的光谱变化，显示还有第三颗星。电波观测显示伴星的质量流往主星，造成间歇性电波强度急速增大。此类食双星以“Algol”为名。

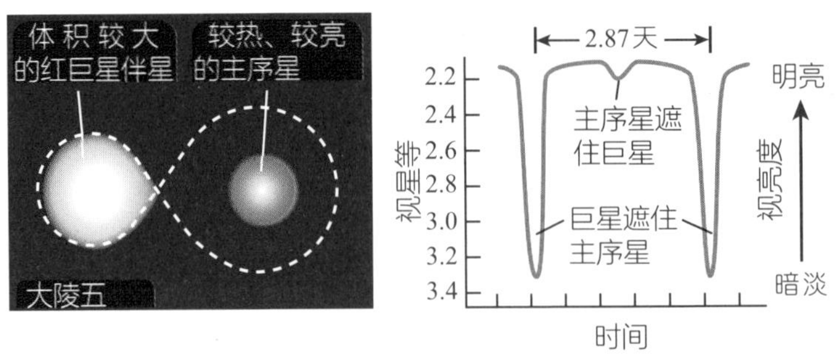

▲ 图 4　大陵五为半分离双星，彼此互食造成特殊的光变曲线[2]。

1. 详情请参 II-5《星星电力公司：恒星演化与内部的核聚变反应》篇。
2. Reference: Neil F. Comins, William J. Kaufmann Ⅲ（2005）. Discovering the Universe, 7th Edition. W.H.Freeman.

（4）紧密双星

当双星之间的距离与它们本身的大小相当时，两颗星会相互影响，例如潮汐力导致星体不再维持球体状；或是两颗星会交换物质，有些甚至连大气都会彼此接触，这类的双星称为**密近双星**。密近双星通常也是食双星，具有特殊的“光变曲线”。

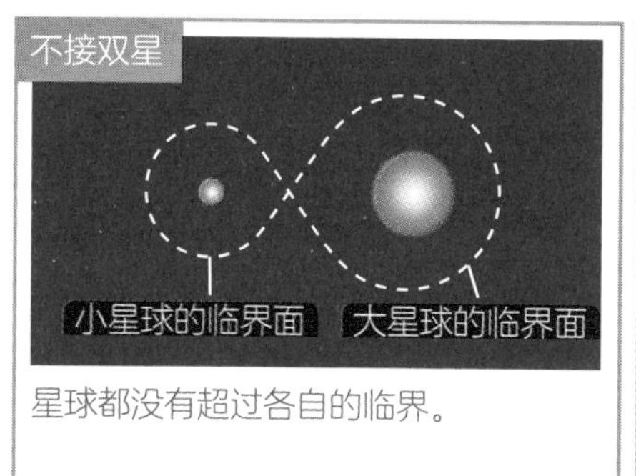

星球都没有超过各自的临界。

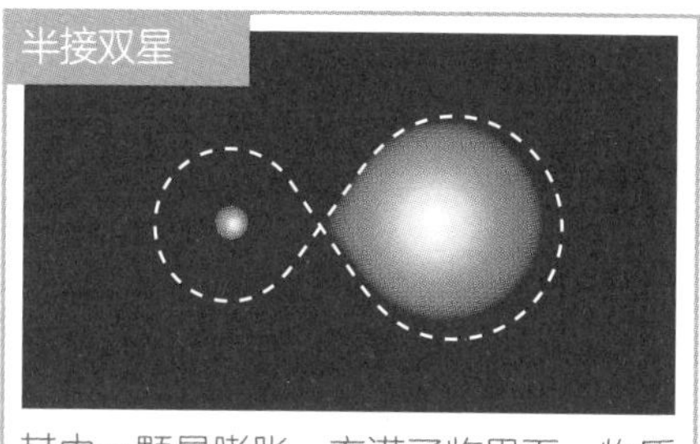

其中一颗星膨胀，充满了临界面，物质因此能够流向另一颗星。

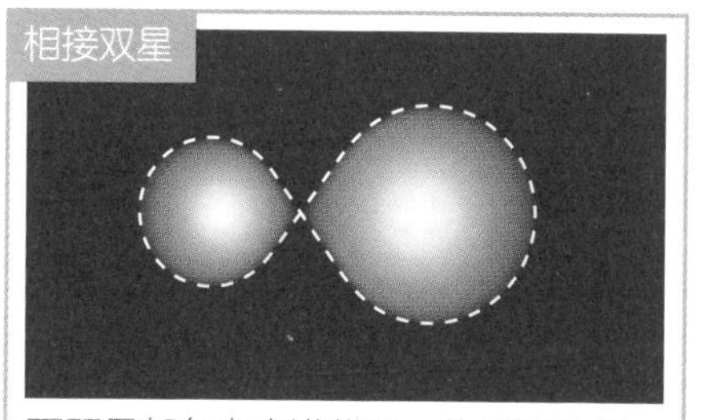

两颗星都各自充满临界，物质可从任一颗星流向另一颗星。

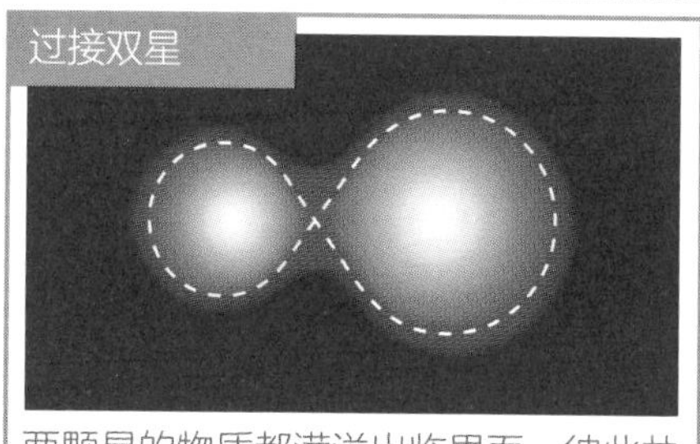

两颗星的物质都满溢出临界面，彼此共享外层大气。

▲图 5　密近双星可能有不接双星（detached binary）、半接双星（semi-detached binary）、相接双星（contact binary）、过接双星（overcontact binary）等种类。

天琴座β星（β Lyrae）

天琴座β星为半接双星，物质流向伴星，形成**吸积盘**（accretion disk），挡住了该伴星。

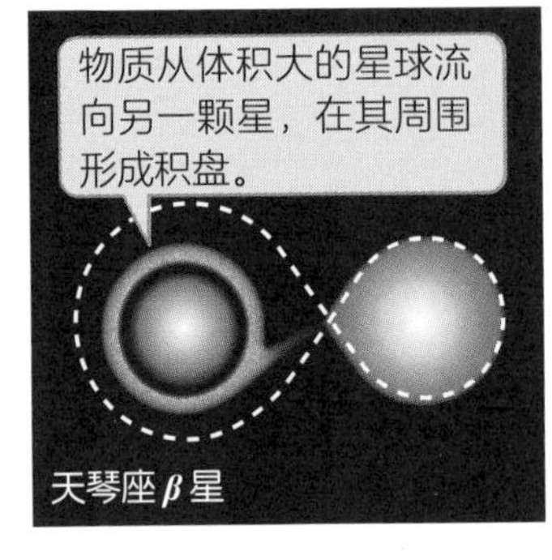

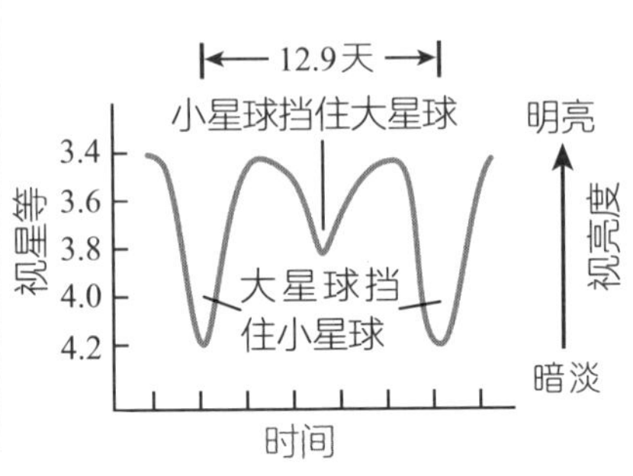

▲图 6　天琴座β星为半接双星，物质从一颗星流向另一颗，造成特殊的光变曲线。

大熊座 W 星（W UrsaeMajoris）

大熊座 W 星为过接双星，彼此距离非常接近，以致两颗星共享大气层。

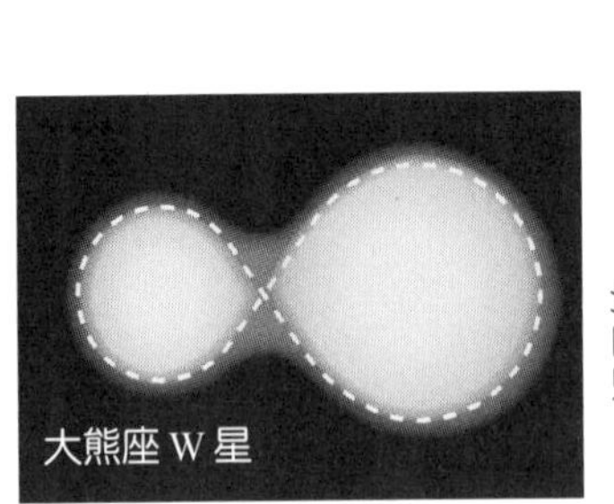

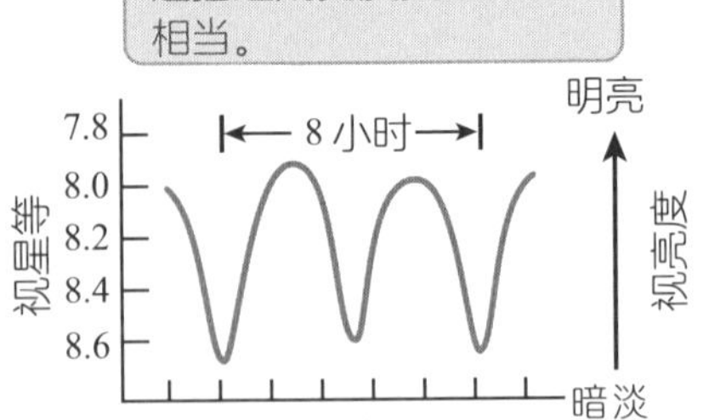

▲图 7　大熊座 W 星为过接双星，两星互食造成特有的光变曲线。

双星的轨道运动

双星系统中两颗星互绕其质量中心，质量分别为 M_1 与 M_2，以开普勒运动定律表示为

$$M_1+M_2=\frac{a^3}{p^2}$$

其中 M_1 与 M_2 以太阳质量为单位;a 是两颗星之间的距离，以天文单位为单位；而双星轨道周期 P 则以年为单位。个别恒星与质量中心的距离的关系为

$$M_1a_1=M_2a_2$$

$$a_1+a_2=a$$

由观测可得出两颗星的投影角度。若知道此双星与地球之间的距离，便能推算出 a；若能观测出轨道，则能估计 a_1 与 a_2。

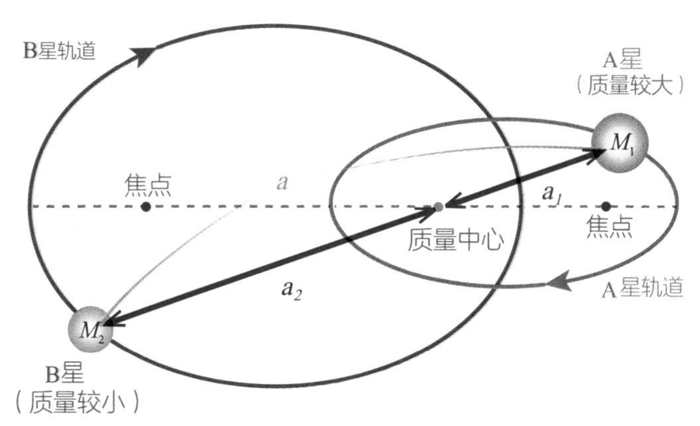

▲图 8　双星运动轨道示意图。

单独一颗星在太空中以直线前进，我们看到的投影轨迹也是直线。但是如果与伴星互绕，星球前进的轨迹就呈弯曲状；而且伴星的质量越大，弯曲越明显，即使有些伴星太暗，也能从主星的运动情况中看出伴星的存在。夜空中最明亮的恒星——**天狼星**就是这种情形。

天狼星（Sirius）

天狼星是著名的双星系统，其中主星天狼 A 是主序星，伴星天狼 B 则是白矮星。天狼 B 在可见光波段的亮度只有天狼 A 的万分之一；但在 X 射线波段则比天狼 A 明亮。两者互绕一圈需时约 50 年。

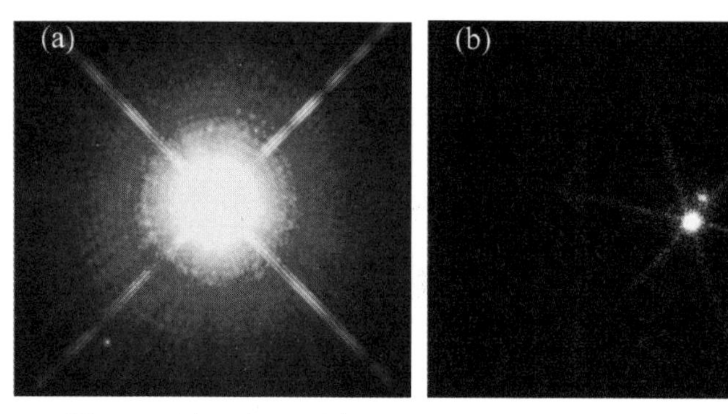

▲图 9　天狼星在不同波段呈现的影像。(a)可见光波段，左下方暗星为天狼 B；(b)X 射线波段，图中央亮星为天狼 B，因为轨道运动，相对位置与（a）图不同 [Credits:(a)NASA/ESA/H. Bond（STScI）/M. Barstow（University of Leicester）;(b)NASA/SAO/CXC]。

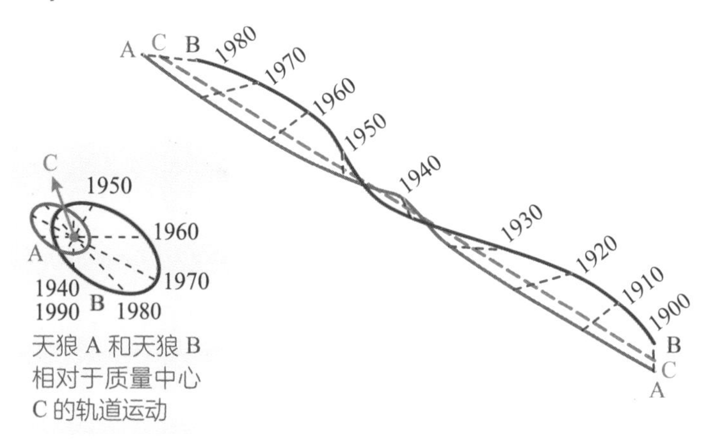

▲图 10　天狼 A、天狼 B 和双星的质量中心 C 相对于背景星空的视运动轨迹（Reference: Schneider &Arny: units 56, 57）。

▲图 11　照片中央下方的亮星为天狼星，右方则可见猎户座亮星。弥散的红色部分为氢气的辐射。中央由右上到左下为银河系的一部分（Credits：王为豪）。

为什么要研究双星

由于双星运动可提供直接估计星球质量的方法，因此恒星**质光关系**[1]中的数据多来自双星的研究。有些星团当中存在“蓝离散星”[2]这种大质量的主序星，这一点让人疑惑，因为该星团中其他大质量的恒星已经演化到离开主序的阶段。目前蓝离散星的成因不明，一般推测可能是双星合并再造了恒星的主序生命，或是该种恒星有特殊磁场或自转规律，延长了主序期。

1. 说明主序星的亮度如何随质量改变。
2. 关于蓝离散星的说明，请参 I-9《热闹的恒星出生地：星团》篇。

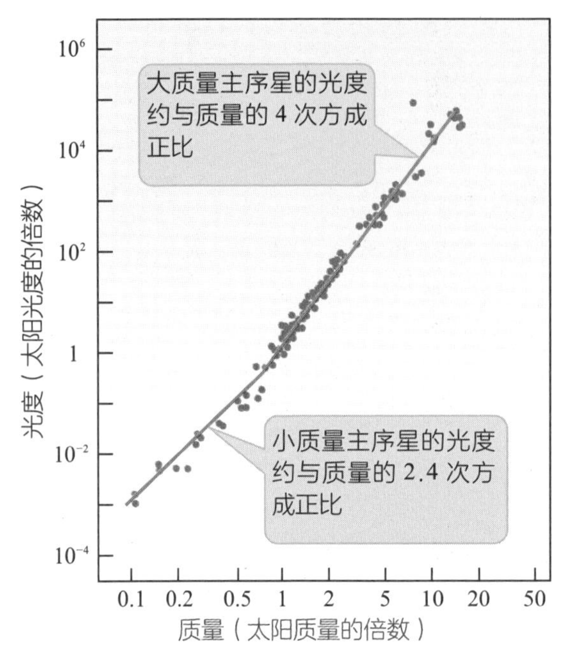

▲图 12　由双星系统估计的质光关系图。

双星若是包含致密天体，像是白矮星、中子星，或是黑洞，便称为**致密双星**。由于天体强大的引力场，以及复杂的物质流动，这些双星常伴随着特殊现象，例如产生高能 X 射线辐射的 X **射线双星**[1]。

目前我们对于单颗恒星的形成、演化以及衰亡，已经有了基本认识。至于双星，因为主星与伴星彼此间发生交互作用，因此有多样的演化现象。以密近双星为例，由于其中质量较大的恒星演化较快，会先离开主序阶段成为白矮星——不再进行核反应的星球残骸。之后，双星系统中的伴星演化成庞大的红巨星，充满临界面，当物质流往白矮星表面，强大的引力场导致气体剧烈加压、升温，一旦点燃核反应，星球便瞬间增亮，成为**新星**。

1. 详情请参 V-7《能量爆棚！奇特的 X 射线双星》篇。

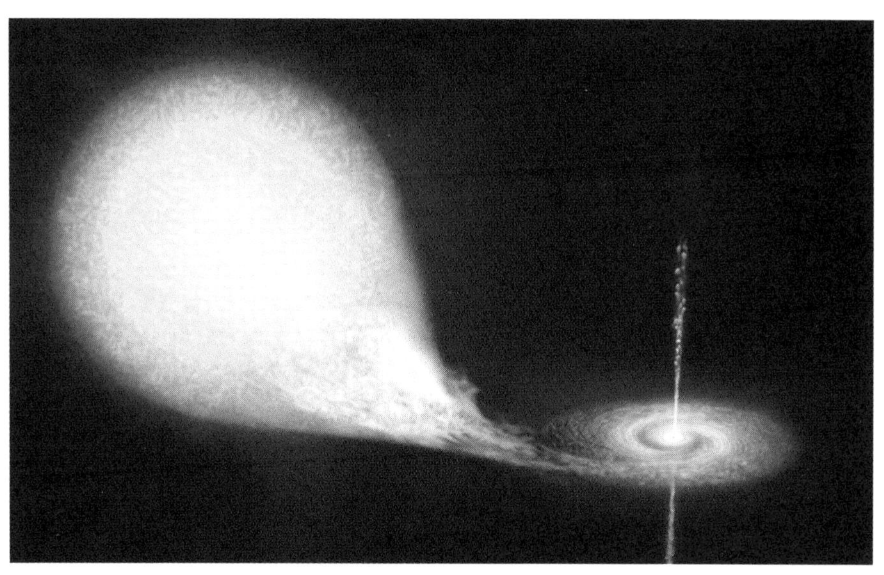

▲图 13　致密双星示意图。当物质流向致密天体，形成吸积盘，释放出高能辐射，可能另外形成喷流（Credits: ESA）。

有些双星非常接近，即使伴星尚未脱离主序阶段也可能造成新星爆发。有些新星甚至可能重复爆发，像蛇夫座 RS（RS Ophiuchi）这颗星已知爆发 6 次（分别在 1898 年、1933 年、1958 年、1967 年、1985 年，还有 2006 年）。当白矮星从伴星吸积物质时，若造成本身的质量超过**钱德拉塞卡极限**[1]，便会引发**超新星爆炸**。

如果双星是由两颗致密天体组成的，彼此互绕时释放的“引力波”会使得轨道减小，最终两者合并，释放出巨大能量。有些理论认为，两颗中子星合并造成引力波改变也能够解释部分“伽马射线暴”的成因。

1. 钱德拉塞卡极限：意指以电子简并压力抵抗引力坍缩时所能承受的最大质量。详情请参 I-5《来自星星的我们：超新星爆炸》篇。

7 能量爆棚！

奇特的 X 射线双星

天气晴朗的夜晚，抬头仰望天空，通常能看到许多星星。如果远离城市，到光污染较少的郊外，能看到更多星星。其中有几颗特别明亮的星星，如金星、木星与火星，它们是行星，是我们太阳系家族的一部分。它们本身并不发光，只是反射了太阳照到它们的光才看起来那么明亮。另外有些星星，如天狼星，就跟我们的太阳很像，属于恒星，自己会发光。我们之所以能看到恒星在天空闪亮，是因为它们发出比较强的可见光，而且地球的大气对可见光基本上是透明的，于是它们发出的星光能顺利穿过大气层，被我们看见。

事实上，一颗恒星不只会发出可见光，还会发出一些人类肉眼看不到的光，如无线电波、红外线、紫外线、X 射线及伽马射线等电磁波。要观察这些不可见光，就必须使用特殊的望远镜，有些波段的光甚至无法穿过大气层，所以必须将望远镜放在太空中才能进行观测。其中 X 射线就是属于要在外层空间才能进行观测的波段。

一般恒星所发出的光，其波段还是以可见光为主。以太阳为例，X 射线仅占太阳总发光量的百万分之一，所以 X 射线在一般恒星中并不重要。

但宇宙中有一种奇特的星星，能够发出非常强烈的 X 射线，它们发出的 X 射线比太阳发出的所有光还要强几千倍，甚至几百万倍以上！这种星星的真面目是什么呢？答案揭晓，就是本篇所要介绍的 X 射线双星！

重量级小不点组合：X 射线双星

在了解什么是 X 射线双星以前，必须先知道什么是双星[1]。但若只是双星，并不足以发出强烈的 X 射线，还要具备许多条件才能称之为 X 射线双星。首先，其中一颗星（以下称之为主星）必须是中子星或恒星级的黑洞（以下就称它为黑洞吧），这两种天体都是大质量恒星死亡后留下的残骸，它们的特点是质量比太阳略大，但尺寸却又特别小。中子星的半径大概只有十几千米，黑洞的半径则在十几千米到几百千米，跟地球上的一座城市差不多，比起太阳 70 万千米的半径，那真是小巫见大巫。在这么狭小的一个空间里挤入与太阳质量差不多的物质，可以想象它们有多紧密：一汤匙中子星的质量，甚至比全人类的质量总和还要大。在如此紧密的星星上，表面引力大得惊人。一般的杯子掉到地上，可能“啪”一声就碎了，如果它掉到中子星的表面，后果可是比一颗原子弹爆炸还要严重。

双星中的另一颗星（以下称之为伴星）又是什么呢？事实上，只要是不像主星那么紧密的星星都可以成为主星的伴星，如一般的恒星、非常松散的红巨星或比较紧密的白矮星。当然单凭主星与伴星形成一个双星系统，还不足以达到成为 X 射线双星的条件。要形成 X 射线双星，主

1. 详情请参 V-6《生死与共的伙伴：双星》篇。

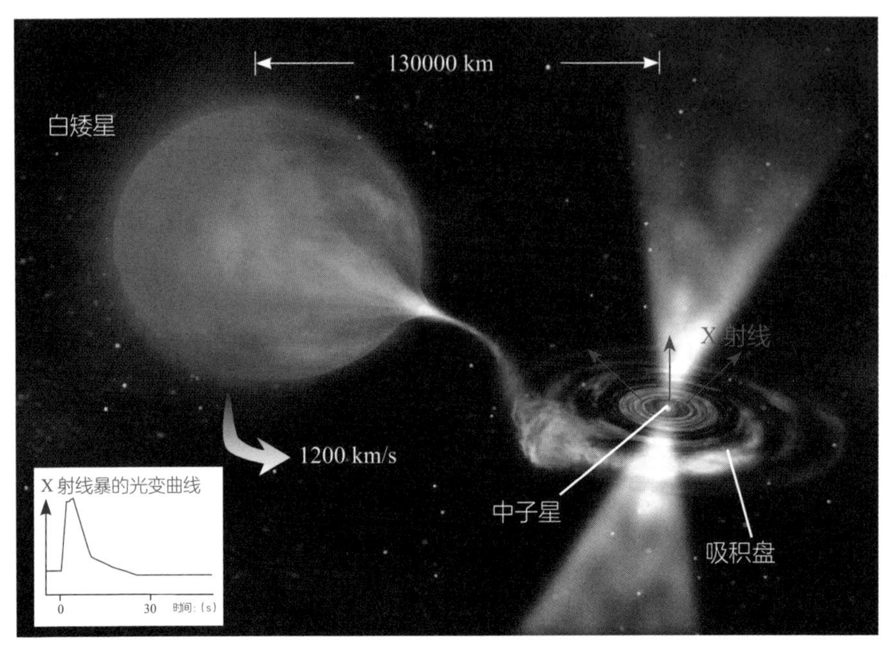

▲图 1　目前已知轨道周期最短的 X 射线双星 4U 1820-30，主星为中子星，而伴星为一个白矮星，在中子星的那侧有吸积盘。两颗星之间的距离比太阳的半径还小，它们互绕一周仅需 11.5 分钟（Reference: D. Page）。

星与伴星的距离必须比一般双星还要小得多，大概只比伴星的大小略大一点。此时，在强大的引力场下，主星会把伴星拉成水滴状。伴星的物质会从水滴尖端被吸引到主星那一侧，但这些被吸去的物质并不会乖乖地直奔主星而去，而是会经过一些复杂的物理作用，在主星旁形成一个像盘状的物体，称之为吸积盘。在吸积盘上的物质彼此间有类似摩擦力的黏滞性，会使这些物质逐渐掉落到主星表面。由于主星表面附近的引力场很强，可以把这些物质加热到数百万至数千万摄氏度，因而发出强烈的 X 射线。

X 射线双星在天文学上占有很重要的地位，其中有许多科学主题受到关注，比如说吸积盘的运动、中子星与黑洞的性质、X 射线双星如何形成及演化等，许多天文学家正在研究。事实上，X 射线双星的存在甚至对基本物理的研究提供了一个很好的实验室，它们拥有我们在地球上的实验室无法制造出来的环境。比如说，主星附近的极高温度（数百万到数千万摄氏度），主星附近强度超过地球引力场的千亿倍的引力场，这可以用来验证广义相对论。又如中子星表面的磁场的强度比地球磁场高出数亿至数兆倍，我们不可能在地球上的实验室人工制造出如此强大的磁场。可惜的是，拥有这种极端环境的实验室远在天边，我们只能通过观测其发出的 X 射线来进行研究。

X 射线双星谁做主？中子星与黑洞

中子星与黑洞都是很有趣的星星，以中子星为例，在极度狭小的空间挤进质量极大的物质，这些物质还跟地球上的物质一样吗？显然不是。而它之所以被称为中子星，是因为它完全由中子构成吗？恐怕也没有这么简单。再者，中子星的物质被压缩得那么紧密，其实已经跟黑洞相差无几，说不定只要再加一点质量、半径再缩小些就会变成黑洞。但是到底还需要加多少？中子星的半径随质量如何变化？这仍是让天文学家与物理学家伤脑筋的事，希望通过观测中子星，有朝一日能解开这个谜团，而观测 X 射线双星中中子星的一些现象就有助于解开此谜团。至于要如何了解中子星？最好能接收到直接由中子星表面发出的 X 射线。

某些以中子星为主星的 X 射线双星会发生 X 射线爆发的现象，它们的 X 射线强度会急速暴增数十至数百倍，然后快速下降，过程仅历时数十秒到数小时。这是吸积到中子星表面的物质在特定的温度与密度下，发生了类似氢弹爆炸的反应，差别在于主角并不是氢，而是氦或碳元素，所以我们或许可称它为“氦弹”或“碳弹”吧！由于 X 射线爆发时，其 X 射线直接来自中子星表面，观测这些 X 射线便能让我们对中子星有进一步了解。

▲图 2　X 射线爆发的艺术家想象图（Credits: David A. Hardy）。

接着来谈谈黑洞。我想不仅是科学家，一般民众也对黑洞也很感兴趣，许多科幻电影也会以黑洞为素材来铺陈故事、安排情节。基本上，任何物体只要压缩到够小，就会形成黑洞。问题是究竟要被压缩到多小才行呢？一个 60 千克的人要被压缩到比一个原子的一百兆分之一还小；而地球要被压缩到半径一厘米左右；太阳则要被压缩到半径只有 3 千米才能变成黑洞。但大小是一回事，怎么压缩又是另一回事，宇宙中唯一能把物体压成黑洞的力量仅有引力。然而，宇宙中也存在很多“抗力”来阻止物体形成黑洞。因此，尽管爱因斯坦的广义相对论预测了黑洞的存在，但早年的科学家对于宇宙中存在黑洞的说法一直没把握。时至今日，天文学家已经通过许许多多的观测证据证明黑洞是存在的，而且我们的银河系中就有不少黑洞，它们是大质量恒星死亡后留下的残骸。

但我们很难在地球上的实验室对黑洞进行验证与研究，终究还是要借助天文观测才行。顾名思义，黑洞应该是一个完全不会发光的黑体，奇特的是，黑洞表面附近却会发出非常微弱的光，称之为霍金辐射[1]。但这道光实在太过微弱，根本无法观测，因此只能另寻他法。有一种方法是设法把一些东西“丢”入黑洞，观测这些东西快掉进黑洞前发出的光（其实是X射线）。当然，人类无法自己“丢”，必须借助太空的力量，于是便有人研究以黑洞为主星的X射线双星，观测黑洞吸入伴星物质时发出的X射线。事实上，研究黑洞X射线双星，是了解恒星级黑洞的唯一方法。借助X射线望远镜[2]观测黑洞X射线双星吸积盘内缘所发出的X射线来探究黑洞的特性，天文学家才得以不断验证爱因斯坦的广义相对论。

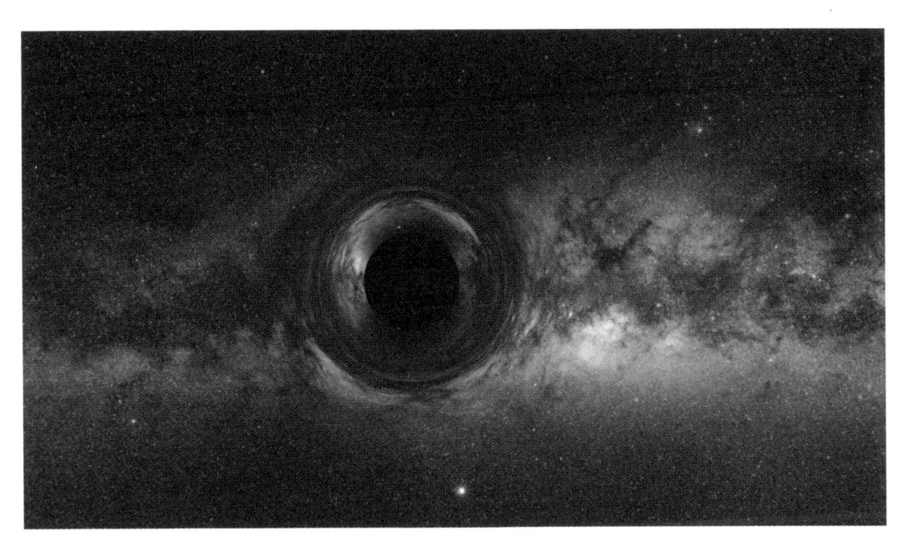

▲图3　天文学家模拟背景光经过黑洞附近时扭曲的图像，但恒星级的黑洞太小了，用这种方式观测恐怕很难。

---

1. 详情请参 I-3《黑色恐怖来袭！吃不饱的黑洞》、I-4《大大小小的时空怪兽：黑洞面面观》篇。

2. 详情请参 IV-7《化不可能的观测为可能：X射线望远镜》篇。

▲图 4　黑洞 X 射线双星，可能是目前可用以研究恒星级黑洞的唯一天体。在黑洞附近同样会形成吸积盘，然而黑洞不但会吞噬吸积盘的物质，还会制造喷流，这种喷流速度可超过光速的 90%，它的成因目前还在研究中（Credits: NASA/CXC/M. Weiss）。

X 射线双星自 1960 年代初发现至今已超过半个世纪。由于高性能的 X 射线望远镜不断投入观测的行列，再加上其他波段电磁波的观测数据，使我们对 X 射线双星及中子星、黑洞有更多的了解。而新的观测不仅看到了新的现象，也引发了更多问题，值得我们进一步去探讨。这就是科学研究的有趣之处，当我们知道得越多，越能深刻地体会到，原来我们所知道的实在很少。

▲图 5　黑洞正在吞噬吸积盘的物质（Credits: NASA/CXC/A. Hobart）。

▲图 6　根据广义相对论，在黑洞 X 射线双星中，吸积盘最内缘并不会与黑洞接触，而会保持一段距离。最内缘的半径大小与黑洞的自转有关，自转越快的黑洞，内缘半径越小。天文学家可利用一些方法测得吸积盘内缘的半径，间接得知黑洞自转的速度（Credits: NASACXC/M. Weiss）。

8 内在强悍的闪亮暴走族：活动星系

星系是夜空中最美丽的结构之一。仔细观察就会发现，每个星系都有各自的特色，不同星系之间除了形态不同之外，星系的辐射能量大小和形式也可能大不相同。用肉眼或可见光望远镜看见的星系，其亮度的主要来源是这些星系中的恒星所发出的光线。一般星系的辐射能量跟星系里的恒星一样集中在可见光范围附近，而恒星分布在整个星系中，所以星系的亮度也会较有规律地分布在整个星系空间里。但是某些特殊的星系，却可能把它大部分的辐射能量都集中在一个很小的空间区域中，而且这些星系的辐射能量可能来自其他波段的电磁波，如无线电波、X 射线或远红外线。因为这些电磁波能量过大，不太可能来自一般正常的恒星活动，必须有其他的能量来源，像这类的特殊星系被称为**活动星系**。

天文学家习惯把天体分成两大类。即使某种天体的类型可能非常多，但不知为何，天文学家往往还是先把它分成两大类再继续细分，例如：大质量恒星和小质量恒星、椭圆星系和螺旋星系、I 型超新星和 II 型超新星等，当然还有更多的例子。所以即使活动星系的种类非常多，我们也可以先依据特征把它区分成两大类：一种是**星暴**（starburst），另一种则是**活动星系核**（active galactic nucleus，简称 AGN）。

第一种活动星系：星暴

一般的漩涡星系，每年约有一颗新的星球诞生，而且新诞生的恒星在整个星系中的分布范围很广。与之相反，有些星系每年却可以有数十颗，甚至数百颗新的恒星诞生，而且这些新诞生的恒星都集中在一个很小的区域范围内，这些恒星形成率很高的星系被称为“暴星系”。

为何某些星系会有星暴现象？研究发现，星暴大都发生在不规则星系或是受扰动的星系中，而这些不规则星系则是在星系合并的过程中演变而来的：当两个星系互相接近时，星系前后受到另一个星系的引力拉扯，不同位置所承受的力量不相同，于是产生所谓的潮汐力，就像地球两侧的海洋所受的月球引力不同，使得地球被拉成椭球状一样，这些潮汐力会将星系拉成一些特殊的形状，因而形成不规则星系。

▲图 1 位于武仙座的“NGC 6052”是进入合并晚期阶段的星系，已经难分彼此（Credits: ESA/Hubble/NASA/A. Adamo et al.）。

在星系合并的过程中，因为星球的体积相对于星系来说非常小，所以不会互相碰撞，星球的物理状态在星系的交互作用中也不会受到影响。但星系中的分子气体云气在星系合并时有可能会互相碰撞，当分子云彼此碰撞，就会使得分子云的动力平衡状态改变，造成星暴现象。

星系中的中性气体云气通常包含分子云和原子云，但**恒星只能在分子云中形成**。星系介质的分子云与原子云虽然都是中性气体，但它们的物理性质却有很大的差异[1]。一般而言，分子云气体的密度较大，而且处于引力平衡的**束缚态**[2]；也就是说，分子云中的温度、磁场、分子微扰运动等动能与整个分子云的引力位能大致处于平衡态。相反地，原子云气体的密度低，所以无法只靠自身的引力，还需要有外界的压力束缚才能达成平衡；换句话说，原子云会与整个星系的星际物质维持压力平衡。这些物理性质的不同，造成分子云气体和原子云气体在星系合并过程中有完全不同的现象。

由于原子云气体是与整个星系的星际物质呈压力平衡。因此在星系交互作用中会呈现出星系交互作用的扰动特征，例如：受潮汐力影响所产生的潮汐尾巴。相反地，分子云气体因为处于独立平衡的束缚态，可以把它看成一个超重的个体。在碰撞过程中，较重的个体比较容易因为丧失能量和角动量而往整个系统的引力中心掉，因此分子云会聚集在星系的引力中心。而这些聚集的分子云会提高星球形成的效率，所以星系的交互作用常会触发星暴。此外，分子云多的区域，尘埃也会较多。星球在高密度分子云区域大量形成也会加热这些星球周围的尘埃，并发射出大量的远红外线，形成所谓的**极高光度红外星系**（Ultra-luminous Infrared Galaxies，简称 ULIRGs）。

---

1. 详情请参 II-8《苍茫星空的轮回：星际物质》篇。
2. 束缚态：当某一粒子在某个位势场（如引力场）中被约束在一个或几个空间区域内，则此粒子处于束缚态。

星暴现象可能发生在交互作用星系的不同位置，但当分子云在碰撞过程损失角动量后，最有可能掉到星系中心，因此星暴现象普遍都发生在星系的核心区域。当分子云因为损失角动量掉到星系的核心，除了引起星暴外，也有可能触发另一种活动星系的机制，也就是所谓的“活动星系核”。

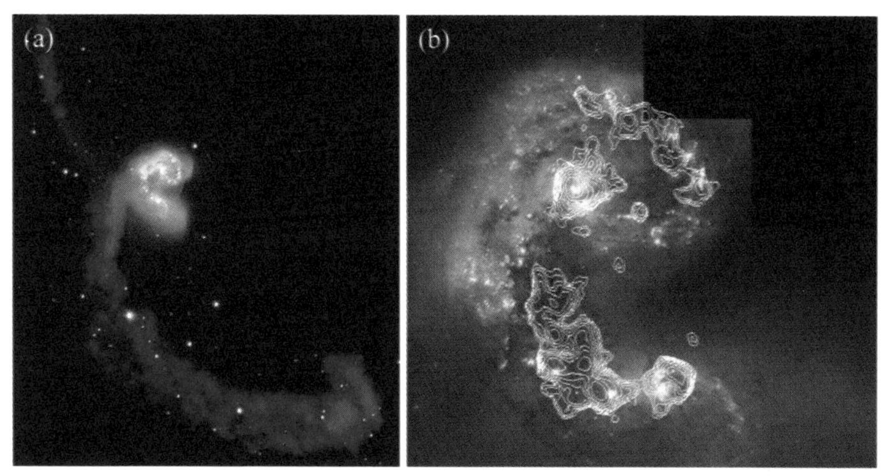

▲图 2 （a）蓝色部分显示合并星系 NGC 4038/4039 的原子云气体分布；（b）显示星系核无星系中心部分分子云 [Credits:（a）NRAO/J. Hibbard;（b）NASA/ESA/the Hubble Heritage Team（STScI/AURA）]。

第二种活动星系：活动星系核

某些星系的核心区域能释放出强大的能量，这些能量除了可见光外，也可能来自 X 射线或无线电波，有时还会伴随着很剧烈的光变现象。因为正常的恒星无法在那么小的范围内产生那么巨大的能量，所以天文学家普遍认为，其能量来源是物质被吸积入星系核中的**超大质量黑洞**（Supermassive black hole，简称 SMBH）[1] 而释放出其引力能，并把这个现象称为活动星系核。一个活动星系也可能同时具有星暴和活动星系核这两种现象。

---

1. 详情请参 V-8《宇宙大胃王的身世之谜：超大质量黑洞》篇。

活动星系核有许多不同的类型，如：赛弗特星系、射电星系和类星体等，以下简单介绍其分类。

（1）赛弗特星系

很久以前人们就发现某些漩涡星系有个特别亮的核心，后来又发现这些核心的连续光谱与一般恒星的连续光谱非常不同，为了纪念过去深入研究这些明亮星系的天文学家赛弗特（Carl K. Seyfert），于是将这一类的星系归类为赛弗特星系（Seyfert galaxies）。此外，这些核心也有很多的发射谱线[1]。然而一般的恒星，通常只能在光谱上看到吸收谱线，因此可以推断这些星系核心的辐射不是来自一般恒星。从发射谱线的宽窄，可将赛弗特星系再细分为**赛弗特 I 型星系**（具有较宽的氢发射谱线）和**赛弗特 II 型星系**（具有较窄的氢发射谱线）。

▲图 3　赛弗特星系 M106 [Credits: NASA/ESA/the Hubble Heritage Team（STScI/AURA）& R. Gendler; Acknowledgment: J. GaBany]。

1. 详情请参 IV-4《远近有谱：多普勒效应和宇宙学红移》篇。

（2）射电星系

射电星系（radio galaxies）会发出非常强的无线电波辐射，虽然这些无线电波辐射的分布区域可能很广，但其能量却都来自星系的核心。这些星系大多都是椭圆星系，可以依其射电形的辐射形态，再把射电星系分成两类：FR I **型**（或称为核晕型，core-halo type）射电星系和 FR II **型**（或称为双源型，double-lobed type）射电星系。

FR I 型射电星系具有一个核心及外晕，其核心的射电连续谱较为平坦；而 FR II 型则具有较明显的双瓣结构，这种结构可以非常巨大，有时甚至比星系本身还大许多。FR II 型射电星系的射电辐射主要来自其双源结构，而且其射电连续谱较为陡斜。FR II 型的射电辐射通常比 FR I 型明亮。

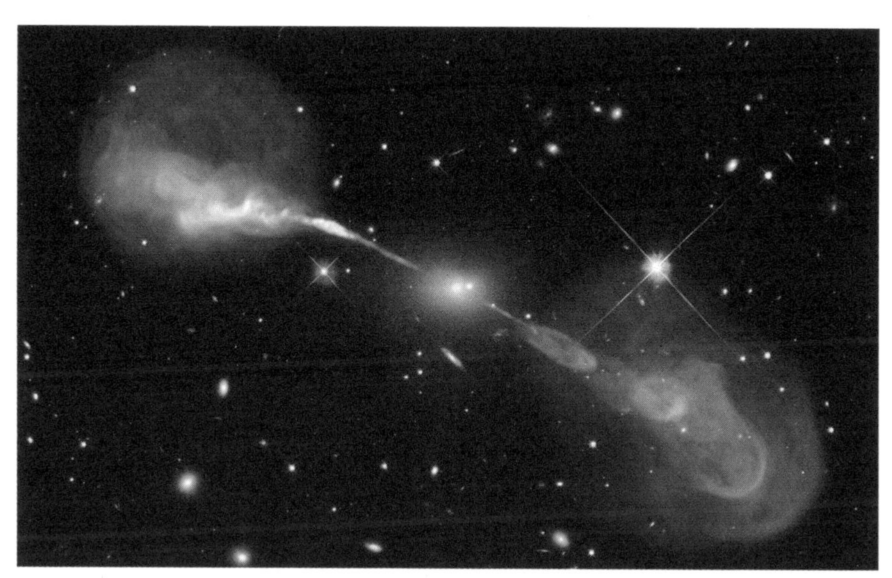

▲图 4　武仙 A（Hercules A）的可见光和射电影像。武仙 A 是一个明亮的射电形源，但它的射电形态特征正好处于 FR I 型和 FR II 型之间，因此难以归类 [Credits: NASA/ESA/S. Baum and C. O'Dea（RIT）/R. Perley& W. Cotton（NRAO/AUI/NSF）/the Hubble Heritage Team（STScI/AURA）]。

（3）类星体和类星射电源

类星体（quasi-stellar object，简称 QSO）最早是在一些可见光的观测中发现的。某些看起来像是星星的点源，却有奇怪的发射谱线，后来发现这些发射谱线原来是高红移的氢原子谱线。它的谱线特征与赛弗特 I 型星系的谱线类似，差别只是类星体的红移量较大。类星体的核心比它的母星系亮很多，因此我们只看到它的核心区域。即使类星体和我们之间的距离相当遥远，观测时也较明亮，可想而知，这些类星体所辐射出的能量必定非常巨大，而且辐射能量来自一个相对很小的范围。事实上，类星射电源（quasar）与类星体的可见光性质类似，只不过这些天体最早是在射电辐射的观测中被发现，因为这些天体同时具有很强的射电辐射。

目前研究发现，约有 10% 的类星体具有很强的射电辐射，它们被称为**射电类星体**（radio-loud quasars 或 radio-loud QSOs）；不具强射电辐射的类星体，则被称为**射电宁静类星体**（radio-quiet quasars 或 radio-quiet QSOs）。不过关于类星体的名称与用法，现实中并不是很一致。

▲图 5　类星体射电源的艺术想象图（Credits: ESO/M. Kornmesser）。

现在认为赛弗特 I 型星系跟射电宁静类星体是类似的天体，因为两者的光谱形态非常相像，唯一的差别是射电宁静类星体的辐射能量较大。对于射电宁静类星体，现有的定义是：如果一个天体有与赛弗特 I 型星系类似的光谱，并且没有很强的射电辐射，则当其可见光波段的绝对星等比 -23 星等亮，我们就称它为射电宁静类星体；反之则称其为赛弗特 I 型星系。虽然最早的赛弗特星系是在漩涡星系中发现的，但现今我们所知道的赛弗特星系，有很大的比例存在于椭圆星系中。

（4）蝎虎天体和光剧变类星体：

蝎虎天体（BL Ladobject）与其他类星体不同的地方在于它没有宽的发射谱线，而且其连续光谱的偏极化[1]很强，亮度变化非常快。进一步研究发现，蝎虎天体通常位于椭圆星系里。

光剧变类星体（optically violent variable quasars，简称 OVV quasars）与蝎虎天体的性质很类似，唯一的差别是光剧变类星体与一般的类星体一样有明显的宽发射谱线。蝎虎天体和光剧变类星体通常都具有很强的射电辐射，不过，光剧变类星体的辐射能量一般比蝎虎天体强。有时人们会把蝎虎天体和光剧变类星体合称为**耀变体**（blazar）。

一般的类星体每秒释放的辐射能量可达到 10^{38} 焦耳，大约是太阳释放的辐射能量的 2600 亿倍，已经十分惊人；但是像耀变体这种活动星系核，每秒释放的辐射能量甚至高达 10^{40} 焦耳，是太阳释放的辐射能量的 26 兆倍！而且其能量在几小时内就可以有一倍的变化。能在这么短的时间内有如此剧烈的能量变化，表示产生这些能量的区域很小（大概只有

1. 偏极化：光是一种电磁波，其电场与磁场互相垂直，同时也与光波前进方向垂直。一般光线的电场，其方向可以是与光线前进方向垂直的任一方向。但若光线的电场有一个特定的方向，则称为偏极化。

一个太阳系的大小），在这个跟太阳系差不多大的范围内居然能辐射出超过1000亿个太阳的亮度！比整个银河系的辐射量还要高很多。这也是为什么虽然类星体明明处在星系中心，但一开始人们都只看到类星体的点光源，完全观测不到其宿主星系的原因。

这些活动星系核的能量是从哪里来的呢？天文学家认为这些能量来自星系中心的超大质量黑洞。当物质受到引力吸引而往黑洞掉时，物质的位能会转换成动能，这时物质移动的速度可能会越来越快。如果往黑洞掉的物质很多，密度很大，物质彼此会因摩擦而将动能转换成热能，最后以辐射的方式将能量释出；也就是说，星系中心的超大质量黑洞可以吸积其周围的物质而放出能量。

这个过程中释放的辐射能量所能达到的亮度，大致跟黑洞的质量及吸积的速率成正比。但吸积的速率应该有个上限，因为当吸积量太多，导致辐射变得太强时，辐射压[1]会大过引力，导致物质无法持续被吸积。当我们看到一个类星体的亮度达到每秒10^{40}焦耳时，其中心的黑洞质量至少相当于太阳质量的10亿倍。

活动星系核虽有许多类型，但有个被多数人接受的理论：**不同活动星系核的结构其实都很类似**。活动星系核之所以呈现出多种形态，主要是因为我们看它的角度不同——这就是所谓的**活动星系核统一模型**。活动星系核统一模型对某些类型的活动星系核来说可能正确（例如部分的赛弗特Ⅰ型和Ⅱ型星系），但还有许多现象仍难以解释。例如：为何有的活动星系核有强烈的射电辐射，有的却没有？有强烈射电源的活动星系大多来自椭圆星系或透镜状（S0）星系？为何蝎虎天体没有宽谱线而光

---

1. 辐射压：radiation pressure，也称为光压，指电磁辐射对物体表面施加的压力。

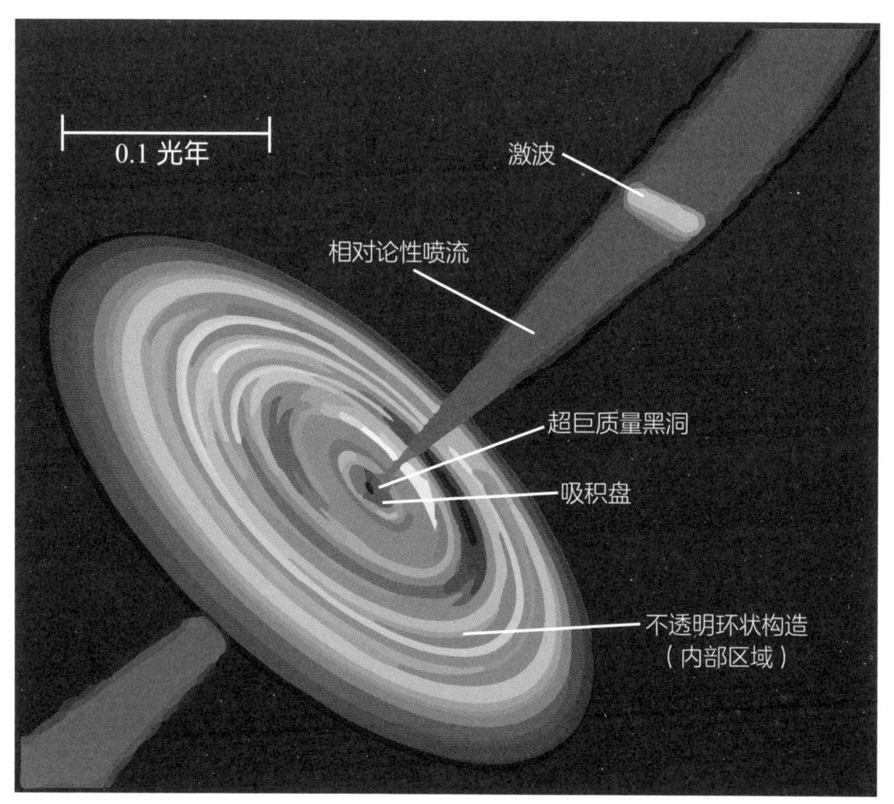

▲图 6　活动星系核中心吸积盘及喷流结构示意图（Reference: Wikimedia）。

剧变类星体却有……除了这些问题以外，还有更多无法用统一模型解释的现象。

在宇宙中，超大质量黑洞并不罕见。事实上，银河系中心也有一个超大质量黑洞，质量约为 400 万个太阳质量，只不过银河系中心附近并没有太多的物质可以让它吸积，所以它不太活跃。天文学家认为所有的星系中心可能都有一个超大质量黑洞，且其质量与星系核的质量成正比。

还有一个问题：在什么情况下，星系中心的黑洞会成为一个活动星系核呢？因为角动量守恒，一般在星系中运动的物质，并不容易掉到星系中心。就好比太阳虽然对地球有很强的引力，但地球并不会被太阳吸进去一样。要让物质掉到星系核心有两种可能：

（1）通过星系交互作用或星系合并。因为星系交互作用而损失角动量的气体，可以掉到星系的核心而触发活动星系核现象。

（2）在棒旋星系中，因为棒状结构所产生的力矩，也可能让一些气体损失角动量而掉到星系中心，触发活动星系核。因此棒旋星系相对于非棒旋星系，活动星系的比例较高。

9 宇宙大胃王的身世之谜：超大质量黑洞

相对论告诉我们：物体的速度不可能大于光速。如果有个天体的引力场非常强大，大到物体的速度必须大于光速才能脱离它，这就代表任何物体，甚至连光都无法脱离这个天体，这个天体就会成为一个黑洞。但不同黑洞的质量大小悬殊，有些黑洞大得超乎想象，形成原因似乎也跟一般的黑洞不太一样，天文学家称之为**超大质量黑洞**。

我们可以用牛顿力学中的这个概念简单估计黑洞的半径：**当一个粒子的速度达到光速时，它的动能仍无法克服它所受到的引力势能。**

$$\frac{GMm}{R_{sch}} = \frac{mc^2}{2}$$

$$R_{\text{sch}} = \frac{2GM^2}{c^2}$$

上式中，G 代表引力常数；M 代表黑洞的质量；m 代表粒子的质量；c 代表光速；而 R_{Sch} 则是黑洞半径，又称为**施瓦西半径**[1]。在施瓦西半径之内的粒子，即使达到光速依然无法脱离黑洞。虽然上面用的牛顿力学公

1. 详情请参 I-3《黑色恐怖来袭！吃不饱的黑洞》篇。

式在相对论中并不正确，但它所得到的黑洞半径结果却恰好跟精确的相对论结果一样。如果太阳成为黑洞，它的半径只有 3 千米左右。

虽然黑洞有半径，但并不表示在那个半径的位置有一个实际的表面。事实上，在黑洞半径的位置，很可能没有任何物质。黑洞半径代表的只是一个“不归点”，一旦进入了那个半径范围内，强大的引力将使物质和光都无法再离开或回头。

黑洞的分类

现代的天文观测已经发现许多黑洞存在的证据。已发现的黑洞，可依它们的质量分成两大类：

（1）质量是太阳质量的数倍到数十倍。这类黑洞是恒星演化的结果。大质量恒星演化到最后发生超新星爆炸，而恒星的核心则因引力坍缩而成为一个黑洞。

（2）质量是太阳质量的 100 万倍到数百亿倍。这类超大质量黑洞都存在于星系的核心中，它的起源虽然不完全清楚，但显然跟星系的起源和演化有很大的关系。

一个具有太阳质量的黑洞，在黑洞半径附近只要稍微改变一点点距离，就可以造成引力的巨大变化，也就是具有很强的潮汐力。任何物体通过黑洞半径时都会被这强大的潮汐力撕成碎片，因此没有人或生物可以安全地通过这种约与太阳质量相当的黑洞，一窥黑洞内的世界。

由于黑洞半径与黑洞的质量成正比，因此黑洞的质量越大，半径就越大；而潮汐力则是与黑洞半径的三次方成反比，因此当黑洞质量很大时，它的潮汐力反而变得很小。这代表超大质量黑洞在理论上很可能可以允许生物安全地通过它的黑洞半径，但是否真能通过？通过后又会发生什么事？目前谜底还没有揭晓。

另一方面，密度等于质量除以体积。由于黑洞的质量与黑洞半径成正比，体积则与黑洞半径的三次方成正比，因此黑洞半径内的平均密度与质量平方成反比。质量越大的黑洞，黑洞半径内的平均密度就越小。例如：一个 2 亿倍太阳质量的黑洞，它的平均密度大概只有水的二分之一。但黑洞内的物质不一定是均匀分布，因此平均密度并不一定能代表黑洞内部的实际状态。

天文学家认为，大部分的大星系中心都有一个超大质量黑洞。离我们最近的超大质量黑洞就位于银河系中心，有个位于人马座的方向叫作人马座 A*（Sagittarius A*，简称 Sgr A*）的无线电波源，它就是银河系中心黑洞的位置。它也是迄今被观察、测量到的最清楚的超大质量黑洞，质量大概是太阳质量的 400 万倍。

◀图 1　人马座 A* 的无线电波源在 X 射线波段呈现的影像（Credits: NASA/CXC/Stanford/I. Zhuravleva et al.）。

天文学家是如何知道星系中存在着超大质量黑洞的？又是如何测量它的质量的呢？目前大概有 3 种方式。像银河系中心的超大质量黑洞，我们可由测量人马座 A* 附近恒星绕行人马座 A* 的椭圆轨道，利用开普勒定律，准确地算出人马座 A* 中黑洞的质量。

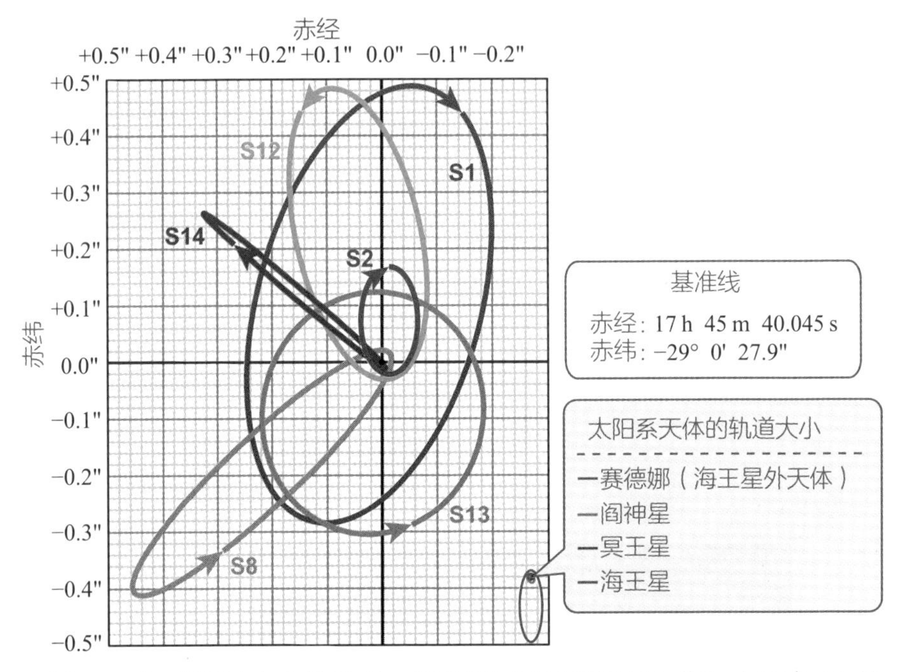

▲图 2 对于银河系中心的黑洞，可以通过测量附近恒星绕行人马座 A* 的轨道运动，算出中心黑洞的质量（Reference: Wikimedia/Cmglee）。

另外，如果一个超大质量黑洞附近有足够多的物质，这些物质在被吸到黑洞的过程中可以释放出极大的能量，产生活动星系核现象。对于活动星系核现象，唯一合理的解释是星系中心的超大质量黑洞的吸积作用，目前天文学家也有许多的观测结果，可以利用一些经验公式来大致推导出活动星系核中黑洞的质量。对于一些距离我们较近但却没有活动星系核现象的星系，天文学家可以观测星系中心的速度弥散程度，据此大致推导出星系中心范围内的总质量，并由此得到中心黑洞的可能质量。

因为黑洞的半径跟它的质量成正比，未来我们也许还可以从观测黑洞所造成的黑暗剪影推论出黑洞的质量。

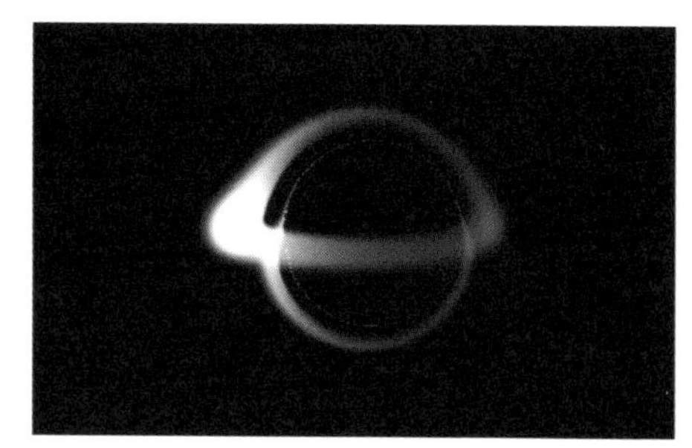
▲图 3 黑洞会吸收光线，而周围或背景的光线可形成相对黑暗的剪影。未来也许可以利用观测剪影的大小来推测黑洞的质量（Credits: Wikimedia）。

超大质量黑洞是如何形成的呢

目前还没有较完善的理论说明超大质量黑洞可以一次就形成。大部分的理论都认为要在高密度的区域先形成一个或多个比较小的黑洞，而这些黑洞可以快速吸收周围的物质并互相合并，在短时间内长成超大质量黑洞。但这些理论的困难之处在于：**如何将大量物质传输到一个很小的区域？**角动量守恒让物质很难只因引力的作用就集中在一起，比如说月球虽然受到地球的引力的吸引和束缚，但却不会掉到地球上。事实上，因为日地潮汐力使月球获得地球损失的角动量，反而造成月球离地球越来越远。

目前观测发现，超大质量黑洞的质量跟它所在的星系核球大小大致成正比，显示超大质量黑洞的形成也跟星系核球的形成有关。因为星系核球都是很老的星球，代表超大质量黑洞的形成也发生在星系演化的极早期阶段。目前已经发现红移大于 7.5 的超大质量黑洞，即有些超大质量黑洞可能在宇宙年龄还不到 7 亿年的时候就已形成。

目前的星系演化理论认为星系的形成和演化是由暗物质主导的。如果超大质量黑洞的形成跟星系形成有关，我们也可以怀疑：**超大质量黑洞的形成是否也跟暗物质有关？**有些观测发现，椭圆星系中的暗物质含量跟星系中的超大质量黑洞质量有很好的相关性，比这些星系中的恒星

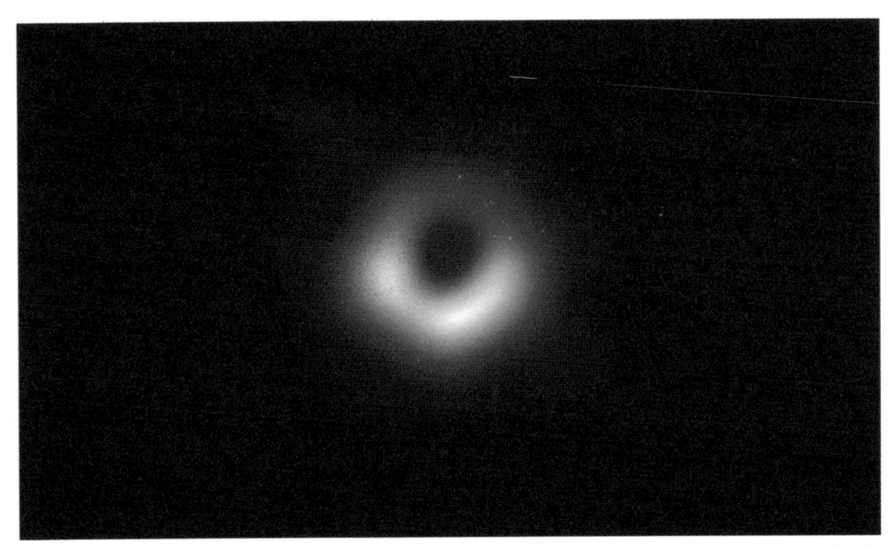

▲图 4　位于 M87（室女座 A）星系核心内的超大质量黑洞，这是人类史上首次捕捉到黑洞的真实影像，意义非凡（Credits: EHT Collaboration）。

质量与超大质量黑洞质量的相关性更强，这似乎暗示着超大质量黑洞的形成可能也跟暗物质有关。

在宇宙形成早期，一般物质的温度相对较高，因此一般物质不容易很快速地冷却坍缩成黑洞，当然也就更难在宇宙早期形成一个超大质量黑洞了。那为何在宇宙形成早期就有超大质量黑洞存在呢？一个可能的原因是：宇宙早期的一些原始黑洞也许是由暗物质形成的。因为暗物质与正常物质的作用很小，在宇宙早期一般物质温度仍很高的时候，暗物质就已经跟正常物质分离了，可以在宇宙膨胀下快速冷却，而冷却的暗物质比一般物质更容易因引力作用坍缩成黑洞，最后持续吸积周围的物质和暗物质，便形成了超大质量黑洞。但到目前为止，超大质量黑洞的形成仍是一个未解之谜。

超大质量黑洞的内部是什么

这是最后一个有趣的问题。超大质量黑洞的内部，是另一个世界吗？这个问题当然没有人知道答案，也可能永远没有人知道，但我们还是可以从另一个角度来看这个问题。当黑洞的质量越大，它的平均密度就越小；或者说，如果有一个固定密度的天体，当它变得够大时，自然就成为一个黑洞。依据目前的宇宙背景辐射观测，发现宇宙的平均密度大约是 10^{-28} 千克 / 立方米。如果宇宙是静止的，则当它的半径达到约 1500 亿光年时，便会成为一个黑洞。但宇宙其实正在膨胀，所以这个问题变得更复杂了。由此可见，我们无法排除宇宙可能其实是一个极大质量的黑洞，这也表示超大质量黑洞的内部，可能存在另一个世界。

著作权合同登记号：图字 13-2020-011
原版书名：《蔚为奇谈！宇宙人的天文百科》
本著作中文简体字版经三民书局股份有限公司许可，由福建科学技术出版社在中国大陆地区出版、发行。

图书在版编目（CIP）数据

宇宙简史：图解版 / 高文芳，张祥光主编．—福州：福建科学技术出版社，2020.10（2021.6 重印）
ISBN 978-7-5335-6184-0

Ⅰ．①宇… Ⅱ．①高… ②张… Ⅲ．①宇宙－普及读物 Ⅳ．① P159-49

中国版本图书馆 CIP 数据核字（2020）第 119072 号

书　　名　宇宙简史（图解版）
主　　编　高文芳　张祥光
出版发行　福建科学技术出版社
社　　址　福州市东水路76号（邮编350001）
网　　址　www.fjstp.com
经　　销　福建新华发行（集团）有限责任公司
印　　刷　福州万紫千红印刷有限公司
开　　本　700毫米×1000毫米　1/16
印　　张　20
图　　文　320码
版　　次　2020年10月第1版
印　　次　2021年6月第2次印刷
书　　号　ISBN 978-7-5335-6184-0
定　　价　58.00元
书中如有印装质量问题，可直接向本社调换